中国国情读本

2021 版

★ ★ ★ ★ ★

中华人民共和国年鉴社◎编

CHINA

新 华 出 版 社

图书在版编目（CIP）数据

中国国情读本：2021 版／中华人民共和国年鉴社编
北京：新华出版社，2021.3
ISBN 978－7－5166－5810－9

Ⅰ.①中…　Ⅱ.①中…　Ⅲ.①中国—概况—现代　Ⅳ.①K92

中国版本图书馆 CIP 数据核字（2021）第 073419 号

中国国情读本（2021 版）

作　　者：中华人民共和国年鉴社编

创意策划：要力石
责任编辑：时光慧　祁　艺　孙大萍　薛纯宇
特邀编辑：李　珊
封面设计：刘宝龙

出版发行：新华出版社
地　　址：北京市石景山区京原路 8 号　　**邮　　编：**100040
网　　址：http://www.xinhuapub.com
经　　销：新华书店、新华出版社天猫旗舰店、京东旗舰店及各大网店
购书热线：010－63077122　　**中国新闻书店购书热线：**010－63072012

照　　排：中收协（北京）教育咨询中心
印　　刷：河北鑫兆源印刷有限公司

成品尺寸：170mm×240mm　1/16
印　　张：23　　**字　　数：**420 千字
版　　次：2021 年 4 月第一版　　**印　　次：**2021 年 7 月第二次印刷

书　　号：ISBN 978－7－5166－5810－9
定　　价：58.00 元

目录

第五编 魅力国情

时政篇

经济篇

文化篇

科技篇

民生篇

人物篇

第一编　图说中国

7月，中国多地出现持续强降雨，河流、湖泊处于超警戒水位，洪涝灾害严重。解放军和武警抗洪抢险部队各级党组织充分发挥战斗堡垒作用，让抗洪抢险更加高效。图为7月15日，在江西九江彭泽县棉船镇，东部战区陆军第72集团军某合成旅党员突击队装填沙土石加固岸堤。

王浩　摄（新华）

全国五一劳动奖章、中国青年五四奖章等多项荣誉获得者冯萌萌是大港油田第二采油厂第二采油作业区注采二组副组长，新冠肺炎疫情发生后，她带领青年突击队坚守生产一线，用实际行动诠释了共产党员的责任与担当。图为6月29日，冯萌萌在“冯萌萌劳模创新工作室”内作相关介绍。

李然　摄（新华）

6月28日，河北省石家庄市人民医院的医务人员到革命圣地西柏坡开展主题党日活动，其中12名新党员因参加援鄂抗疫表现突出，3月在武汉火线入党。图为新党员与老党员在七届二中全会旧址重温入党誓词。

陈其保　摄（新华）

吉林、黑龙江、湖北、湖南等地广泛开展形式多样、内容丰富、方法创新的十九届五中全会精神宣讲活动。图为12月7日，“2035，你在哪里”湖南省青少年主题对话活动在祁东县启航学校启动。

陈思汘　摄（新华）

10月26日至29日，中国共产党第十九届中央委员会第五次全体会议在北京举行。

殷博古　摄（新华）

浙江省长兴县小浦镇开展法治教育“进乡村、进家庭、进学校”活动。基层党员志愿者成为了乡村法治“宣讲员”，通过视频教育、入户宣传、集中宣讲等形式，引导老百姓树立法治意识。图为7月4日，小浦镇党员志愿者在中山村进行民法典基层宣讲活动。

徐昱　摄（新华）

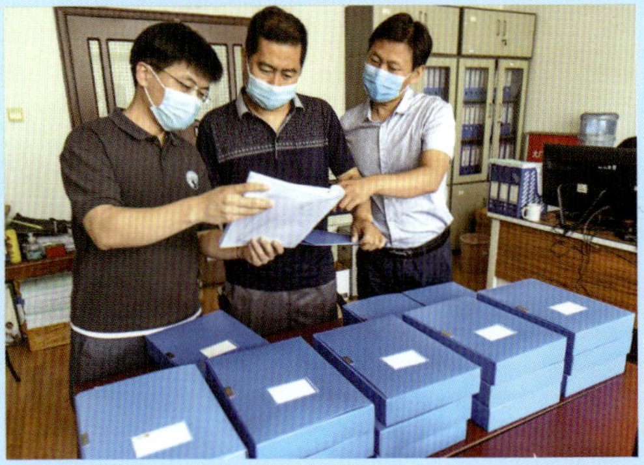

2020年以来，河北省大厂回族自治县纪委监委开展“扶贫领域腐败和作风问题专项治理”行动，组织纪检监察干部深入扶贫一线，加强对惠民政策和扶贫资金落实情况的监督检查，为打赢脱贫攻坚战提供纪律和作风保障。图为6月8日，纪检监察干部（左一、左二）在该县扶贫办检查扶贫工作台账等档案。

李晓果　摄（新华）

5月28日，十三届全国人大三次会议表决《中华人民共和国民法典（草案）》。

丁海涛　摄（新华）

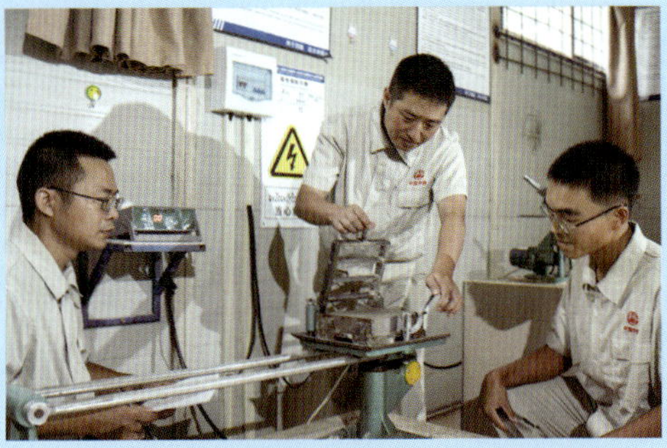

中老铁路是中国“一带一路”倡议与老挝“变陆锁国为陆联国”战略对接项目，徐州是该项目经理部一分部工区长，带领中国青年用青春铸就“一带一路”标志性工程，获颁第24届“中国青年五四奖章”。图为8月5日，徐州（中）和同事探讨设备和技术问题。

潘龙柱　摄（新华）

9月29日，抗击新冠肺炎疫情全国三八红旗手（集体）表彰云发布活动在北京举行，活动共发布了800名全国三八红旗手和200个全国三八红旗集体。图为获奖代表在发布活动后合影。

张玉薇　摄（新华）

10月23日，纪念中国人民志愿军抗美援朝出国作战70周年大会隆重举行。图为志愿军老战士、老同志进入大会会场。

赖向东　摄（新华）

9月19日，在位于辽宁省丹东市的抗美援朝纪念馆英烈厅，志愿军老战士和少先队员向牺牲的烈士致敬。

杨青　摄（新华）

8月，河北省餐饮企业开展"'光盘行动'拒绝餐饮浪费"宣传活动，号召消费者加入到"光盘行动"中，杜绝"舌尖上的浪费"，让厉行节约成为人人崇尚的美德。图为8月12日拍摄的邯郸市丛台区一家自助餐厅内提醒消费者"勤拿少取"的提示牌。

郝群英　摄（新华）

自2018年新时代文明实践中心建设试点工作开展以来，贵州省黔南布依族苗族自治州龙里县创设了"山歌伴飞新思想"文明实践项目。当地山歌志愿者把脱贫攻坚各项惠农政策、群众生产生活、农村发展变化等题材创作成山歌等文艺作品，受到当地群众欢迎。图为2020年7月3日，在该县新时代文明实践中心，志愿者在唱山歌。

杨文斌　摄（新华）

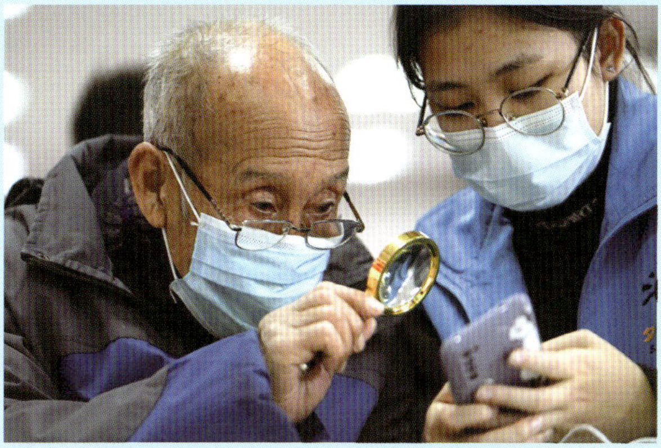

12月8日，在北京市海淀区花园路街道市民活动中心的"科技助老"活动中，来自北京外国语大学的大学生志愿者为老年人讲授智能手机使用方法，手把手教老年人使用智能手机挂号、查询健康码等，帮助老年人解决日常使用智能手机遇到的问题。图为志愿者为老人讲解如何使用智能手机挂号。

鞠焕宗　摄（新华）

6月30日，十三届全国人大常委会第二十次会议表决通过《中华人民共和国香港特别行政区维护国家安全法》，国家主席习近平签署主席令予以公布，自公布之日起施行。图为当日，香港市民在铜锣湾街头支持实施香港国安法。

王申　摄（新华）

10月9日，由中央政府支援在香港亚洲国际博览馆增建的社区治疗设施顺利完成，由香港医院管理局正式接收。图为移交仪式现场。

吴晓初　摄（新华）

11月5日，首届“粤港澳大湾区中国戏曲文化节”在澳门开幕。京剧、昆剧、豫剧、粤剧舞台上的领军人物齐集濠江，共同演绎中国戏曲的精髓和魅力。图为开幕仪式现场。

张金加　摄（新华）

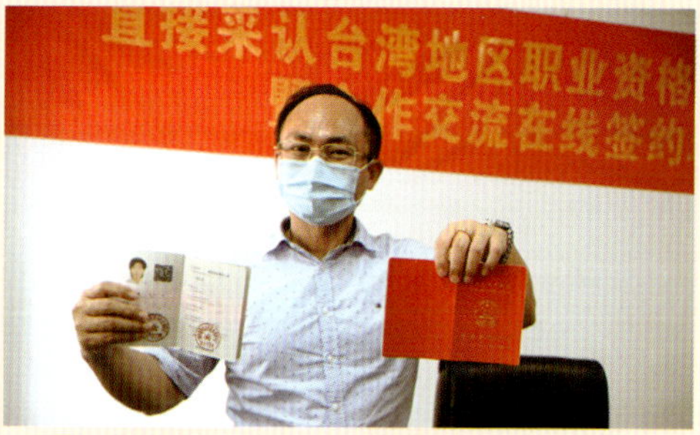

5月23日，“直接采认台湾地区职业资格证书授证仪式暨合作交流在线签约现场会”在福建福州举行。图为福州市台胞投资企业协会会长陈奕廷展示直接采认台湾地区职业资格的证书。

林善传　摄（新华）

8月18日，横琴口岸新旅检区域开通仪式举行，标志着粤港澳大湾区一条新的“超级通道”投入使用。图为当日无人机拍摄的横琴口岸。

张金加　摄（新华）

自1月24日农历除夕紧急起飞以来，中部战区空军航空兵某团4次执行支援抗击新冠肺炎疫情紧急空运任务，用飞向抗击疫情最前沿近5万公里的航迹，书写着“大国之翼”的使命担当。图为2月2日，空军大型运输机抵达武汉天河机场后，机组成员一起为“武汉加油”。

李世宁　摄（新华）

8月23日至9月5日，“国际军事比赛—2020”在俄罗斯、中国、白俄罗斯、蒙古、伊朗等10余个国家同时举行，图为7月24日，参加此次比赛　“空降排”项目的中国空军空降兵部队官兵进行快速射击课目的考核训练。

帅少鹏　摄（新华）

9月18日，中国首次发布《中国军队参加联合国维和行动30年》白皮书，用政府重要文件的形式向世界宣示：中国始终是世界和平的建设者、全球发展的贡献者、国际秩序的维护者，中国军队始终是维护世界和平的坚定力量。图为9月7日，中国第16批赴苏丹达尔富尔维和工兵分队在营地开展防卫演练。

万端武　摄（新华）

11月28日至12月2日，联勤保障部队在华中某地组织“精武联勤—2020”比武竞赛。这是联勤保障部队自2016年9月13日成立以来组织的最大规模比武竞赛。图为11月29日无人机拍摄的饮食保障队参赛队员在伪装网下的炊事车内加工野战快餐，并利用无人机前送。

姜梓涵　摄（新华）

1月6日至14日，“海洋卫士—2020”中巴海上联合演习在巴基斯坦卡拉奇港举行。两国参演兵力密切协同，深度融合，完成所有既定课目，演习达到预期目的。图为1月12日，舰船在演习中进行航行补给占位训练。

曹海钦　摄（新华）

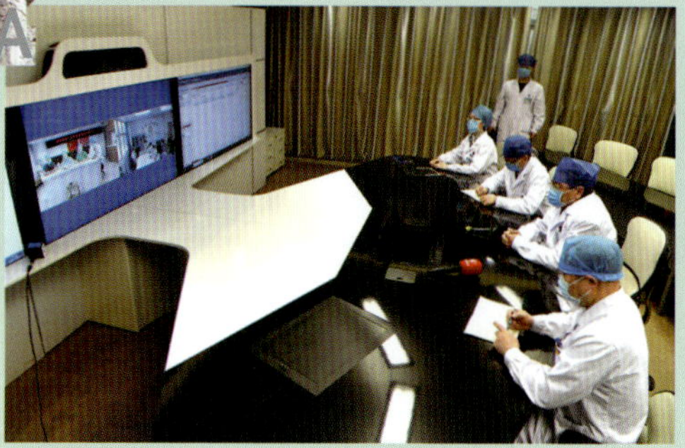

2020年年初，河南省人民医院借助互联网分级诊疗协同平台和互联智慧健康服务院线上系统，推出新冠肺炎线上咨询服务门诊。图为2月1日，专家团队在互联智慧分级诊疗医学中心为范县人民医院提供远程会诊。

李嘉南　摄（新华）

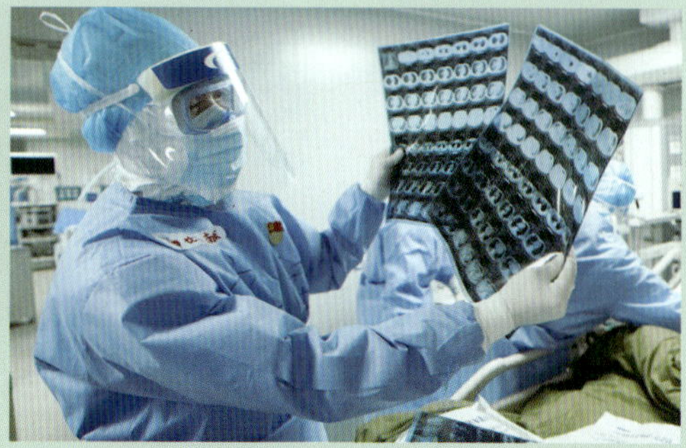

“红区”是抗疫医院中危重、重症隔离病房的别称。在武汉火神山医院，重症医学一科就把守着这样的“红区”。该科室的医护人员24小时坚守岗位，筑起守护生命和健康的铜墙铁壁。图为3月17日，该科室副主任宋立强在查看新入患者的胸部CT。

王毓国　摄（新华）

2月29日，在日华侨华人志愿者团体“口罩熊猫行动小组”在东京的池袋站前向当地民众免费发放口罩。图为一名小志愿者（左）将儿童用口罩送给日本小朋友。

杜潇逸　摄（新华）

新冠肺炎疫情发生以来，深圳特区近13万名基层党员干部积极投身抗疫战场，用坚守奉献筑起一道道防控线，启动一条条生产线。图为2月27日，大鹏新区坝光防疫检查点设立的党员先锋岗。

周科　摄（新华）

9月8日，全国抗击新冠肺炎疫情表彰大会在北京人民大会堂隆重举行。

申宏　摄（新华）

4月8日，中国政府派遣的抗疫医疗专家组抵达缅甸最大城市仰光，中方捐赠的一批防护用品、医疗设备和中成药等抗疫物资也随机抵达。图为在缅甸仰光国际机场，工作人员搬运中方捐赠的抗疫物资。

吴昂　摄（新华）

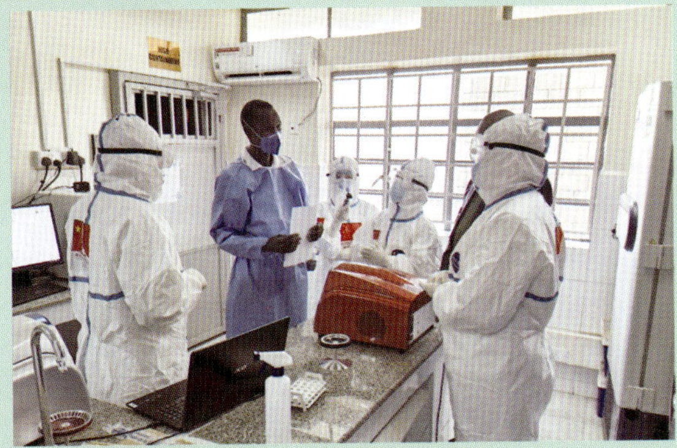

8月21日，在南苏丹首都朱巴的一处新冠病毒检测机构，中国抗疫医疗专家组成员与南一线医护人员交流。

新华社发

3月28日，开往德国杜伊斯堡的中欧（武汉）班列从中铁联集武汉中心站驶出。这是自疫情防控以来，从武汉开出的首趟中欧班列。

肖艺九　摄（新华）

2月27日，蒙古国总统巴特图勒嘎向习近平主席递交了蒙方向中方赠送3万只羊的证书以支持中国政府和人民抗击新冠肺炎疫情。11月，由蒙古国捐赠的首批羊运抵武汉。图为11月20日拍摄的蒙古国捐赠羊接车分发仪式现场。

熊琦　摄（新华）

广西壮族自治区环江县是国家扶贫开发工作重点县，也是全国唯一的毛南族自治县。2020年5月，该县退出贫困县序列。综合全国毛南族脱贫情况，毛南族已实现整族脱贫。图为5月14日无人机拍摄的环江县县城风貌。

陆波岸　摄（新华）

2020年以来，陕西省榆林市榆阳区坚持“抓党建、强基础、兴产业、促发展”思路，全面落实“六稳六保”，采取果断措施开工复工重点项目。图为4月7日无人机拍摄的榆林市榆阳区黄家圪崂村新貌。

陶明　摄（新华）

2020年11月初，云南怒族、傈僳族实现整族脱贫，至此，云南11个“直过民族”和人口较少民族历史性告别绝对贫困，实现整族脱贫。图为10月31日无人机拍摄的云南贡山独龙族怒族自治县独龙江乡新貌。

胡超　摄（新华）

从2014年起，江西省南昌市崛美公益发展中心的志愿者深入农村，为70岁以上的老人免费拍照并赠送照片，拍摄主题聚焦在农民的笑脸，反映辛劳了一辈子的中国农民在新时代的新生活、好心情。图为2020年11月22日，幽兰镇下魏村的农民领到照片后与志愿者合影。

陈春园　摄（新华）

2020年，脱贫攻坚聚焦“三区三州”等深度贫困地区，瞄准突出问题和短板弱项狠抓政策落实，实施挂牌督战。中国绝对贫困人口全部脱贫，贫困县全部摘帽，脱贫攻坚取得重大胜利。图为6月6日无人机拍摄的新疆喀什地区塔什库尔干塔吉克自治县达布达尔乡热斯喀木村易地扶贫搬迁后的新貌。

胡虎虎　摄（新华）

近年来，西藏自治区多措并举，实施易地扶贫搬迁，解决“一方水土养不起一方人”的发展困境，使搬迁户实现稳定脱贫、安置区加快发展，为乡村振兴奠定了坚实基础。图为2020年8月2日，拉萨市当雄县羊八井镇彩渠塘村妇女主任宜西措姆（左一）与村致富带头人赞琼（右一）一家交流。

张汝锋　摄（新华）

第二编　国情概略

概 貌

疆域和区划

位置和面积

中国位于北半球，赤道以北。中国幅员辽阔，最北端位于黑龙江省漠河县北端的黑龙江主航道中心线上（北纬53°33′）；最南端位于南沙群岛的曾母暗沙（北纬3°51′），南北跨纬度约50°，相距约5500千米。最东端位于黑龙江省抚远市黑龙江与乌苏里江交汇处的黑瞎子岛（经度为东经135°5′）；最西端位于新疆维吾尔自治区乌恰县乌兹别里山口（经度为东经73°40′），东西跨经度约62°，相距约5200千米。

中国位于亚洲东部，太平洋西岸，是背陆面海、海陆兼备的国家。这样的海陆位置，既有利于同众多陆上邻国的联系，也有利于同海外各国的交往；每年来自海洋上的湿润空气，带来丰沛的降水，是中国淡水资源的重要来源和发展农牧业生产的必要条件。沿海地区还利于海洋事业的发展。

中国是世界上纵跨温度带最多的国家之一。北起黑龙江省北部的寒温带，向南依次为中温带、暖温带、北亚热带、中亚热带、南亚热带、边缘热带和中热带以及赤道带。青藏高原因其地势高峻，面积广大，具有明显的垂直带性，又可划分为高原寒带、高原亚寒带和高原温带三个特殊类型。喜马拉雅山南坡的部分地区，还出现了狭长的山地热带、亚热带地区。中国南北跨纬度范围广，光热充足，适合多种动植物的生长和发育。

中国陆地总面积约960万平方千米，占地球陆地面积的1/15。在世界各国中面积仅次于俄罗斯和加拿大，居世界第三位，差不多同整个欧洲面积相等。海域总面积约473万平方千米，其中，根据《联合国海洋法公约》的规定，中国主张管辖的海域面积约为300万平方千米，包括了内海、领海、毗连区、专属经济区和大陆架。

疆界和邻国

中国陆地边界长度约2.2万千米。陆地与14个国家接壤，从东北开始，按逆时针顺序，依次是朝鲜、俄罗斯、蒙古、哈萨克斯坦、吉尔吉斯斯坦、塔吉克斯坦、阿富汗、巴基斯坦……、印度、尼泊尔、不丹、缅甸、老挝、越南。中国在海上与8个国家相邻，分别是朝鲜、韩国、日本、菲律宾、马来西亚、文莱、印度尼西亚、越南。其中，朝鲜、越南既是中国的陆上邻国，又是中国的海上邻国，其余6个国家则与中国隔海相望。

中国大陆海岸线长度约1.8万千米。中国近海有五大海区，包括渤海、黄海、东海、南海及台湾以东太平洋海区，其中渤海为中国内海。中国海域分布着大小岛屿7600个，其中面积在500平方米以上的岛屿有6500多个，主要分布在东海和南海。面积最大的是台湾岛，面积35759平方千米，海南岛位列第二，面积33900平方千米。主要群岛有长山列岛、庙岛群岛、舟山群岛、澎湖列岛、钓鱼岛列岛以及南海中的东沙群岛、西沙群岛、中沙群岛和南沙群岛等。主要海峡自北往南有渤海海峡、台湾海峡、巴士海峡、琼州海峡。中国较大的半岛有辽东半岛、山东半岛和雷州半岛等。

中国领海的宽度为12海里，专属经济区宽度为200海里。根据《联合国海洋法公约》的规定，中国主张管辖的海域面积约为300万平方千米。辽东半岛和山东半岛环抱的渤海、雷州半岛和海南岛之间的琼州海峡是中国的内海，全部属于中国的领海。

行政区划

中国宪法规定，行政区划有省（自治区、直辖市）、县（自治县、市）、乡（镇、街道）三级。乡镇和街道是中国最基层的行政单位。自治区、自治州、自治县是少数民族聚居地区的民族自治区域，它们都是祖国不可分割的部分。国家根据需要，还可以设立特别行政区。此外，为了便于行政管理和经济建设，为了加强民族团结，国家可根据需要对行政区划作必要的调整和变更。

目前中国有34个省级行政区，包括23个省、5个自治区、4个直辖市、2个特别行政区。在历史上和习惯上，各省级行政区都有简称。省级人民政府驻地称省会（首府），中央人民政府所在地是首都。北京是中国的首都。

香港和澳门是中国领土的一部分。中国政府已于1997年7月1日对香港恢复行使主权，成立了香港特别行政区。于1999年12月20日对澳门恢复行使主权，成立了澳门特别行政区。

省级行政区划

名称	简称	人民政府驻地	名称	简称	人民政府驻地	名称	简称	人民政府驻地
北京市	京	北京	福建省	闽	福州	云南省	云或滇	昆明
天津市	津	天津	江西省	赣	南昌	西藏自治区	藏	拉萨
河北省	冀	石家庄	山东省	鲁	济南	陕西省	陕或秦	西安
山西省	晋	太原	河南省	豫	郑州	甘肃省	甘或陇	兰州
内蒙古自治区	内蒙古	呼和浩特	湖北省	鄂	武汉	青海省	青	西宁
辽宁省	辽	沈阳	湖南省	湘	长沙	宁夏回族自治区	宁	银川
吉林省	吉	长春	广东省	粤	广州	新疆维吾尔自治区	新	乌鲁木齐
黑龙江省	黑	哈尔滨	广西壮族自治区	桂	南宁	香港特别行政区	港	
上海市	沪	上海	海南省	琼	海口	澳门特别行政区	澳	
江苏省	苏	南京	重庆市	渝	重庆	台湾省	台	
浙江省	浙	杭州	四川省	川或蜀	成都			
安徽省	皖	合肥	贵州省	贵或黔	贵阳			

人口和民族

世界上人口最多的国家

中国是世界上人口最多的国家，截至 2019 年年底，中国人口总数已达 14.0005 亿人（不含香港、澳门特别行政区和台湾省）。

中国人口分布极不均衡，从东南沿海向西北内陆人口逐渐减少，人口主要集中分布在东部和东南部地区，西部地区人口相对稀少，如果以黑龙江省的瑷珲和云南省的腾冲画一条直线，此线以东面积约占全国的 43%，人口却占全国人口的 95% 左右，该线以西面积约占全国的 57%，人口仅占 5% 左右。中国人口除在水平方向上不均衡外，在垂直方向上呈现平原地区人口密集，山地丘陵人口密度低，随地势增高人口密度递减的分布特点。

统一的多民族国家

中国是一个团结统一的多民族国家。在中国广大的土地上，居住着 56 个民族，它们共同组成了中华民族大家庭。在中国历史发展中，各民族共同发展了经济和文化，共同反抗阶级压迫和抵御外来侵略，为缔造和发展统一的多民族国家作出了自己的贡献。

在民族大家庭中，汉族人口最多，占全国总人口的 90% 以上。其他 55 个民族人口较少，称为少数民族。在 55 个少数民族中，人口在百万人以上的有 18 个民族，依次为壮、满、回、维吾尔、苗、彝、土家、蒙古、藏、布依、侗、瑶、朝鲜、白、哈尼、哈萨克、黎、傣族，其中壮族人口最多，有 1600 多万人。人口在 1 万人以下的有 6 个民族，它们是鄂伦春、独龙、塔塔尔、赫哲、高山、珞巴族（按 2010 年实地普查区域的人数计算）。各民族虽然人数多少不同，但都是祖国大家庭中的亲密兄弟。

少数民族 2010 年人口普查汇总数及主要分布

民族	人口数（人）	主要分布地区
蒙古族	5981840	内蒙古、辽宁、吉林、河北、黑龙江、新疆
回族	10586087	宁夏、甘肃、河南、新疆、青海、云南、河北、山东、安徽、辽宁、北京、内蒙古、天津、黑龙江、陕西、贵州、吉林、江苏、四川
藏族	6282187	西藏、四川、青海、甘肃、云南
维吾尔族	10069346	新疆
苗族	9426007	贵州、湖南、云南、广西、重庆、湖北、四川
彝族	8714393	云南、四川、贵州
壮族	16926381	广西、云南、广东
布依族	2870034	贵州
朝鲜族	1830929	吉林、黑龙江、辽宁
满族	10387958	辽宁、河北、黑龙江、吉林、内蒙古、北京

民族	人口数（人）	主要分布地区
纳西族	326295	云南
景颇族	147828	云南
柯尔克孜族	186708	新疆
土族	289565	青海、甘肃
达斡尔族	131992	内蒙古、黑龙江
仫佬族	216257	广西
羌族	309576	四川
布朗族	119639	云南
撒拉族	130607	青海
毛南族	101192	广西
仡佬族	550746	贵州
锡伯族	190481	辽宁、新疆
阿昌族	39555	云南
普米族	42861	云南
塔吉克族	51069	新疆

续表

民族	人口数（人）	主要分布地区	民族	人口数（人）	主要分布地区
侗族	2879974	贵州、湖南、广西	怒族	37523	云南
瑶族	2796003	广西、湖南、云南、广东	乌孜别克族	10569	新疆
白族	1933510	云南、贵州、湖南	俄罗斯族	15393	新疆、黑龙江
土家族	8353912	湖南、湖北、重庆、贵州	鄂温克族	30875	内蒙古
哈尼族	1660932	云南	德昂族	20556	云南
哈萨克族	1462588	新疆	保安族	20074	甘肃
傣族	1261311	云南	裕固族	14378	甘肃
黎族	1463064	海南	京族	28199	广西
傈僳族	702839	云南、四川	塔塔尔族	3556	新疆
佤族	429709	云南	独龙族	6930	云南
畲族	708651	福建、浙江、江西、广东	鄂伦春族	8659	黑龙江、内蒙古
高山族	4009	台湾、福建	赫哲族	5354	黑龙江
拉祜族	485966	云南	门巴族	10561	西藏
水族	411847	贵州、广西	珞巴族	3682	西藏
东乡族	621500	甘肃、新疆	基诺族	23143	云南

中国民族的分布具有既集中又分散，大杂居、小聚居，交错分布的特点。汉族分布最广，主要集中分布在东部地区，少数民族聚居的地区主要集中在东北三省、内蒙古、新疆、西藏、云南、广西、贵州和海南等省区，占全国总面积的 1/2 以上。少数民族的分布具有分布广又相对集中、相对聚居又互相杂居等特点。这样的分布既有利于各民族间经济、文化上的交流，又促进相互间的往来，形成了相互依存、密不可分的关系。

《中华人民共和国宪法》第一章总纲第四条规定：中华人民共和国各民族一律平等。国家保障各少数民族的合法的权利和利益，维护和发展各民族的平等、团结、互助关系。禁止对任何民族的歧视和压迫，禁止破坏民族团结和制造民族分裂的行为。

国家根据各少数民族的特点和需要，帮助各少数民族地区加速经济和文化的发展。

各少数民族聚居的地方实行区域自治，设立自治机关，行使自治权。各民族自治地区都是中华人民共和国不可分离的部分。

各民族都有使用和发展自己的语言文字的自由，都有保持或者改革自己的风俗习惯的自由。

侨胞和侨乡

侨居在外国的中国人称作华侨，中国有很多侨胞分布在世界各地。有些华侨取得了居留国的国籍，就成为外籍华人。侨胞的原籍以广东、福建两省最多，其中珠江三角洲、粤东的潮汕地区、梅州以及福建的泉州、厦门、漳州、莆田为著名的侨乡。广大侨胞热爱祖国、热爱家乡，大力支持祖国建设和家乡的经济文化发展，并为发展中国与世界各国的友好关系，加强各国人民之间的往来，作出了许多贡献。

地形和气候

地形主要特征

1. 地形多种多样　在中国辽阔的大地上，有雄伟的高原、起伏的山岭、广阔的平原、低缓的丘陵，还有四周群山环抱、中间低平的盆地。全球陆地上的 5 种基本地貌类型，中国均有分布，这为中国工农业的发展提供了多种选择和条件。

2. 山区面积广大　通常人们把山地、丘陵和高原统称为山区。中国山区面积占全国面积的 2/3，这是中国地形的又一显著特征。山区面积广大，给交通运输和农业发展带来一定困难，但山区可提供林产、矿产、水能和旅游等资源，为改变山区面貌、发展山区经济提供了资源保证。

3. 地势西高东低，大致呈三级阶梯状分布　地势的第一级阶梯是青藏高原，平均海拔在 4000 米以上。其北部与东部边缘分布有昆仑山脉、阿尔金山脉、祁连山脉、横断山脉，它们的北、东缘是地势第一、二级阶梯的分界线。

地势的第二级阶梯平均海拔在 1000～2000 米，这里分布着大型的盆地和高原，包括内蒙古高原、黄土高原、云贵高原、塔里木盆地、准噶尔盆地和四川盆地。其东部边缘有大兴安岭、太行山脉、伏牛山、巫山、雪峰山等，它们的东麓是地势的第二、三级阶梯的分界线。

地势的第三级阶梯上主要分布着广阔的平原，间有丘陵和低山，海拔多在 500 米以下。

如果通过北纬 32°线，自西向东作一幅中国地形剖面图，从西部的大高原，到中部的盆地，再到东部平原，西高东低，呈阶梯状逐级下降的地势特点十分明显。

从中国陆地的第三级阶梯继续向海面以下延伸，就是浅海大陆架，这是大陆向海洋自然延伸的部分，一般深度不大，坡度较缓，海洋资源丰富。中国近海大陆架比较广阔，渤海和黄海的海底全部、东海海底的大部分和南海海底的一部分，都属浅海大陆架。目前，开发海洋资源，尤其是石油资源，主要是在大陆架上进行的。

地势西高东低，有利于海上湿润空气向中国陆上推进，也便于北方冷空气南下，为降水的形成提供条件。受地势影响，中国大多数河流东流入海，沟通了东西交通，便于沿海与内地联系。随着地势逐级下降，河流在一、二级阶梯的过渡地带形成巨大落差，蕴藏着丰富的水能资源。

各类地形占国土陆地总面积的比例（%）				
山地	高原	盆地	丘陵	平原
33.33	26.04	18.75	9.90	11.98
不同海拔高度占国土陆地总面积的比例（%）				
>3000 米	2000～3000 米	1000～2000 米	500～1000 米	≤500 米
25.94	6.07	24.55	15.86	27.58

地形分布

1. 山脉 山地呈脉状延伸即为山脉。山脉构成中国地形的骨架，常常是不同地形区的分界，山脉延伸的方向称作走向，中国山脉的分布按其走向一般可分为 5 种情况。

东西走向的山脉主要有 3 列：北列为天山—阴山；中列为昆仑山—秦岭；南列为南岭。

东北—西南走向的山脉主要分布在中国东部：西列为大兴安岭—太行山—雪峰山；中列为长白山—武夷山；东列为台湾山脉。

西北—东南走向的山脉主要分布在中国西部，著名山脉有两条：阿尔泰山和祁连山。

南北走向的山脉主要有两条，分布在中偏西部，分别是横断山脉、贺兰山脉等。

弧形山系由几条并列的山脉组成，其中最著名的山脉为喜马拉雅山，分布在中国与印度、尼泊尔等国边界上，绵延 2400 多千米，平均海拔 6000 米左右，其主峰珠穆朗玛峰，海拔 8848.86 米，是世界最高峰，坐落在中国与尼泊尔的边界上。

2. 高原 中国有四大高原，即青藏高原、云贵高原、黄土高原和内蒙古高原。它们集中分布在地势第一、二级阶梯上。由于海拔高度、位置、成因和受外力侵蚀作用不同，高原的外貌特征各异。

3. 盆地 中国有四大盆地，即塔里木盆地、准噶尔盆地、柴达木盆地和四川盆地。它们主要分布在地势第二级阶梯上，由于海拔高度及所在位置不同，其特点也不相同。

此外，著名的吐鲁番盆地也分布在地势第二级阶梯上，它是中国地势最低的盆地（最低处为 -154 米）。

4. 平原 中国有三大平原，即东北平原、华北平原和长江中下游平原。它们分布在中国东部地势第三级阶梯上。由于位置、成因、气候条件等各不相同，在地形上也各具特色。

三大平原南北相连，土壤肥沃，是中国最重要的农耕区。除此以外，中国还有成都平原、汾渭平原、珠江三角洲、台湾西部平原等，它们也都是重要的农耕区。

5. 丘陵 中国丘陵众多，分布广泛。在东部地区主要有辽东丘陵、山东丘陵、江南丘陵。

气温和温度带

1. 冬季气温的分布 从中国 1 月等温线图可看出：等温线的分布大体与纬度平行。0℃等温线穿过了淮河—秦岭—青藏高原东南边缘，此线以北（包括东北、华北、西北及青藏高原）的冬季平均气温在 0℃以下，其中黑龙江漠河的冬季平均气温接近 -30℃；此线以南的冬季平均气温则在 0℃以上，其中海南三亚的冬季平均气温为 20℃以上。因此，冬季南方温暖，而北方寒冷，南北气温差别大是中国冬季气温分布的主要特征。

这一特征形成的原因主要有：

纬度位置的影响　冬季阳光直射在南半球，中国大部分处于温带与亚热带，从太阳辐射获得的热量少，同时中国南北纬度相差近 50°，北方与南方太阳高度差别显著，故造成北方大部地区冬季气温低，且南北气温差别大。

冬季风的影响　冬季，从蒙古、西伯利亚一带常有寒冷干燥的冬季风吹来，北方地区首当其冲，因此更加剧了北方严寒并使南北气温的差别增大。

2. 夏季气温的分布 从中国夏季7月等温线图上可以看出：除了地势高的青藏高原和天山等以外，大部分地区夏季平均气温在20℃以上，南方许多地区在28℃以上；新疆吐鲁番盆地7月平均气温高达32℃以上，是中国夏季的炎热中心。所以除青藏高原等地势高的地区外，全国普遍高温，南北气温差别不大，是中国夏季气温分布的主要特征。

其形成原因有：夏季阳光直射点在北半球，中国各地从太阳辐射获得的热量普遍增多。加之北方因纬度较高，白昼又比较长，获得的热量相对增多，缩短了与南方的气温差距，因而全国普遍高温。

3. 中国的温度带 通常可以采用积温来划分温度带，当日平均气温稳定上升到10℃以上时，大多数农作物才能活跃生长，所以通常把日平均气温连续≥10℃的天数叫作生长期。把生长期内每天平均气温累加起来的温度总和叫作日平均气温≥10℃的积温。一个地区日平均气温≥10℃的积温，反映了该地区的热量状况。根据积温的分布，中国划分了5个温度带和1个特殊的青藏高原区。不同的温度带内热量不同，生长期长短不一，耕作制度和作物种类也有明显差别。

链　接

二十四节气

立春　在每年公历2月4日前后。中国习惯把它作为春季开始的节气。

雨水　在每年公历2月19日前后。此时农村开始备耕生产。

惊蛰　每年公历3月6日前后为惊蛰。“过了惊蛰节，春耕不停歇”。北方进入惊蛰，春耕大忙便开始了。

春分　每年公历3月21日前后太阳到达黄经0°时为春分。这时阳光直照赤道，南北半球得阳光平均，所以昼夜几乎等长。

清明　每年公历4月5日前后为清明。此时，中国黄河流域及大部分地区的气温开始升高，雨量增多。

谷雨　在每年公历4月20日前后。“雨生百谷”道出了谷雨节气的由来。谷雨是北方春作物播种、出苗的季节。

立夏　中国习惯把立夏作为夏季的开始，一般在每年公历5月6日前后。

小满　每年公历5月21日前后为小满。顾名思义，小满是指夏收作物籽粒将要饱满成熟的意思。小满后，北方各地的小麦就要熟了，而黄淮流域的冬小麦将开镰收割。

芒种　芒种表示麦类等有芒作物成熟的季节，一般在每年公历6月6日前后。

夏至　每年公历6月21日前后为夏至。夏至表示炎热的夏天已经到来，同时也是一年中白天最长的一天。

小暑　在每年公历7月7日左右。一般小暑后就要数伏（伏指初伏、中伏和末伏，它是从夏至后第三个庚日开始的），所以小暑标志着一年最炎热的季节就要到来了。

大暑　在每年公历7月23日前后。顾名思义，大暑是一年中气候最热的时候。

立秋　在每年公历8月8日前后。中国习惯上把这一天作为秋季的开始。

处暑　在每年公历8月23日前后。处暑是反映气温由热向冷变化的节气。

白露　在每年公历9月8日前后。白露指气温降低，并出现露水。

秋分　在每年公历9月23日前后。“秋分秋分，日夜平分”。此时，阳光直照赤道，昼夜几乎等长。

寒露　在每年公历10月8日前后。寒露一到，华北地区便开始进入深秋，原野一片金黄，是秋游的好时节；而东北地区则呈初冬景象，长江流域及以南地区却仍郁郁葱葱。

霜降　每年公历10月23日或24日。霜降表示气候渐渐寒冷，北方地区已出现降霜或开始有霜。

立冬　每年公历11月7日前后为立冬。立冬是表示冬季开始的节气。这时，黄河中下游地区即将结冰。

小雪　在每年公历11月22日前后。它表示已经到了开始下雪的节气。此时，东北、内蒙古、华北北部地区气候寒冷。

大雪　每年公历12月7日前后。一交大雪，黄河流域的冬小麦进入了休眠期。

冬至　每年公历12月22日前后为冬至。冬至为北半球冬季的开始。这天昼最短，夜最长。冬至过后便是“数九”了。

小寒　在每年公历1月6日前后。这时正值“三九”前后，中国大部分地区进入严寒时期。

大寒　在每年公历1月20日前后。大寒为中国大部分地区一年中最冷的时期。

降水和干湿地区

年降水量的空间分布　从中国年降水量分布图可看出：800毫米等降水量线大致在淮河北—秦岭—青藏高原东南边缘一线；400毫米等降水量线大致在大兴安岭—张家口—兰州—拉萨—喜马拉雅山东南端一线。塔里木盆地年降水量少于50毫米，其南部边缘的一些地区年降水量不足20毫米；吐鲁番盆地的托克逊多年平均年降水量仅5.9毫米，是中国的“旱极”。中国东南部有些地区降水量在1600毫米以上，台湾东部山地可达3000毫米以上，其东北部的火烧寮年平均降水量达6000毫米以上，最多的年份为8408毫米，是中国的“雨极”。

中国年降水量空间分布的规律是：从东南沿海向西北内陆递减。各地区差别很大，大致是沿海多于内陆，南方多于北方，山区多于平原，山地的暖湿空气迎风坡多于背风坡。

降水量的时间变化　降水量的时间变化包括季节变化和年际变化两个方面。

季节变化是指一年内降水量的分配状况。中国降水的季节分配特征是：

南方雨季开始早，结束晚，雨季长，集中在5—10月；北方雨季开始晚，结束早，雨季短，集中在7、8月。全国大部分地区夏秋多雨，冬春少雨。

年际变化是指年际之间的降水分配情况。中国大多数地区降水量年际变化较大，一般是多雨区年际变化较小，少雨区年际变化较大；沿海地区年际变化较小，内陆地区年际变化较大，且以内陆盆地年际变化最大。

季风活动与季风区 中国降水空间分布与时间变化特征，主要是由于季风活动影响形成的。源于西太平洋热带海面的东南季风和赤道附近印度洋上的西南季风把温暖湿润的水汽吹送到中国大陆上，成为中国夏季降水的主要水汽来源。

在夏季风正常活动的年份，每年4、5月，暖湿的夏季风推进到南岭及其以南的地区。广东、广西、海南等省区进入雨季，降水量增多。

6月，夏季风推进到长江中下游，秦岭—淮河以南的广大地区进入雨季。这时，江淮地区阴雨连绵，由于正是梅子黄熟时节，故称这种天气为梅雨天气。

7、8月，夏季风推进到秦岭—淮河以北地区，华东、东北等地进入雨季，降水明显增多。9月，北方冷空气的势力增强，暖湿的夏季风在它的推动下向南后退，北方雨季结束。10月，夏季风从中国大陆上退出，南方的雨季也随之结束。

在中国大兴安岭—阴山—贺兰山—巴颜喀拉山—冈底斯山连线以西以北的地区，夏季风很难到达，降水量很少。习惯上我们把夏季风可以到达的地区称为季风区，夏季风势力难以到达的地区称为非季风区。

中国的干湿地区 干湿状况是反映气候特征的标志之一，一个地方的干湿程度由降水量和潜在蒸散的对比关系决定。干湿状况与天然植被类型及农业等关系密切。中国各地干湿状况差异很大，共划分为4个干湿地区：湿润区、半湿润区、半干旱区和干旱区。

河流和湖泊

中国河流、湖泊众多。这些河流、湖泊不仅是中国地理环境的重要组成部分，而且蕴藏着丰富的自然资源。中国的河湖地区分布不均，内外流区域兼备。中国外流区域与内流区域的界线大致是：北段大体沿着大兴安岭—阴山—贺兰山—祁连山（东部）一线，南段比较接近于200毫米的年等降水量线（巴颜喀拉山—冈底斯山）。这条线的东南部是外流区域，约占全国总面积的2/3，河流水量占全国河流总水量的95%以上；内流区域约占全国总面积的1/3，但是河流总水量还不到全国河流总水量的5%。

河流

中国是世界上河流最多的国家之一。中国有许多源远流长的大江大河。其中流域面积超过1000平方千米的河流就有1500多条。

中国的河流，按照河流径流的循环形式，有注入海洋的外流河，也有与海洋不相沟通的内流河。

长江　长江发源于青海省西南部、青藏高原上的唐古拉山脉主峰各拉丹冬雪山，曲折东流，干流先后流经青海、四川、西藏、云南、重庆、湖北、湖南、江西、安徽、江苏、上海共11个省、自治区和直辖市，最后注入东海。全长6363千米，是中国第一大河，也是亚洲最长的河流，世界第三大河。流域面积180万平方千米，约占全国总面积的1/5，年入海水量9513亿立方米，占全国河流总入海水量的1/3以上。流经中国青藏高原、横断山区、云贵高原、四川盆地、长江中下游平原，流域绝大部分处于湿润地区。

黄河　黄河发源于青海省中部，巴颜喀拉山北麓，流经青海、四川、甘肃、宁夏、内蒙古、山西、陕西、河南、山东9个省、自治区，注入渤海。全长5464千米，是中国第二大河。流域面积79.5万平方千米，流经中国青藏高原、内蒙古高原、黄土高原、华北平原，以及干旱、半干旱、半湿润地区。

珠江　珠江是中国南方最大的河流，其干流西江发源于云南东部。珠江流经云南、贵州、广西、广东入南海，全长2214千米，流域在中国境内45.37万平方千米。主要有西江、北江、东江三大支流水系，北江与东江基本上都在广东境内，三江水系在珠江三角洲汇集，形成纵横交错、港汊纷杂的网状水系。

京杭运河　中国除天然河流外，还有许多人工开凿的运河，其中有世界上开凿最早、最长的京杭运河。京杭运河北起北京、南到杭州，纵贯北京、天津两市和河北、山东、江苏、浙江4省，沟通海河、黄河、淮河、长江、钱塘江五大水系，全长1801千米，是中国历史上与万里长城齐名的伟大工程。从开凿至今已有2000多年的历史，对沟通中国南北交通起过重大的作用，但过去由于维护不善，许多河段已断航。中华人民共和国成立后，对运河进行了整治，目前江苏、浙江两省境内的河段，仍是重要的水上运输线。同时，运河还发挥灌溉、防洪、排涝等综合作用。在“南水北调”东线工程中，它又被用作长江水源北上的输水渠道。

湖泊

中国湖泊众多，共有湖泊 24800 多个，其中面积在 1 平方千米以上的天然湖泊就有 2759 个。湖泊数量虽然很多，但在地区分布上很不均匀。总的来说，东部季风区，特别是长江中下游地区，分布着中国最大的淡水湖群；西部以青藏高原湖泊较为集中，多为内陆咸水湖。

外流区域的湖泊都与外流河相通，湖水能流进也能排出，含盐分少，称为淡水湖，也称排水湖。中国著名的淡水湖有鄱阳湖、洞庭湖、太湖、洪泽湖、巢湖等。

内流区域的湖泊大多为内流河的归宿，河水只能流入湖泊，但湖水不能流出，又因蒸发强烈、盐分较多，形成咸水湖，也称非排水湖，如中国最大的湖泊青海湖以及海拔较高的纳木错湖等。

中国的湖泊按成因有河迹湖（如湖北境内长江沿岸的湖泊）、海迹湖（包括潟湖、残迹湖等，如西湖）、溶蚀湖（如云贵高原区石灰岩溶蚀所形成的草海等）、冰蚀湖（如青藏高原区的巴松错、帕桑错等）、构造湖（如青海湖、鄱阳湖、洞庭湖、滇池等）、火山口湖（如长白山天池）、堰塞湖（如镜泊湖）等。

自然资源

土地资源

绝对数量大，人均占有量少 中国陆地总面积约 960 万平方千米，海域总面积 473 万平方千米。陆地面积居世界第 3 位，但按人均占土地资源论，在面积位居世界前 12 位的国家中，中国居第 11 位。中国人均占有的土地资源，只相当于澳大利亚的 1/58、加拿大的 1/48、俄罗斯的 1/15、巴西的 1/7、美国的 1/5。按利用类型区分的中国各类土地资源也都具有绝对数量大、人均占有量少的特点。

类型复杂多样，耕地比重小 中国地形复杂、气候多样，土地类型复杂多样，为农、林、牧、副、渔多种经营和全面发展提供了有利条件。但也要看到，有些土地类型难以开发利用。例如，中国沙质荒漠、戈壁合占国土总面积的 12% 以上，改造、利用的难度很大。而对中国食物安全至关重要的耕地，所占比重仅为10%多一点。

利用情况复杂，生产力地区差异明显 土地资源的开发利用是一个长期的历史过程。由于中国自然条件的复杂性和各地历史发展过程的特殊性，中国土地资源利用的情况极为复杂。东北平原大部分是黑土，盛产小麦、玉米、大豆、亚麻和甜菜。华北平原大多是褐土，土层深厚，农作物有小麦、玉米、棉花、花生，水果有苹果、梨、葡萄、柿子等。长江中下游平原多为红黄壤和水稻土，盛产水稻、柑橘、油菜、蚕豆和淡水鱼，被称为“鱼米之乡”。四川盆地多为紫色土，盛产水稻、油菜、甘蔗、茶叶和柑橘、柚子等。

不同的利用方式，土地资源开发的程度也会有所不同，土地的生产力水平会有明显差别。例如，在同样的亚热带山区，经营茶园、果园、经济林木会有较高的经济效益，而毁林毁草开垦种粮，不仅收益较低，还会造成水土流失，使土地资源遭受破坏。

分布不均，保护和开发问题突出 分布不均主要指两个方面：其一，具体土地资源类型分布不均。如有限的耕地主要集中在中国东部季风区的平原地区，草原资源多分布在内蒙古高原的东部、新疆天山南北坡等。其二，人均占有土地资源分布不均。

不同地区的土地资源，面临着不同的问题。中国林地少，森林资源不足。可是，在东北林区力争采育平衡的同时，西南部分林区却面临过熟林比重大、林木资源浪费的问题。中国广阔的草原资源利用不充分，畜牧业生产水平不高，然而有些地区的草原又存在过度放牧、草场退化的问题。

水资源

中国淡水资源总量为2.8万亿立方米，占全球水资源的6%，仅次于巴西、俄罗斯、加拿大、美国和印度尼西亚，居世界第六位，但人均只有2200立方米，仅为世界平均水平的1/4、美国的1/5，是全球人均水资源贫乏的国家之一，属于缺水严重的国家。受气候和地形影响，淡水资源的地区分布极不均匀，大量淡水资源集中在南方，北方淡水资源只有南方淡水资源的1/4。河流和湖泊是中国主要的淡水资源，河湖的分布、水量的大小，直接影响着各地人民的生活和生产。各大河的流域中，以珠江流域人均水资源最多，长江流域稍高于全国平均数，海河、滦河流域是全国水资源最紧张的地区。

中国水资源的分布情况是南多北少，而耕地的分布却是南少北多。如中国小麦、棉花的集中产区——华北平原，耕地面积约占全国的40%，而水资源只占全国的6%左右。水、土资源配合欠佳的状况，进一步加剧了中国北方地区缺水的程度。

中国水能资源理论蕴藏量近7亿千瓦，占常规能源资源量的40%。其中，经济可开发容量近4亿千瓦，年发电量约1.7亿千瓦时，是世界上水能资源总量最多的国家。中国水能资源的70%分布在西南四省市和西藏自治区，其中以长江水系为最多，其次为雅鲁藏布江水系。黄河水系和珠江水系也有较大的水能蕴藏量。目前，已开发利用的地区，集中在长江、黄河和珠江的上游。

生物资源

植物资源 中国植被种类丰富，分布错综复杂。在东部季风区，有热带雨林，热带季雨林，南亚热带、中亚热带常绿阔叶林、北亚热带落叶阔叶—常绿阔叶混交林，温带落叶阔叶林，寒温带针叶林，以及亚高山针叶林、温带森林草原等植被类型。在西北部和青藏高原地区，有干草原、半荒漠草原灌丛、干荒漠草原灌丛、高原寒漠、高山草原草甸灌丛等植被类型。据统计，有种子植物300个科、2980个属、24600个种，兼有寒、温、热三带的植物。其中被子植物2946属（占世界被子植物总属的23.6%）。较古老的植物种属，约占世界种属总数的62%。有些植物，如水杉、银杏等，世界上其他地区现代已经灭绝，现在是残存于中国的“活化石”。

动物资源 中国是世界上动物资源最为丰富的国家之一。全国陆栖脊椎动物约有2070种，占世界陆栖脊椎动物的9.8%。其中鸟类1170多种、兽类400多种、两栖类184种，分别占世界同类动物的13.5%、11.3%和7.3%。在西起喜马拉雅山—横断山北部—秦岭山脉—伏牛山—淮河与长江间一线以北地区，以温带、寒温带动物群为主，属古北界；以南地区以热带性动物为主，属东洋界。由于东部地区地势平坦，西部横断山南北走向，使得两界动物相互渗透混杂的现象比较明显。

矿产资源

中国幅员广大，地质条件多样，矿产资源丰富，矿产171种。已探明储量的有157种。其中钨、锑、稀土、钼、钒和钛等的探明储量居世界首位，煤、铁、铅锌、铜、银、汞、锡、镍、磷灰石、石棉等的储量均居世界前列。

中国矿产资源分布的主要特点是，地区分布不均匀。如铁主要分布于辽宁、冀东和川西，西北很少；煤主要分布在华北、西北、东北和西南区，其中山西、内蒙古、新疆等省区最集中，而东南沿海各省则很少。这种分布不均匀的状况，使一些矿产相对集中，如钨矿，虽然在 19 个省区均有分布，但储量主要集中在湘东南、赣南、粤北、闽西和桂东—桂中，尽管有利于大规模开采，但也给运输带来了很大压力。为使分布不均的资源在全国范围内有效地调配使用，亟须加强交通运输建设。

历　史

古代史

中国古代史，始于大约 170 万年前元谋人，止于 1840 年的鸦片战争前，是中国原始社会、奴隶社会和封建社会的历史。

原始社会

中国的原始社会，起自大约 170 万年前的元谋人，止于约公元前 2070 年夏王朝的建立。原始社会经历了原始人群和氏族公社两个时期。氏族公社又经历了母系氏族公社和父系氏族公社两个阶段。

元谋人是已知的中国境内最早的人类。北京人是原始人群时期的典型代表。山顶洞人已经过着氏族公社的生活。长江流域的河姆渡氏族和黄河流域的半坡氏族是母系氏族公社的繁荣时期。大汶口文化的中晚期反映了父系氏族公社的情况。

传说中，黄帝是 4000 多年前生活在黄河流域原始部落的部落联盟首领。他提倡种植五谷，驯养牲畜，促使这个部落联盟逐步强大。他曾率领部落打败黄河上游的炎帝部落和南方的蚩尤部落。后来炎帝部落和黄帝部落结成联盟，在黄河流域长期生活、繁衍，构成了以后华夏族的主干成分。黄帝被尊奉为华夏族的祖先。

黄帝以后，黄河流域部落联盟的杰出首领，先后有尧、舜、禹。那时候，部落联盟首领由推选产生。尧年老了，召开部落联盟会议，大家推举有才德的舜为继承人。尧死后，舜继承了尧的位置，舜年老了，也采取同样的办法把首领位置让给治水有功的禹。这种更替首领位置的办法，历史上叫作“禅让”。

奴隶社会——夏、商、西周、春秋

从约公元前 2070 年夏朝建立开始，到公元前 476 年春秋时期结束，是中国的奴隶社会。

禹的儿子启建立的夏，是中国最早的奴隶制国家。约公元前 1600 年，夏王桀在位时，被商汤率兵灭亡。

约公元前1600年至公元前1046年的商朝，是奴隶社会的发展时期。商朝的农业、手工业较发达，青铜冶炼和铸造有很高水平。中国有文字可考的历史是从商朝开始的。商纣王统治时，周武王兴兵伐纣，商亡。

公元前1046年至公元前771年的西周，是奴隶社会的强盛时期。西周统治者实行了分封制和井田制。周厉王统治时，引起“国人暴动”，厉王逃跑，政权由周、召二公执掌。公元前771年，西周被犬戎灭亡。

公元前770年至公元前476年的春秋时期，奴隶社会逐步瓦解。这一时期，周王室衰微，诸侯争霸。由于铁器的使用和牛耕的出现，生产力提高，私田增多，促使以奴隶制国有土地为基础的井田制逐步瓦解，奴隶制走向崩溃。春秋时期，文化上出现了繁荣局面。

封建社会的确立和初步发展——战国、秦、汉

从公元前475年战国时期开始，到公元220年东汉灭亡，是中国封建社会的确立和初步发展时期。

战国时期，新兴地主阶级推动了各诸侯国的变法运动。其中秦国商鞅变法比较彻底，使秦国逐渐成为诸侯国中实力最强的国家。这一时期，社会经济获得很大发展，科学技术取得显著成就，思想上出现了“百家争鸣”的繁荣局面。

秦朝是中国历史上第一个统一的多民族的专制主义中央集权的封建国家。秦始皇为巩固专制主义中央集权所采取的一系列措施，对后世产生了重大影响。秦统一后，为了防御匈奴南侵，在连接原来秦、赵、燕三国北方长城的基础上，又向东、西两段延伸，筑成一道西起临洮、东到辽东的城防。这就是有名的万里长城。秦统治者的暴政导致了农民战争的爆发和秦王朝的灭亡。

西汉是中国历史上一个强盛的封建国家。汉初统治者采取的“休养生息”政策，使社会经济得到了恢复和发展，出现了“文景之治”的局面，汉武帝时国力达到空前强盛。平定“七国之乱”后，加强了中央集权；通过“罢黜百家，独尊儒术”，在全国加强了思想统治；通过对匈奴战争和张骞出使西域，使多民族的国家得到进一步发展；丝绸之路的拓通，使中外经济文化交流有了新的发展。西汉末年，由于社会矛盾尖锐，农民战争爆发，西汉终于走向灭亡。

东汉初期的光武帝调整了统治政策，使社会出现了“光武中兴”的局面。但东汉后期，豪强地主势力发展，社会黑暗，终于爆发了黄巾起义。在农民起义的打击下，东汉名存实亡。

秦汉时期，国家统一，生产发展，各民族间政治经济联系加强，科学文化得到迅速发展。

封建国家的分裂和民族大融合——三国、两晋、南北朝

从公元220年曹丕建魏，到公元589年隋统一，是中国历史上封建国家的分裂和民族大融合时期。

经过黄巾起义的沉重打击，东汉政权已名存实亡。在镇压起义过程中出现了一些割据一方的军事集团。曹操在官渡打败袁绍，基本上统一北方。赤壁一战，曹操大败，退回北方。孙权、刘备的地位得到巩固。220年，曹丕称帝建魏；221年，刘备称帝建蜀；229年，孙权称帝建吴，三国鼎立局面形成。三国时期，各国经济都得到了发展。

三国后期，魏国的力量日益强大。263年，魏灭了蜀。265年，司马炎夺取魏政权建立晋朝，史称西晋。280年，西晋灭吴，结束了三国鼎立的局面。西晋的统一是短期的，由于阶级矛盾和民族矛盾日益尖锐，内迁的少数民族和各地流民不断起义、反抗，最终导致了西晋的灭亡。

西晋灭亡后，皇族司马睿在江南建立政权，史称东晋。北方各族统治者先后建立了许多国家，史称十六国。383年，统一黄河流域的前秦和东晋间的淝水之战，东晋取得了胜利。前秦瓦解后，中国的南北方对峙局面更加巩固。在南方，东晋之后，经历了宋、齐、梁、陈四个朝代，史称南朝；在北方，经历了北魏、东魏和西魏、北齐和北周五个朝代，史称北朝。南北朝时期，江南得到了开发，北方出现了各民族的大融合。北魏孝文帝的改革，促进了民族的融合。

三国、两晋、南北朝时期，由于各民族的大融合和南北经济的发展，科学文化得到了进一步发展，在不少领域取得了世界领先的成就。

封建社会的繁荣——隋、唐

从581年隋朝建立，到907年唐朝灭亡，是中国封建社会的繁荣时期。

在民族大融合和南北经济发展的基础上，隋朝实现了统一。全国统一后，社会秩序安定下来，农业、手工业和商业得到发展，封建经济开始呈现了繁荣局面。官制的改革和科举制的创立，对后世产生了重大影响；大运河的开凿，对南北经济交流起了很大作用。

当隋末农民起义蓬勃发展时，李渊起兵攻占长安，并在618年称帝，建立唐朝。唐初统治者吸取隋亡教训，调整统治政策，前期政治比较清明，出现了“贞观之治”“开元盛世”的局面，封建经济得到新的发展。

唐朝是一个强盛的多民族封建国家，各民族间的联系加强，同亚洲各国的经济文化交流也空前频繁。

安史之乱是唐朝由强盛转向衰落的转折点。安史之乱后，唐朝出现了藩镇割据的局面，生产遭到严重破坏。唐朝后期，土地兼并十分严重，导致了农民战争爆发，唐朝名存实亡。

隋唐时期，中国南北统一，疆域广阔，经济发达，中外文化交流频繁。在此基础上，各族人民共同创造了辉煌灿烂的文化。

民族融合的进一步加强和封建经济的继续发展 ——五代、辽、宋、夏、金、元

从907年后梁建立，到1368年元朝灭亡，是中国封建社会民族融合的进一步加强和封建经济的继续发展时期。

五代十国时期，南方相对安定，经济获得较大发展。五代十国后期，后周逐渐强大，为后来结束分裂割据局面奠定了基础。

北宋建立后，采取了一系列加强中央集权的措施，结束了五代十国的分裂局面，封建经济得到继续发展。北宋中期，出现了财政困难等危机，为了克服统治危机，王安石实行了变法。北宋末，政治腐朽，防备空虚，金兵南下，结束了北宋的统治。1127年，南宋的统治开始。南宋与金对峙，南北经济都有新的发展。

北宋时，同其并立的主要少数民族政权，有契丹族建立的辽，有取代辽的女真族建立的金，还有党项族建立的西夏。各民族政权间不断进行战争，同时也加强了经济文化交流。

蒙古族的首领铁木真（后被尊称成吉思汗）统一蒙古各部，建立了蒙古政权。成吉思汗及其子孙发动了大规模的战争。忽必烈建立的元朝统一了全国。元的统一促进了多民族国家的发展。元朝实行的行省制度有效地管辖了全国。

宋元时期，各民族经济交往频繁，手工业、商业和城市经济较前繁荣，中国同亚、欧、非各国联系加强，文化科学技术达到了高度繁荣的水平。

统一的多民族国家的巩固和封建制度的逐渐衰落 ——明、清（鸦片战争以前）

从1368年明朝建立，到1840年鸦片战争爆发，是中国封建社会统一的

多民族国家的巩固和封建制度的逐渐衰落时期。

1368年，朱元璋建立了明朝。明朝前期，明政府采取了一系列措施来强化专制主义中央集权的统治。为了加强军事防御力量，明政府营建并迁都北京。为巩固北部边防，明政府修筑了北边的长城。为了进一步加强同海外各国的联系，明政府派遣郑和出使西洋。明朝中后期，随着商品经济的发展，在江南一些地方出现了资本主义生产关系的萌芽。明朝后期，封建专制统治非常腐朽，社会矛盾日益尖锐，终于爆发了李自成领导的农民起义，明朝的统治被推翻。

1616年，努尔哈赤建立了女真族的政权后金。皇太极改女真为满洲，于1636年称帝，并改金为清。清初统治者为了进一步加强专制主义的中央集权，除设立内阁、六部外，还增设了军机处；为了从思想上控制人民，清政府一再兴起文字狱，压制知识分子的反清思想。

明清前期，统一的多民族国家得到巩固。郑成功收复台湾，清朝设置台湾府，击败沙俄对中国黑龙江流域的侵略，这些斗争维护了国家主权和领土完整。清政府粉碎噶尔丹的分裂活动，平定大小和卓的叛乱，加强对西藏的管辖，使多民族国家得到进一步巩固。

近代史

中国近代史的时间为，从1840年鸦片战争到1949年中华人民共和国成立前夕，这是中国逐渐沦为半殖民地半封建社会的历史，也是中国人民追求国家独立和民族复兴的历史。中国近代史分为前后两个阶段，从1840年鸦片战争到1919年五四运动前夕，是旧民主主义革命阶段；从1919年五四运动到1949年中华人民共和国成立前夕，是新民主主义革命阶段。

鸦片战争

鸦片战争前，中国是一个独立自主的封建国家。由于当时中国的自然经济占统治地位，在中英贸易中，中国处于出超地位。为了改变贸易入超的状况，英国不法商人向中国走私鸦片。鸦片的输入给中国社会带来了深重灾难。禁烟成为全社会共同的呼声。林则徐在广州领导的禁烟运动，给英国侵略者以沉重打击。1840年，英国发动了侵略中国的鸦片战争。战争中，广大爱国官兵和三元里人民进行了英勇战斗。但由于清政府奉行妥协方针，战争失败。1842年，英国强迫清政府签订中英《南京条约》，中国的主权独立和领土完整开始遭到破坏，从此，中国门户洞开，开始从封建社会逐步沦为半殖民地半封建社会。这一时期，一些爱国的知识分子开始觉醒，他们把目光投向国门之外，开始了“师夷长技”的探索。

1856—1860年，英、法为了扩大侵略权益，对中国挑起了第二次鸦片战争。美、俄趁火打劫。四国分别强迫清政府签订了《天津条约》《北京条约》等，使中国丧失了更多的领土和主权，列强侵略势力扩大到沿海各省和长江中下游地区，中国社会的半殖民地化程度进一步加深。

太平天国运动

第一次鸦片战争后，清朝国内阶级矛盾空前激化，农民起义风起云涌。1851年，洪秀全发动金田起义，建立了太平天国政权；1853年，太平天国定都天京（今南京），颁布《天朝田亩制度》；1856年，太平天国军事上达到了全盛时期，沉重地打击了清王朝的封建主义统治；但是，领导集团内部的矛盾激化，引发了天京事变，使太平天国元气大伤。太平天国后期，洪仁玕等一些领导人实行了一些政治改革，提出了具有发展资本主义主张的政治纲领，并有意识地向西方学习，探索中国独立、富强的途径。1864年，太平天国运动在中外势力的联合绞杀下失败。太平天国运动是中国农民战争的高峰，对中国近代社会的发展进程产生过重大影响。

清朝后期资本主义的产生和民族危机的加深

19世纪60年代，清朝统治阶级内部出现了洋务派。从60年代到90年代，他们掀起了一场“师夷长技以自强”的洋务运动。洋务运动没有使中国走上富强的道路，但在客观上刺激了中国资本主义的发展，促进了中国近代化的历程。

19世纪六七十年代，中国社会出现了资本主义的生产方式，中国民族资产阶级产生了。中国民族资产阶级对外国资本主义侵略和本国封建主义压迫既有革命性的一面，又有妥协性的一面。中国无产阶级产生于40年代，早于民族资产阶级，是中国新生产力的代表者，具有最坚决、最彻底的革命性。

19世纪末，随着世界资本主义向帝国主义过渡，帝国主义国家更加紧了对中国的侵略。1883年和1894年，先后爆发了中法战争和中日甲午战争。《中法新约》的签订，使法国进一步打开了中国西南的门户；中日《马关条约》的签订，大大加深了中国社会的半殖民地化。

戊戌变法和义和团运动

中日甲午战争后，由于民族危机空前严重和中国民族资本主义的初步发展，民族资产阶级开始作为新的政治力量登上历史舞台。以康有为、梁启超为首的资产阶级维新派为了挽救民族危亡和发展资本主义，掀起维新变法运动。以慈禧太后等为代表的封建顽固守旧势力发动政变，使维新变法归于失败。这场资产阶级性质的改良运动，在社会上起到了思想启蒙的作用，有利于资产阶级思想文化的传播。同时，它的失败也说明，资产阶级改良道路在中国行不通。

义和团运动是一场反帝爱国运动。这一运动粉碎了帝国主义列强瓜分中国的狂妄计划，沉重打击了清政府的反动统治，加速了它的灭亡。1900 年夏，英、俄、日、法、德、美、意、奥八国联军侵略中国。1901 年，清政府被迫同八国及比利时、荷兰、西班牙等 11 国签订了丧权辱国的《辛丑条约》，标志着中国半殖民地半封建社会的形成。

辛亥革命和清朝的灭亡

1894 年，孙中山创立了中国资产阶级第一个革命团体兴中会。20 世纪初，出现了章炳麟、邹容、陈天华等著名民主革命思想家和宣传家，资产阶级民主革命思想得到广泛传播，资产阶级革命团体也相继建立起来。1905 年中国同盟会的成立，标志着中国的资产阶级民主革命进入了一个新的阶段。革命派通过与保皇派的论战，使民主革命思想得到进一步传播，有力地推动了民主革命高潮的到来。

同盟会成立后，革命党人发动了萍浏醴、广州黄花岗等一系列起义，四川发生了保路运动。1911 年 10 月武昌起义成功。1912 年元旦，孙中山在南京就任临时大总统，宣告中华民国成立，接着颁布了《中华民国临时约法》。辛亥革命既有伟大的历史功绩，也留下了深刻的教训。辛亥革命是中国近代历史上的一次反帝反封建的资产阶级民主革命。它推翻了在中国存在了两千多年的封建专制主义的君主制度，建立了资产阶级民主共和国，颁布了反映资产阶级民主主义精神的临时约法。

中华民国初期北洋军阀的统治

1912 年 3 月，袁世凯篡夺了辛亥革命的果实，就任中华民国临时大总统，临时政府迁往北京，以袁世凯为首的北洋军阀政权建立起来。袁世凯对内镇压国民党，对外出卖国家主权。孙中山号召武力讨袁，“二次革命”

发生。由于国民党力量涣散，“二次革命”很快失败。袁世凯镇压“二次革命”后，开始复辟帝制的活动。1915 年年底，护国运动爆发。袁世凯被迫取消帝制，不久即死去。

袁世凯死后，中国出现了军阀割据的局面。1917 年 7 月，军阀张勋以调停“府院之争”为名，进北京拥戴溥仪复辟，但复辟丑剧只持续了短短的 12 天。段祺瑞再次执政后，拒绝恢复《临时约法》和召集国会。为维护共和制度，孙中山倡导了护法运动，但不久也失败了。

五四运动和中国共产党的创立

随着中国资本主义经济的进一步发展，资产阶级强烈要求在中国实行资产阶级的民主政治，反对封建军阀统治，新文化运动应运而生。1915 年，陈独秀在上海创办《新青年》，成为新文化运动兴起的标志。“民主”和“科学”是新文化运动提出的口号。新文化运动在社会上掀起了一股思想解放的潮流。俄国十月社会主义革命胜利后，李大钊热情宣传十月革命，在中国第一次举起了社会主义的大旗，从而使新文化运动有了新的发展。

巴黎和会拒绝了中国代表的正义要求，把战败国德国在中国山东的权益转让给日本，激起中国人民强烈义愤。1919 年，五四运动在北京爆发。6 月初，运动发展成以工人阶级为主力的全国规模的群众爱国运动，并取得了初步胜利。五四运动具有重大的历史意义，是中国新民主主义革命的开端。

五四运动后，马克思主义在中国传播开来，成为新思潮的主流。一批先进分子把马克思主义同中国工人运动初步结合起来。1920 年，共产主义小组在各地相继建立，1921 年，中共一大召开，中国共产党诞生了。1922 年，中共二大制定了民主革命纲领，为中国革命指明了方向。

在中国共产党的领导下，从 1922 年 1 月香港海员罢工到 1923 年 2 月京汉铁路工人罢工，中国工人运动出现了第一次高潮。

第一次国共合作和北伐战争

1923 年“二七惨案”，使中国共产党认识到，仅仅依靠工人阶级的力量是不够的，只有团结一切可以团结的力量，才可能把中国革命引向胜利。为此，中国共产党决定同孙中山领导的国民党合作，建立革命统一战线。1924 年 1 月，中国国民党在广州举行第一次全国代表大会。国民党“一大”的召开标志着国共两党合作的实现和革命统一战线的正式建立。在中国共产党和苏联的帮助下，国民党在广州黄埔建立了陆军军官学校，为建立国民革命军奠定了基础。

为了打倒帝国主义，推翻军阀统治，统一中国，1926 年 7 月初，国民政府誓师北伐。北伐军胜利进军，不到半年便打到长江流域。北伐战争得到了工农运动的大力支援；北伐战争的胜利又推动了工农运动的高涨，1926 年 10 月至 1927 年 3 月，上海工人发动了三次武装起义，并取得了胜利。

1925 年 3 月孙中山逝世后，国民党右派加紧争夺革命领导权。1927 年 4 月，蒋介石在上海发动了“四一二”反革命政变；7 月，汪精卫在武汉发动“七一五”反革命政变，第一次国共合作破裂。这期间，以陈独秀为代表的中共中央犯了右倾投降主义错误。国民革命失败了。

国共十年对峙

“四一二”反革命政变后，蒋介石在南京建立了国民政府。1928 年，国民政府举行“北伐”，占领北京，奉系军阀张作霖退到关外，在皇姑屯被日本关东军阴谋炸死。年底，张学良宣布“东北易帜”，服从国民政府。国民政府形式上统一了全国。但国民党新军阀间连年混战给人民带来极大灾难。在国民政府统治下，“四大家族”凭借国家政权迅速聚敛巨额财富，成为中国官僚买办资产阶级的代表。

中国共产党人没有被国民党反动派的屠杀吓倒，1927 年召开“八七”会议，纠正了右倾投降主义错误，发动了南昌起义、秋收起义和广州起义，创建红军，开辟农村根据地，进行土地革命，建立中华苏维埃政权，开辟了一条农村包围城市、武装夺取政权的道路。从 1930 年 12 月开始，至 1933 年 4 月，蒋介石对革命根据地先后发动了四次“围剿”。工农红军英勇奋战，打退了敌人的进攻，取得了四次反“围剿”的胜利。

1933 年秋，蒋介石对革命根据地发动第五次“围剿”。由于王明“左”倾冒险主义错误的影响，红军第五次反“围剿”失利，被迫长征。中国共产党在长征路上举行的遵义会议，在极其危急关头挽救了党、红军和中国革命。红军在毛泽东的指挥下，克服千难万险，取得了长征的胜利。

1936 年 12 月 12 日，西安事变爆发。中国共产党认真分析国内国际复杂的形势，确定了和平解决西安事变的方针。西安事变的和平解决，开启了国共两党第二次合作的可能，标志着抗日民族统一战线的初步形成。

抗日战争

1931 年，日本侵略者在中国沈阳制造了震惊中外的“九一八事变”，挑起侵华战争。由于国民党政府和东北军政当局奉行“不抵抗”政策，在不到半年的时间内，东北三省全境沦陷。此后，日本侵略者不断在中国华北、华东等地制造事端，扩张势力。在中华民族生死存亡关头，全国各界群众掀起声势浩大的抗日救亡怒潮，中国进入艰难的局部抗战时期。

1935 年，日本帝国主义为侵占中国华北而蓄意制造了一连串事件，总称“华北事变”，大批日本关东军入关，制造事端，挑起冲突，威逼平津。12 月，中共中央在瓦窑堡召开政治局扩大会议，制定了抗日民族统一战线的策略方针。

1937 年 7 月 7 日，日军中国驻屯军一部制造“卢沟桥事变”，中国军队奋起还击，全国抗日战争爆发。8 月 13 日，日军在上海制造“虹桥机场事变”，蓄意扩大侵华战争规模，国民政府被迫对日作战，“八一三”淞沪会战爆发。9 月下旬，国民党中央通讯社公布《中国共产党为公布国共合作宣言》，抗日民族统一战线正式形成，中国全民族的抗战开始。

抗战初期，国民政府在正面战场组织多次大规模战役，抗击日本侵略者，但实行的是一条片面抗战的路线，丧失了大片国土；中国共产党实行的是全面抗战的路线，执行持久抗战的方针，八路军、新四军深入敌后，建立抗日根据地，开辟敌后战场，广泛开展游击战争，与正面战场互相配合，抗击日军侵略，为中国人民取得抗日战争的胜利，为世界人民取得反法西斯战争的最终胜利做出了巨大的贡献。

1938 年 10 月，日军占领广州、武汉后，抗日战争进入相持阶段。日本帝国主义者对国民党实行政治诱降，国民党内的亲日派叛国投敌，亲英美派抗战逐渐消极，制造反共摩擦事件，对此，中国共产党给予了坚决的回击和无情的揭露。在抗日战争的艰苦岁月里，为了克服困难，争取抗战的胜利，中国共产党在政治上、经济上、思想上采取了一系列措施，终于渡过了最困难时期。

1944 年，解放区军民开始局部反攻。1945 年 4 月，中国共产党七大召开。8 月 8 日，苏联对日宣战。8 月 9 日，毛泽东发出“对日寇的最后一战”的号召，抗日战争进入大反攻。8 月 15 日，日本政府宣布无条件投降，9 月 2 日，日本签订无条件投降书。9 月 9 日，中国战区受降仪式在南京举行。经过十四年艰苦奋战，中国人民取得抗日战争的伟大胜利。

解放战争

抗日战争胜利后，为了争取国内的和平，1945 年 8 月底，毛泽东亲赴重庆同国民党进行谈判，10 月 10 日，国共双方代表签订了《政府与中共代表会谈纪要》，即《双十协定》。但是，在谈判期间，国民党派军队向解放区发起进攻，被解放区军民打退，国共双方代表签订停战协定。1946 年 1 月，政治协商会议在重庆召开。

1946 年夏，国民党军队在美国支持下向解放区发动进攻，全面内战爆发。

从 1946 年夏到 1947 年 6 月，人民解放军粉碎了国民党军队的全面进攻和重点进攻。1947 年 6 月底，人民解放军开始了全国性的反攻。从 1948 年 9 月到 1949 年 1 月，人民解放军先后发动了辽沈、淮海、平津三大战役，基本上消灭了国民党军队的主力，加速了人民解放战争在全国的胜利。1949 年 4 月，人民解放军渡江作战，23 日解放南京，推翻了国民党的统治。

1949 年 9 月，第一届中国人民政治协商会议在北平召开，标志着中国人民民主革命的伟大胜利。

现代史

中华人民共和国（1949— ）

1949 年 10 月 1 日，北京民众汇集天安门广场举行开国大典，中央人民政府主席毛泽东庄严宣告：中华人民共和国正式成立。

中华人民共和国成立之初，中国政府成功地在占全国农业人口总数 90% 以上的地区完成了土地改革，3 亿农民分得了约 4700 万公顷的土地。1953 年至 1957 年实施的第一个五年计划取得巨大成就：国民收入年均增长率达 8.9% 以上；建立起一批国家工业化所必需而过去没有的基础工业，包括飞机和汽车制造业、重型和精密机器制造业、发电设备制造业、冶金和矿山设备制造业以及高级合金钢和有色金属冶炼等。

从 1957 年到 1966 年，是中国开展大规模社会主义建设时期。以 1966 年同 1956 年相比，全国工业固定资产按原价计算增长 3 倍，国民收入按可比价格计算增长 58%；主要工业产品的产量都有几倍乃至十几倍的增长；农业基本建设和技术改造大规模展开。1966 年 5 月至 1976 年 10 月是“文化大革命”的十年，国家和人民遭受了中华人民共和国成立以来最严重的挫折和损失。

1976 年 10 月，江青反革命集团被粉碎，“文化大革命”结束，中国进入新的历史时期。邓小平复出，自 1979 年起推行“改革开放”政策，把工作重点放到现代化建设上。通过改革经济体制、政治体制，逐步确立了一条具有中国特色的社会主义现代化建设道路。改革开放以来，中国的面貌发生了深刻变化，经济突飞猛进，人民生活水平显著提高。

以 1978 年党的十一届三中全会为标志，中国进入了改革开放的历史新时期。自实施改革开放以来，中国共产党团结带领全国各族人民，坚定不移地推进体制改革，毫不动摇地促进对外开放，取得了社会主义现代化建设的举世瞩目的巨大辉煌成就，实现了人民生活由温饱不足向总体小康的历史性跨越，赢得了中国在国际经济社会影响力和地位的空前提高，中国经济社会的面貌从此发生了历史性的变化。

改革开放的推进，不断为发展注入生机和活力，中国经济迅速走上快速发展的轨道。经济总量居世界位次稳步提升，中国与世界主要发达国家的差距大大缩小。人均国内生产总值成倍增加。国家财政实力不断增强，对促进经济发展、加强经济和社会中的薄弱环节、切实改善民生、有效应对各种风险和自然灾害的冲击提供了有力的资金保障。经济结构不断优化升级，基本实现以工农业为主向一、二、三次产业协同发展的转变，农业基础地位不断强化，工业实现持续快速发展，服务业迅速发展壮大。城镇化步伐明显加快，基本实现了由城乡分割向城乡协调共同发展的转变。

国有经济战略性调整取得重大进展，基本实现了由单一的公有制经济向多种所有制经济共同发展的转变。分配结构出现明显调整，基本实现了由平均主义突出、收入渠道单一，向以劳动报酬为主、资本和技术等收入为辅的多种分配方式并存的转变。

商品和服务的供给能力明显提高，商品和服务的短缺问题大大缓解。农产品供给能力稳定提高。工业生产能力扩张迅速，制造业大国地位初步确立。交通运输能力明显增强。邮电通信业蓬勃发展。对外开放的广度和深度不断拓展，对外经济呈现加速发展态势。对外贸易的国际竞争力明显增强。利用外资规模不断扩大。进入21世纪，随着“走出去”战略的付诸实施，对外投资从无到有，也出现了强劲的增长势头。

居民生活明显改善，居民拥有的财富迅速增加。就业人员持续不断增加。覆盖城乡的社会保障制度逐步建立和完善。在城镇，养老、医疗、失业、工伤、生育保险在内的社会保障体系框架基本形成，而且覆盖面不断扩大。扶贫工作取得巨大成绩。

社会事业大发展，呈现出由社会发展滞后向社会经济全面协调发展的突破性转变。教育事业成效卓著，培养了一大批德才兼备的知识分子队伍，不断加大科技投入，科技体制改革力度逐步加大，科技事业不断取得重大成果。

公共卫生事业成效明显，医疗卫生体制改革进展顺利。尤其是2003年以来，针对突如其来的“非典”和高致病性禽流感等重大疫情，国家以建设全国疾病预防控制体系和突发公共卫生事业医疗救治体系为重点，加快公共卫生体系建设，取得明显成效。基本建成了有效应对重大疫情的公共卫生网络体系。医疗体制改革也做了积极的探索，新型农村合作医疗制度改革的试点工作逐步推开，多层次医疗保障体系初步形成。

文化事业得到长足发展。文化基础设施建设得到加强，国家图书馆二期暨国家数字图书馆、国家博物馆等文化基础设施建设进展顺利。初步形成了可以覆盖全国特别是城镇的公共文化服务体系。体育事业也获得了前所未有的发展和进步，竞技体育和群众体育蓬勃发展，人民体质不断加强。

历史纪年简表

夏……约公元前 2070—约公元前 1600 年
商……约公元前 1600—前 1046 年
西周……公元前 1046—前 771 年
春秋……公元前 770—前 476 年
战国……公元前 475—前 221 年
秦……公元前 221—前 207 年
汉……公元前 202—公元 220 年
——西汉……公元前 202—公元 25 年
包括王莽（公元 9—23 年）和更始帝（公元 23—25 年）
——东汉……公元 25 — 220 年
三国……公元 220 — 280 年
——魏……公元 220 — 265 年
——蜀……公元 221 — 263 年
——吴……公元 222 — 280 年
晋……公元 265 — 420 年
——西晋……公元 265 — 317 年
——东晋……公元 317 — 420 年
十六国……公元 304 — 439 年
南北朝……公元 420 — 589 年
——南朝……公元 420 — 589 年
——北朝……公元 439 — 581 年
隋……公元 581 — 618 年
唐……公元 618 — 907 年
五代十国……公元 907 — 979 年
宋……公元 960 —1276 年
——北宋……公元 960 —1127 年
——南宋……公元 1127—1276 年

辽	公元 916 —1125 年
西夏	公元 1038—1227 年
金	公元 1115—1234 年
元	公元 1271—1368 年
明	公元 1368—1644 年
清	公元 1644—1911 年
中华民国	公元 1912—1949 年
中华人民共和国	1949 年 10 月 1 日成立

政 党

中国实行的政党制度是中国共产党领导的多党合作和政治协商制度（以下简称中国多党合作制度），它既不同于西方国家的两党或多党竞争制，也有别于有的国家实行的一党制。这一制度在中国长期的革命、建设、改革实践中形成和发展起来，是适合中国国情的一项基本政治制度，是具有中国特色的社会主义政党制度，是中国社会主义民主政治的重要组成部分。

《中华人民共和国宪法》明确规定：中国共产党领导的多党合作和政治协商制度将长期存在和发展。在中国，中国共产党和各民主党派都必须以宪法为根本活动准则，维护宪法尊严，保证宪法实施。

中国多党合作制度中包括中国共产党和八个民主党派。八个民主党派是中国国民党革命委员会、中国民主同盟、中国民主建国会、中国民主促进会、中国农工民主党、中国致公党、九三学社、台湾民主自治同盟。中国人民政治协商会议（以下简称人民政协）是中国共产党领导的多党合作和政治协商的重要机构。在中国多党合作制度中，中国共产党与各民主党派长期共存、互相监督、肝胆相照、荣辱与共，共同致力于建设中国特色社会主义，形成了“共产党领导、多党派合作，共产党执政、多党派参政”的基本特征。中国多党合作制度在中国的政治和社会生活中显示出独特的政治优势和强大的生命力，发挥了不可替代的重大作用。

作为国家的一项基本政治制度，中国多党合作制度规定了中国共产党和各民主党派在国家政治生活中的地位、作用和相互关系。

中国共产党处于领导和执政地位 中国共产党的领导地位是在长期革命、建设、改革实践中形成并巩固起来的，是历史的选择、人民的选择。在 90 多年的奋斗历程中，中国共产党领导中国人民完成了新民主主义革命的任务，实现了民族独立和人民解放；建立了人民当家做主的国家政权，维护了国家统一和各民族团结；建立了社会主义制度，实现了中国历史上最广泛、最深刻的社会变革；开创了中国特色社会主义事业，为实现国家富强和人民幸福探索出了一条正确道路。中国是一个有着 960 万平方千米国土、14 亿人口、56 个民族的发展中大国。在这样一个幅员辽阔、人口众多的多民族国家进行现代化建设，必须有一个坚强的领导核心。中国共产党代表中国先进生产力的发展要求，代表中国先进文化的前进方向，代表中国最广大人民的根本利益。中国共产党的坚强领导是中国实现社会主义现代化的根本保证，是维护中国国家统一、社会和谐稳定的根本保证，是把亿万人民团结起来、共同建设美好未来的根本保证。这是中国各族人民在长期革命、建设、改革实践中形成的政治共识。

各民主党派是中国的参政党　中国人民民主专政的内在要求和各民主党派在中国政治生活中的实际作用，决定了民主党派的参政党地位。各民主党派作为各自所联系的一部分社会主义劳动者、社会主义事业建设者和拥护社会主义爱国者的政治联盟，属于人民的范畴，他们在中国共产党的领导下参政，是人民民主的重要体现。民主党派参政的基本点是：参加国家政权，参与国家大政方针和国家领导人选的协商，参与国家事务的管理，参与国家方针政策、法律法规的制定和执行。参政党的地位和参政权利受到宪法和法律的保护。

中国共产党与各民主党派形成了团结合作的新型政党关系　中国共产党与各民主党派在长期的共同奋斗中，形成了亲密的友党关系。中国共产党的基本理论、基本路线、基本纲领、基本经验得到各民主党派的认同，建设中国特色社会主义成为中国各政党的共同目标。在保持宽松稳定、团结和谐的政治环境中，中国共产党与各民主党派实行广泛的政治合作，照顾同盟者的政治利益和物质利益，团结他们一道前进。

中国共产党与各民主党派的合作具有丰富的内容　第一，中国共产党就重大方针政策和重要事务同各民主党派进行政治协商，实行相互监督。第二，各民主党派成员在国家权力机关中占有适当数量，依法履行职权。第三，各民主党派成员担任国家及地方人民政府和司法机关的领导职务；各级人民政府通过多种形式与民主党派联系，发挥他们的参政议政作用。第四，各民主党派通过人民政协参加国家重大事务的协商。第五，中国共产党支持民主党派参加改革开放和社会主义现代化建设。为经济社会发展服务，是各民主党派履行参政党职能的重要内容，是中国多党合作制度的一大特色。

中国共产党与各民主党派互相监督　这种监督是通过提出意见、批评、建议的方式进行的政治监督。由于中国共产党处于领导和执政地位，更需要来自民主党派的监督。民主党派民主监督的内容是：国家宪法和法律法规的实施情况；中国共产党和政府重要方针政策的制定和贯彻执行情况；中国共产党各级党委的工作和中共党员领导干部履行职责、为政清廉等方面的情况。民主党派的监督，对于加强和改善中国共产党的领导、健全社会主义监督体系，有着重要而独特的作用。

节选自《中国的政党制度》白皮书

经济社会

一、经济总量跃居世界第二，综合国力和国际影响力实现历史性跨越

改革开放以来的40年，是中国国民经济大踏步前进、经济总量连上新台阶的40年，是成功从低收入国家迈入中等偏上收入国家行列的40年，也是综合国力和国际影响力显著提升、实现历史性跨越的40年。

经济持续快速增长，经济增速在全球范围内名列前茅。40年来，我们坚持以经济建设为中心，锐意推进改革，全力扩大开放，中国经济发展步入快车道。2017年，中国国内生产总值按不变价计算比1978年增长33.5倍，年均增长9.5%，平均每8年翻一番，远高于同期世界经济2.9%左右的年均增速，在全球主要经济体中名列前茅。

经济总量连上新台阶，增量规模显著扩大。1978年，中国国内生产总值只有3679亿元，之后连续跨越，1986年上升到1万亿元，1991年上升到2万亿元，2000年突破10万亿元大关，2006年超过20万亿元，2017年首次站上80万亿元的历史新台阶，达到827122亿元，当年经济增量折合1.2万亿美元，相当于2016年全球第十四大经济体澳大利亚的经济总量。

人均国内生产总值不断提高，成功由低收入国家跨入中等偏上收入国家行列。2017年，中国人均国内生产总值59660元，扣除价格因素，比1978年增长22.8倍，年均实际增长8.5%。中国人均国民总收入（GNI）由1978年的200美元提高到2016年的8250美元，超过中等偏上收入国家平均水平，在世界银行公布的217个国家（地区）中排名上升到第95位。对于中国这样一个经济发展起点低、人口基数大的国家，能够取得这样的进步难能可贵。

财政实力显著增强，有力保障了经济社会发展。1978年，国家一般公共预算收入仅1132亿元，1985年翻了近一番，达到2005亿元，1993年再翻一番，达到4349亿元，1999年跨上1万亿元台阶，2007年超过5万亿元，2011年超过10万亿元，2017年突破17万亿元，达到172567亿元，1979—2017年年均增长13.8%。财政实力的增强对促进经济发展、保障改善民生、调整经济结构、有效防范风险提供了坚实的资金保障。

经济规模跃居世界第二位，对世界经济增长的贡献不断提高。1978年，

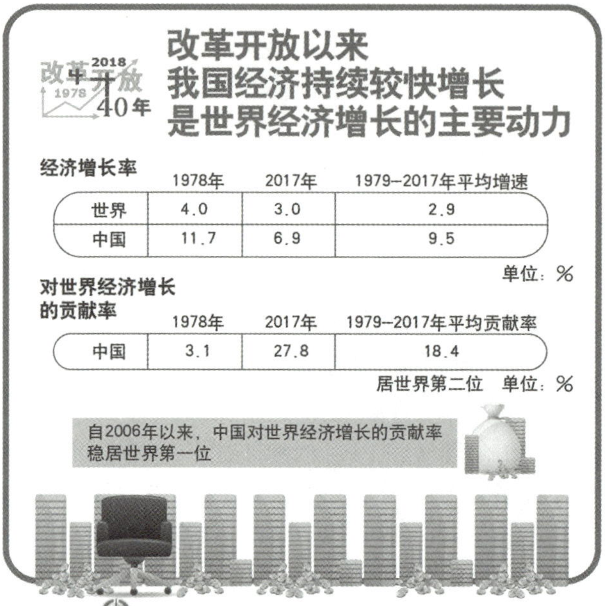

新华社发（边纪红制图） 资料来源：国家统计局

中国经济总量居世界第十一位；2000 年超过意大利，居世界第六位；2007 年超过德国，居世界第三位；2010 年超过日本，成为世界第二大经济体。2017 年，中国国内生产总值折合 12.3 万亿美元，占世界经济总量的 15% 左右，比 1978 年提高 13 个百分点左右。近年来中国对世界经济增长的贡献率超过 30%，日益成为世界经济增长的动力之源、稳定之锚。

外汇储备大幅增长，实现了从外汇短缺国到世界第一外汇储备大国的转变。1978 年，中国外汇储备仅 1.67 亿美元，位居世界第 38 位。随着开放型经济水平的提升，中国经常项目盈余快速积累，吸引外资不断增加，外汇储备短缺成为历史。1990 年，外汇储备超过百亿美元，1996 年超过千亿美元，2006 年突破 1 万亿美元，超过日本位居世界第一位，2017 年年末外汇储备余额达 31399 亿美元，稳居世界第一位。

二、经济结构实现重大变革，发展的协调性和可持续性明显提高

改革开放以来的 40 年，是结构调整贯穿于经济发展的 40 年，是经济结构逐步优化升级的 40 年，也是经济发展的全面性、协调性和可持续性不断增强的 40 年。

产业结构不断优化，经济增长由主要依靠第二产业带动转向依靠三次产业共同带动。农业基础地位更加稳固，实现了由单一以种植业为主的传统农业向农、林、牧、渔业全面发展的现代农业转变。工业结构不断向中高端水平迈进。2017 年，高技术制造业和装备制造业增加值占规模以上工业增加值的比重分别为 12.7% 和 32.7%，分别比 2005 年提高 0.9 个和 4 个百分点。服务业快速发展成为经济增长的新引擎。2012 年，第三产业增加值占国内生产总值的比重首次超过第二产业，成为国民经济第一大产业。2017 年，服务业比重提升至 51.6%，比 1978 年上升 27 个百分点，对经济增长的贡献率为

58.8%，提高 30.4 个百分点。

需求结构持续改善，经济增长转向依靠消费、投资、出口协同拉动。改革开放初期，中国经济总量小，基础设施落后，对外开放程度低，需求结构很不稳定。近年来，内需拉动作用显著增强。2017 年，内需对经济增长的贡献率达到 90.9%。消费日益成为经济增长的“稳定器”和“压舱石”。2013—2017 年，最终消费支出对经济增长的平均贡献率达到 56.2%，比资本形成总额高 12.4 个百分点。

区域结构优化重塑，地区协调发展新格局正在形成。改革开放初期，东部地区作为改革开放的先行地区和前沿地带率先发展起来。2000 年，东部地区生产总值占全国的比重为 53.5%，比 1978 年上升 10 个百分点。20 世纪 90 年代以来，为逐步解决地区发展差距拉大的问题，又相继作出了实施西部大开发、振兴东北地区等老工业基地、促进中部地区崛起等重大战略决策，中西部地区后发优势不断显现。2001—2017 年，中、西部地区生产总值年均实际增长 11.1% 和 11.6%，分别快于东部地区 0.1 个和 0.6 个百分点。近年来，京津冀协同发展、长江经济带发展积极推进，新的经济增长极增长带加快形成。

城镇化稳步推进，城乡发展协调性增强。改革开放以来，在农村经济体制改革、户籍制度改革等系列政策推动下，城镇化进程显著加快。2017 年年末，中国常住人口城镇化率为 58.52%，比 1978 年年末上升 40.6 个百分点，年均上升 1 个百分点。以人为核心的新型城镇化持续推进。2017 年年末，中国户籍人口城镇化率达 42.35%，与常住人口城镇化率的差距缩小到 16.17 个百分点。城乡居民收入差距持续缩小，2010 年以来农村居民收入实际增长连续 8 年快于城镇。

三、基础产业和基础设施跨越式发展，供给能力实现从短缺匮乏到丰富充裕的巨大转变

改革开放以来的 40 年，是基础产业从发展瓶颈转为优势支撑的 40 年，是基础设施体系建设跨越发展的 40 年，也是供给能力迅速提高、供给质量优化提升的 40 年。

农业基础地位不断强化，主要农产品产量跃居世界前列。40 年来，农业综合生产能力实现质的飞跃。2017 年，中国粮食总产量稳定在 1.2 万亿斤以上，比 1978 年翻一番。近年来，中国谷物、肉类、花生、茶叶产量稳居世界第一位，油菜籽产量稳居世界第二位，甘蔗产量稳居世界第三位。

工业生产能力不断提升，现代工业体系逐步建立。改革开放以来，中国工业化进程提速，工业生产能力快速发展，技术水平和竞争力不断增强。

2017年，钢材产量10.5亿吨，比1978年增长46.5倍；水泥产量23.4亿吨，增长34.8倍；汽车产量2902万辆，增长193.8倍。移动通信手持机和微型计算机设备从无到有，2017年产量分别达到18.9亿台和3.1亿台。近年来，中国工业经济多个领域取得重大突破，发展质量优化提升，正朝着制造强国目标迈进。

交通运输建设成效突出，四通八达的综合运输网络已经形成。40年来，中国交通网络日益完善，运输能力不断增强，运输效率明显提高，有力支撑了经济社会发展。2017年年末，铁路营业里程达到12.7万公里，比1978年年末增长1.5倍，其中高速铁路达到2.5万公里，占世界高铁总量60%以上，以“四纵四横”为主骨架的高铁网基本形成。2017年年末，公路里程477万公里，比1978年年末增长4.4倍，其中高速公路达到13.6万公里。

邮电通信业快速发展，信息基础设施服务能力大幅提升。40年来，中国邮电通信业规模不断扩大，网络基础设施不断增强，信息化水平明显提高。2017年年末，全国邮政营业网点27.8万处，比1978年年末增长4.6倍；邮路总长度938.5万公里，增长93.0%。近年来，在网络强国战略推动下，高速、移动、安全、泛在的新一代信息基础设施建设突飞猛进。2017年年末，全国移动电话普及率达到102.5部/百人；建成了全球最大的移动宽带网，移动宽带用户达11.3亿户；光缆线路总长度达3747万公里。

能源生产能力大幅增强，供应保障水平不断提高。2017年，中国能源生产总量达到35.9亿吨标准煤，比1978年增长4.7倍，年均增长4.6%。2017年年末，全国发电装机容量17.8亿千瓦，比1978年年末增长30.1倍。水电、风电、太阳能发电装机和核电在建规模稳居世界第一，成为全球非化石能源的引领者。西气东输、西电东送等能源运输大动脉建设取得巨大成就，极大地缓解了东部地区经济发展与能源供给之间的矛盾。

四、对外经济发展成绩斐然，全方位开放新格局逐步形成

改革开放以来的40年，是中国积极把握全球化机遇、纵深推进对外开放的40年，是充分利用国际国内两个市场两种资源加快发展的40年，也是中国深入参与全球经济治理、与世界各国共同发展的40年。

贸易规模稳步扩张，贸易大国地位日益巩固。改革开放初期，中国对外经济活动十分有限，1978年货物进出口总额仅为206亿美元，位居世界第29位。随着对外开放的深度和广度不断拓展，特别是2001年正式加入世界贸易组织（WTO）后，贸易总量迅速增长。2017年，货物进出口总额达到4.1万亿美元，比1978年增长197.9倍，年均增长14.5%，居世界第一位。服务贸易快速发展。2017年，服务进出口总额6957亿美元，比1982年增长147倍，连续4年保持世界第二位。

贸易结构调整优化，竞争力不断提升。进出口商品不断向“优进优出”转变。出口总额中初级产品比重由1980年的50.3%下降到2017年的5.2%，工业制成品比重由49.7%上升至94.8%。贸易方式呈阶段性演变。1981年，货物进出口总额中一般贸易占比达93.5%。随着对外开放力度加大，两头在外、大进大出的加工贸易在东南沿海地区迅速发展。1998年，进出口总额中一般贸易占比降至36.4%，加工贸易占比提升至53.4%。近10年来，随着中国比较优势的变化和产业实力的增强，一般贸易重新占据主流。2017年，进出口总额中一般贸易占比上升至56.3%，加工贸易占比下降至29.0%。

外商投资规模和领域不断扩大，成为吸引全球投资的热土。2017年，中国实际使用外商直接投资1310亿美元，比1984年增长91.3倍，年均增长14.7%。1979—2017年，中国累计吸引外商直接投资达18966亿美元，是吸引外商直接投资最多的发展中国家。随着中国对外开放领域的扩大和产业结构的升级，外商直接投资领域不断扩展。过去制造业一直是中国吸收外商投资的主要领域，近年来服务业逐渐成为外商投资的新热点。2017年服务业吸收外资占比提高至72.8%。

对外投资合作快速发展，共建“一带一路”成效显著。改革开放初期，中国只有少数国有企业走出国门。加入世界贸易组织以后，企业走出去步伐明显加快。2017年，中国对外直接投资额（不含银行、证券、保险）1201亿美元，比2003年增长41.1倍，年均增长30.6%。党的十八大以来，“一带一路”建设成效显著。目前，100多个国家和国际组织以不同形式参与“一带一路”建设，80多个国家及国际组织同中国签署了合作协议。2017年，中国对“一带一路”沿线的59个国家直接投资额（不含银行、证券、保险）144亿美元，占同期总额的12%。

积极参与和推动经济全球化，全球经济治理话语权提升。1980年4月和5月，中国先后恢复了在国际货币基金组织和世界银行的合法席位；2001年加入世界贸易组织，以更加积极的姿态参与国际经济合作。2003年以来，中国与亚洲、大洋洲、拉美、欧洲、非洲多个国家和地区建设数十个自贸区。近年来，倡议建立亚洲基础设施投资银行和设立丝路基金，成功主办了“一带一路”国际合作高峰论坛、亚太经合组织（APEC）北京峰会、二十国集团（G20）领导人杭州峰会、博鳌亚洲论坛等，在全球治理体系变革中贡献了中国智慧、中国方案。

五、科技创新成果大量涌现，发展新动能快速崛起

改革开放以来的40年，是中国科技事业长足进步的40年，是重大科技

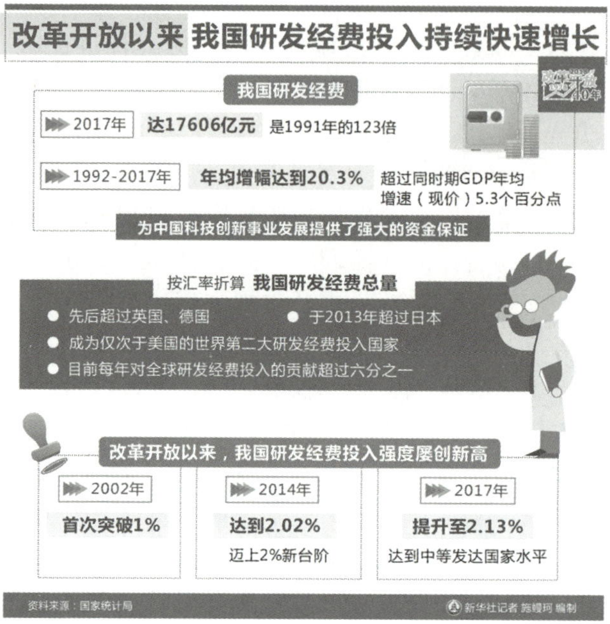

成果不断涌现的40年，也是创新型国家建设持续推进、发展新动能快速崛起的40年。

科技投入不断增加，成为世界研发经费投入大国。改革开放以来，中国科技投入不断加大，为各项科技活动蓬勃开展创造了良好条件。2017年，中国研究与试验发展（R&D）经费支出17606亿元，比1991年增长122倍，年均增长20.3%。中国研发经费总量在2013年超过日本，成为仅次于美国的世界第二大研发经费投入国家。2017年，中国研究与试验发展（R&D）经费支出与国内生产总值之比为2.13%，比1991年提高1.53个百分点。目前中国研发经费投入强度达到中等发达国家水平，居发展中国家前列。

科技队伍发展壮大，研发人员总量跃居世界首位。改革开放以来，国家加强科技队伍建设，创新完善人才政策，优化人才发展环境，科技队伍日益壮大，为国家发展汇聚强大智力支撑。2017年，按折合全时工作量计算的全国研发人员全时当量403.4万人年，比1991年增长5.0倍。按折合全时工作量标准，中国研发人员总量在2013年超过美国，连续5年居世界首位。

科技实力明显增强，关键领域取得重大突破。改革开放以来，中国在高温超导、纳米材料、古生物考古、生命科学、超级杂交水稻、高性能计算机等一些关键领域取得重要突破。近年来，又在载人航天、探月工程、量子科学、深海探测、超级计算、卫星导航等战略高技术领域取得重大原创性成果，C919大型客机飞上蓝天，首艘国产航母下水，高铁、核电、特高压输变电等高端装备大步走向世界。在政策引导和改革推动下，全社会科技创新活力得到有效激发。2017年中国发明专利申请量138.2万件，连续7年居世界首位；科技进步贡献率提高到57.5%。

创新驱动发展深入推进，发展新动能茁壮成长。创新是引领发展的第一动力。近年来，中国抢抓新一轮世界科技革命和产业变革机遇，持续推进大众创业、万众创新，新旧动能加快接续转换。2006—2017 年，装备制造业和高技术制造业增加值年均分别增长 16.2% 和 16.6%，快于规模以上工业 3.2 个和 3.6 个百分点。网络购物异军突起，电子商务、移动支付、共享经济等引领世界潮流，“互联网 +”广泛融入各行各业。2015—2017 年，实物商品网上零售额年均增长近 30%，明显快于社会消费品零售总额年均增长。快速崛起的新动能，正在重塑经济增长格局，深刻改变生产生活方式，成为中国创新发展的新标志。

六、人民生活发生翻天覆地的巨大变化，占世界五分之一的人口从温饱不足迈向全面小康

改革开放以来的 40 年，是全体居民共享改革发展成果、生活水平显著提高的 40 年，是人民生活从温饱不足向全面小康加快迈进的 40 年，是脱贫成就举世瞩目、世界上最大保障安全网不断织密兜牢的 40 年。

就业规模稳步扩大，就业结构深刻变化。党中央、国务院始终高度重视就业问题。1978—2017 年，中国就业人员从 40152 万人增加到 77640 万人，年均增加 961 万人。城镇登记失业率长期处于低位，城镇调查失业率低于全球平均水平。大量农村富余劳动力向第二、三产业转移，第三产业逐渐成为吸纳就业的主渠道。2017 年年末，第二、三产业就业人员占比分别为 28.1% 和 44.9%，比 1978 年年末提高 10.8 个和 32.7 个百分点。

城乡居民收入大幅提升，居民财富不断增长。改革开放以来，随着经济快速增长，居民收入连续跨越式提升。1978 年，全国居民人均可支配收入仅 171 元，2009 年突破万元大关，达到 10977 元，2014 年突破 2 万元大关，达到 20167 元，目前正向 3 万元大关迈进。2017 年，全国居民人均可支配收入达到 25974 元，扣除价格因素，比 1978 年实际增长 22.8 倍，年均增长 8.5%。居民财产性收入由无到有、由少变多，2017 年全国居民人均财产净收入占全部可支配收入的比重达到 8.1%。

居民生活条件不断改善，消费结构升级趋势明显。2017 年，全国居民人均消费支出 18322 元，扣除价格因素，比 1978 年实际增长 18.0 倍，年均增长

7.8%。消费层次由温饱型向全面小康型转变。2017 年，全国恩格尔系数为 29.3%，比 1978 年下降 34.6 个百分点。居住条件显著改善。2017 年，城镇居民、农村居民人均住房建筑面积分别比 1978 年增加 30.2、38.6 平方米。汽车进入千家万户。城镇居民、农村居民平均每百户拥有的家用汽车数量分别上升为 2017 年的 37.5、19.3 辆。

脱贫攻坚成效卓著，扶贫成就举世瞩目。改革开放以来，扶贫工作稳步实施，农村贫困状况得到极大改善。按照 2010 年标准，改革开放之初，中国有 7.7 亿农村贫困人口，贫困发生率高达 97.5%。2017 年年末，中国农村贫困人口减少为 3046 万人，累计减少 7.4 亿人，贫困发生率下降至 3.1%。中国扶贫力度之大、规模之广、成效之好、影响之深，举世罕见。

社会保障事业持续推进，织就了世界上最大的社会保障网。40 年来，中国社会保障事业水平不断提高，目前已形成了世界上最大的社会保障安全网。2017 年年末，全国参加城镇职工基本养老保险人数 40293 万人，比 1989 年年末增加 34583 万人；参加失业保险人数 18784 万人，比 1992 年年末增加 11341 万人；参加工伤保险人数 22724 万人，比 1993 年年末增加 21621 万人；基本养老保险覆盖超过 9 亿人，医疗保险覆盖超过 13 亿人，基本实现全民医保。

七、社会事业繁荣发展，经济社会发展协调性全面提高

改革开放以来的 40 年，是中国各项社会事业大发展大繁荣的 40 年，是经济社会发展日趋协调的 40 年，也是公共服务水平巩固提升、人民群众获得感不断增强的 40 年。

教育事业成效显著，总体水平跃居世界中上行列。40 年来，坚持教育优先发展，以促进教育公平为基本要求、优化结构为主攻方向，教育事业取得巨大进步。国民受教育程度大幅提升。15 岁及以上人口平均受教育年限由 1982 年的 5.3 年提高到 2017 年的 9.6 年，劳动年龄人口平均受教育年限达到 10.5 年。义务教育进入全面普及巩固新阶段。2017 年，小学学龄儿童净入学率达 99.9%，初中阶段毛入学率为 103.5%，九年义务教育巩固率达 93.8%。高等教育向普及化阶段快速迈进。2017 年，高等教育毛入学率达到 45.7%，高于中高收入国家平均水平。

文化事业长足发展，国家软实力逐步提升。古以文载道，今以文聚力。40 年来，坚持中国特色社会主义文化发展道路，推动文化事业和文化产业的迅猛发展。2017 年年末，全国共有公共图书馆 3166 个，比 1978 年年末增长 1.6 倍；博物馆 4722 个，增长 12.5 倍；广播、电视节目综合人口覆盖率分别达到 98.7% 和 99.1%。2017 年，全国生产电影故事片 798 部，比 1978 年增长16.3倍，电影票房屡创新高。中华文化的国际影响力进一步提升。2017年年末，全球146个国家（地区）建立了525所孔子学院和1113个孔子课堂。

公共卫生事业成就瞩目，“健康中国”建设稳步推进。健康助力小康，民生牵动民心。40年来，从维护全民健康和实现国家长远发展出发，加快推进健康中国建设，公共卫生体系不断完善，国民健康水平持续提高。2017年年末，全国共有医疗卫生机构98.7万个，比1978年年末增长4.8倍；卫生技术人员898万人，增长2.6倍；医疗卫生机构床位794万张，增长2.9倍。公共卫生整体实力和疾病防控能力迈上新台阶，城乡居民健康状况显著改善。居民预期寿命由1981年的67.8岁提高到2017年的76.7岁，孕产妇死亡率由1990年的88.8/10万下降到2017年的19.6/10万。

体育事业迭创佳绩，竞技体育和群众体育共同发展。体育强则国家强，国运兴则体育兴。1984年，中华人民共和国首次参加在洛杉矶举办的夏季奥运会，实现了中国奥运史上金牌“零”的突破。2008年，北京成功举办了第29届夏季奥运会，实现了中华民族的百年梦想，中国体育代表团所获金牌数首次位列奥运会金牌榜首。1978—2017年，中国运动员共获得世界冠军3314个。全民健身运动蓬勃发展。目前，全国体育场地总数已超过170万个，人均体育场地面积达到1.6平方米以上，近4亿人经常参加体育锻炼。

八、绿色发展理念深入人心，生态文明建设取得积极进展

改革开放以来的40年，是对生态环境保护认识发生深刻变化的40年，是生态环境治理力度不断加大的40年，也是环境质量由恶化转向逐步改善的40年。

清洁能源快速发展，能源结构调整优化。改革开放以来尤其是21世纪以来，中国水电、核电、风电、太阳能等清洁能源迅速发展。2017年，煤炭在能源消费中的比重为60.4%，比1978年下降10.3个百分点；天然气水核风电等清洁能源消费比重从1978年的6.6%提升至2017年的20.8%。节能降耗取得新进展。2017年，全国单位GDP能耗比2000年下降32.8%。

环境污染治理全力推进，主要污染物排放强度大幅下降。全国上下不断深化对经济发展与环境保护关系的认识，围绕实现节能减排约束性目标，开展了大量卓有成效的工作，主要污染物排放量明显降低。2015年，全国化学需氧量（COD）排放量比2011年下降11.1%，氨氮排放量下降11.7%，二氧化硫排放量下降16.2%，氮氧化物排放量下降23%。

空气质量总体向好，水环境质量明显改善。大气、水、土壤污染防治行动计划陆续实施，中国大气及水环境质量明显改善。持续打好蓝天保卫战，空气污染物浓度下降。2017年，全国338个地级及以上城市PM_{10}平均浓度比

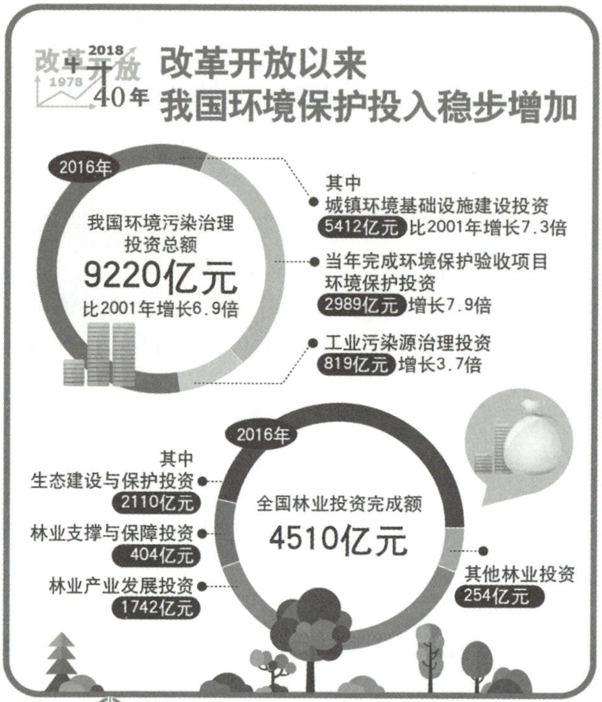

新华社发（边纪红制图）　资料来源：国家统计局

2013 年下降 22.7%，京津冀、长三角、珠三角区域 $PM_{2.5}$ 平均浓度分别下降 39.6%、34.3% 和 27.7%。地表水质明显改善。2017 年地表水达到或好于 III 类水体比例为 67.9%，劣 V 类水体比例下降到 8.3%。

生态修复持续推进，自然生态系统趋于改善。生态保护和监管不断强化，环境治理力度加大。森林覆盖率从 2004 年的 18.2% 提升至 2017 年的 21.6%。2017 年新增水土流失治理面积 5.6 万平方公里。生态修复工作力度继续加大，实施退耕还林还草、荒漠化及石漠化综合治理、京津风沙源治理等工程。2017 年，完成造林面积 736 万公顷，落实禁牧面积 8000 万公顷，草畜平衡面积 1.7 亿公顷。

第三编　国情特载

国情特载

逆风破浪开新局

——以习近平同志为核心的党中央引领2020年中国经济高质量发展评述

2020年，是新中国历史上极不平凡的一年。

以习近平同志为核心的党中央统揽全局、运筹帷幄，团结带领亿万人民奋勇拼搏，交出一份沉甸甸的中国答卷。

这是一份人民满意的答卷——战疫情、保民生、抓发展，全年经济总量突破一百万亿元，新时代脱贫攻坚目标任务如期完成，全面建成小康社会胜利在望，中华民族伟大复兴向前迈出了新的一大步。

这是一张世界瞩目的答卷——凝共识、勇担当、促开放，疫情防控和经济恢复走在世界前列，成为全球唯一实现正增长的主要经济体，社会主义中国以更加雄健的身姿屹立于世界东方。

转正——“我国成为疫情发生以来第一个恢复增长的主要经济体”

年终岁尾，湖北武汉光谷，联想武汉基地。

偌大厂房里，几乎看不到生产工人，忙碌的机器人“各司其职”，平均每秒一部手机或平板电脑诞生，最高日产超14万台。

把失去的时间抢回来！

2020年3月工厂开门，4月全面复产，6月投入物联网自动化组装线，9月推出首款命名为“刀锋”的5G折叠屏手机……因疫情曾在年初暂停，如今，这个联想全球最大最先进的自有工厂，以只争朝夕的姿态跑出中国智能制造的“加速度”。

受疫情冲击最严重的湖北省，在一季度经济增速下跌近四成基础上，前三季度GDP已恢复至去年同期九成。

宝剑锋从磨砺出，梅花香自苦寒来。

这次世纪疫情带来的冲击史无先例，全球各国概莫能外。在空前的历史大考中，作为14亿人口的发展中大国，面对的是多重任务、多难抉择——

既要以举国之力对抗肆虐疫情，又要防止来之不易的建设成果付之东流；既要防止经济停摆、社会失序等难以预测的风险，又要确保“十三五”顺利收官，完成决胜全面建成小康社会、决战脱贫攻坚目标任务……

到底有多难？

仅春节节后复工多延迟一天，全国减少的国内生产总值就约达1500亿元。疫情阻断的时间越长，经济社会重启和复苏的难度就越大。

以习近平同志为核心的党中央科学决策、沉着应对，以高超的政治智慧和卓越的领导能力，统筹疫情防控和经济社会发展，团结带领全国人民万众一心、奋勇拼搏——

一手抓防控：把人民生命安全和身体健康放在第一位，武汉“封城”，八方驰援，全国上下打响了一场气壮山河的人民战争、总体战、阻击战；

一手抓发展：落实分区分级精准复工复产，出台一系列纾困惠企政策，以更大的决心、更强的力度推进脱贫攻坚，促进经济社会发展。

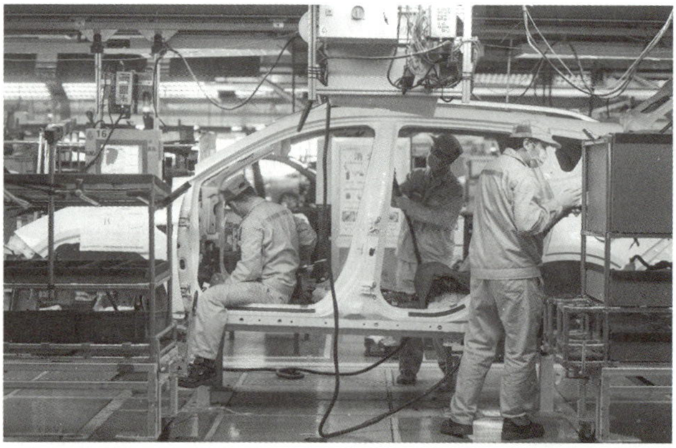

3月下旬，武汉各企业陆续复工复产。图为3月24日，工人在湖北武汉东风乘用车公司工厂总装车间的流水线上作业。

肖艺九　摄（新华）

疫情胶着对垒阶段，习近平总书记来到北京社区调研指导全民战“疫”；在抗击疫情的关键阶段，总书记专赴湖北武汉考察疫情防控工作，强调坚决打赢湖北保卫战、武汉保卫战。

从武汉返回不久，3月29日至4月1日，习近平总书记就来到浙江考察调研，释放出在疫情防控常态化条件下，加快恢复生产生活秩序、推动复工复产的鲜明信号。

疫情防控关乎生命，复工复产关乎生计。

“要建立与疫情防控相适应的经济社会运行秩序，有序推动复工复产，使人流、物流、资金流有序转动起来，畅通经济社会循环”“要把复工复产与扩大内需结合起来，把被抑制、被冻结的消费释放出来”……

一年来，云南、北京、湖北、浙江、陕西、山西、宁夏、吉林、安徽、湖南、广东、上海、江苏……习近平总书记的考察足迹跨越大江南北，到基层、看企业、进农村、访农户，就统筹推进常态化疫情防控和经济社会发展工作作出一系列重要指示和部署。

一年来，中央政治局常委会、中央政治局召开 20 多次会议统筹部署疫情防控；3 次中央财经委会议、5 次中央深改委会议、7 次中央政治局集体学习，党的十九届五中全会擘画未来蓝图……以习近平同志为核心的党中央掌舵中国经济社会发展航船穿风劈浪、行稳致远——

这是超常规的政策部署：增加 1 万亿元财政赤字，发行 1 万亿元抗疫特别国债，全年新增减税降费 2.5 万亿元，推动金融系统合理让利 1.5 万亿元……一揽子对冲政策周密齐全，力度空前。

这是因时因势的有效应对：在“六稳”基础上，犹如及时雨的“六保”政策迅速出台，纾困惠企举措保住市场主体，优先稳就业保民生，守住“米袋子”、守好“菜篮子”，畅通外贸产业链、供应链……一系列举措直达基层，立竿见影。

冬去春来，山河无恙。经过艰苦卓绝的努力，一度按下“暂停键”的中国，重新动起来、跑起来。热干面的香味又飘了出来，空荡荡的影院迎来了久违的观众……

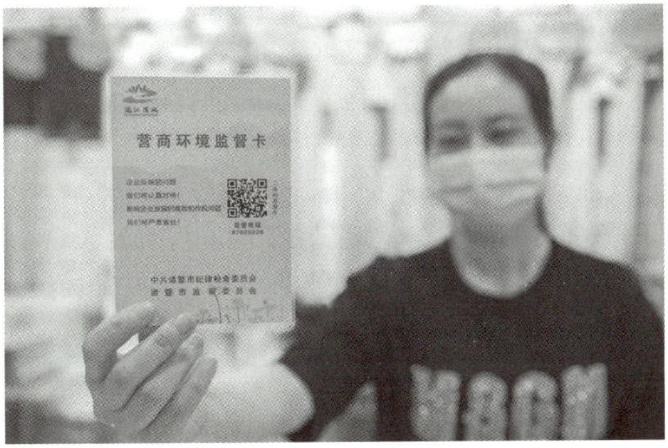

浙江省诸暨市推出“营商环境监督卡”，助力复工复产，服务保障经济稳健发展。图为 5 月 12 日，诸暨市一经营户在展示“营商环境监督卡”。

郭斌　摄（新华）

2020 年极不寻常的全国两会，在推迟两个多月后召开。“要坚持用全面、辩证、长远的眼光分析当前经济形势，努力在危机中育新机、于变局中开新局。”习近平总书记 5 月 23 日看望参加全国政协十三届三次会议经济界委员时的讲话高屋建瓴、指引航向。

一个个相继转正的经济指标，印证着中国经济提速的脚步：

4 月，规模以上工业增加值和出口增速转正；

5 月，服务业生产指数和工业利润增速转正；

6 月，外贸进出口增速和财政收入增速转正；

……

7月16日上午10时整，“转正”二字在网上刷屏，这条消息令人振奋：在一季度回落6.8%的基础上，二季度中国经济增速大幅提升10个百分点，同比增长3.2%。

10月19日，中国宣布前三季度经济增速转正，在全球主要经济体中率先复苏。

“中国将是2020年唯一实现经济正增长的世界主要经济体”——经济合作与发展组织12月1日在其最新世界经济展望报告中作出判断。此前，世界银行、国际货币基金组织、联合国贸发会议等国际机构纷纷为中国发展投下“信任票”。

这个正增长，来之不易，殊为至贵。

“‘天行健，君子以自强不息。’一个民族之所以伟大，根本就在于在任何困难和风险面前都从来不放弃、不退缩、不止步，百折不挠为自己的前途命运而奋斗。”

9月8日，习近平总书记在全国抗击新冠肺炎疫情表彰大会上讲的这番话，道出了中国人民坚忍不拔的品格和蕴含的无穷力量。

承诺——“我们完全有信心、有能力保持经济平稳运行，如期实现全面建成小康社会、打赢脱贫攻坚战的目标”

细读时隔9个月的两段话，令人分外感慨：

——到2020年现行标准下的农村贫困人口全部脱贫，是党中央向全国人民作出的郑重承诺，必须如期实现，没有任何退路和弹性。

——经过8年持续奋斗，我们如期完成了新时代脱贫攻坚目标任务，现行标准下农村贫困人口全部脱贫，贫困县全部摘帽，消除了绝对贫困和区域性整体贫困，近1亿贫困人口实现脱贫，取得了令全世界刮目相看的重大胜利。

一个是抗疫关键阶段，习近平总书记在3月6日召开的决战决胜脱贫攻坚座谈会上发出坚决打赢脱贫攻坚战的号令；

一个是党的十九届五中全会后，习近平总书记在12月3日中共中央政治局常委会会议上作出的郑重宣示。

一诺千金重。

当千年梦圆近在咫尺，凶险疫情来袭却让一切充满变数。能否如期完成脱贫攻坚？能否顺利实现全面建成小康社会？中国以有力行动兑现承诺。

这承诺，是克服疫情冲击坚决打赢脱贫攻坚战的决心——

11月23日，对贵州沿河县思渠镇边疆村金元组村民陈茂富来说，是难忘的一天。

11 月 14 日，在贵州玉屏侗族自治县皂角坪街道一家制衣企业的扶贫车间，工人在加工服装。

杨楹　摄（新华）

这一天，包括沿河县在内的贵州 9 个贫困县彻底摘掉贫困帽子，告别贫困历史。至此，我国 832 个贫困县全部脱贫。

“终于盼到了这一天!”陈茂富难掩激动。面对疫情，他曾经担心生活受冲击。但坚守在基层的党员干部、迅速落实的扶贫政策、有力的防控举措，消除了他和村民们的担忧。

如今，一家 5 口通过务工、产业分红、公益性岗位等渠道，人均年纯收入已超过 1 万元，陈茂富对未来日子充满期待。

2020 年，是决战脱贫攻坚的收官之年。面对疫情冲击、洪水来袭，以习近平同志为核心的党中央以巨大的政治勇气和强烈的责任担当，统筹推进经济社会发展，进行全国总动员，挂牌督战不含糊，坚决打赢这场总攻战!

这样的场景让不少网友记忆犹新：在陕西省商洛市柞水县小岭镇金米村，习近平总书记走进直播平台，点赞当地特产柞水木耳——“小木耳、大产业”。

其作始也简，其将毕也必巨。

“全面建成小康社会，一个民族都不能少”“脱贫摘帽不是终点，而是新生活、新奋斗的起点”……习近平总书记的铿锵话语，彰显兑现承诺的坚定信念。

建立防止返贫监测和帮扶机制，优先保障扶贫项目开工，进行挂牌督战……一系列政策“组合拳”扎实有力，脱贫攻坚成就彪炳史册。

这承诺，是不折不扣全面建成小康社会的初心——

不久前，一则有关高值医用耗材的消息引发关注：经国家组织集中带量采购，冠脉支架价格从均价 1.3 万元左右下降至 700 元左右，为“心病”患者带来福音。

没有全民健康，就没有全面小康。在决胜全面建成小康社会之年，民生

7 月 21 日，在陕西柞水县小岭镇金米村木耳展销中心内，电商主播何锦漪通过直播售卖柞水木耳。

邵瑞　摄（新华）

改善一直在路上，以人民为中心的发展思想绽放出夺目的光芒。

“确保完成决胜全面建成小康社会、决战脱贫攻坚目标任务”——2020 年以来，无论是开会还是考察，“确保”成为习近平总书记强调最多的词语之一，也鲜明体现他对实现这一目标的决心与信念。

疫情下，民生保障力度不减，百姓获得感实实在在：1 至 11 月，全国城镇新增就业 1099 万人，完成全年目标任务的 122.1%；前三季度，全国居民人均可支配收入扣除价格因素同比增长 0.6%，实现由负转正；前 11 个月，卫生、教育投资分别增长 26.1%、13.9%……

全面建成小康社会，体现在一个个具体指标上：回望“十三五”，5575 万农村贫困人口实现脱贫，人均 GDP 破 1 万美元，稳居上中等收入国家行列，城镇新增就业超过 6000 万人，建成世界上规模最大的社会保障体系，基本养老保险覆盖近 10 亿人……全面建成小康社会成色十足。

这承诺，是坚定不移贯彻新发展理念实现高质量发展的信心——

2020 年收官之际，中国重大科技成果突破捷报频传：

11 月 10 日，“奋斗者”号深潜万米，逐梦深蓝；

12 月 1 日，“嫦娥五号”上天揽月，筑梦苍穹；

12 月 4 日，“九章”问世，圆梦“量子优越性”；

……

这是拼搏创新的中国气魄，这是催人奋进的中国力量。

创新，成为 2020 年中国经济高质量发展的关键词。面对世界百年未有之大变局，面对深刻复杂的外部环境变化，加快科技创新的需求从未如此迫切。

“现在，我国经济社会发展和民生改善比过去任何时候都更加需要科学技术解决方案，都更加需要增强创新这个第一动力。”习近平总书记的话道出了中国开拓新局的核心与根本。

云端会议、在线课堂、线上医疗、直播卖货、人工智能……1至11月，中国规模以上高技术制造业增加值同比增长6.4%，全国网上零售额同比增长11.5%，新动能点燃中国经济复苏引擎。

11月3日拍摄的上海张江人工智能岛内部。

丁汀 摄（新华）

不久前发布的“十四五”规划和2035年远景目标建议中，坚持创新驱动发展被放在12项重大任务之首，“坚持创新在我国现代化建设全局中的核心地位”被写入规划建议。

前进——“改革不停顿，开放不止步，在更高起点上推进改革开放”

12月11日，深圳出台重磅新举措——正式启用外国人就业居留事务服务中心及外国人综合服务管理平台。

这意味着，外国人在深圳就业“线上一次申请，线下一次跑动”即可同时办理工作许可和居留许可，审批时限从15个工作日缩至7个。深圳还获赋权签发外国高端人才确认函，为符合条件的外籍人员办理有效期最长10年、每次停留最长180天的多次往返“R”字签证。

这是新近落地的深圳综合改革试点首批40项授权事项清单之一。中国特色社会主义先行示范区建设已按下“快进键”。

砥砺奋进，坚定向前。

一年来，面对复杂严峻的外部形势、前所未有的挑战压力，以习近平同志为核心的党中央带领亿万人民，以一往无前的奋斗姿态、风雨无阻的精神状态，改革不停顿，开放不止步，在更高起点上推进改革开放。

依靠改革应对变局、开拓新局——

10月14日，广东深圳。

11月12日，上海浦东。

一个月内，习近平总书记两次来到中国改革开放的重要地标，出席庆祝大会，擘画改革蓝图。

在深圳建设中国特色社会主义先行示范区，支持实施综合改革试点；研究制定意见，支持浦东新区高水平改革开放、打造社会主义现代化建设引领区……

发展环境越是严峻复杂，越是要用好改革开放这个关键一招。

2月14日，疫情防控最吃劲时，习近平总书记主持召开中央全面深化改革委员会第十二次会议。会议审议通过了《关于新时代加快完善社会主义市场经济体制的意见》等7项事关长远的重大改革文件。

改革到了新的历史关头，必须以更大的政治勇气和智慧，不失时机、蹄疾步稳深化重要领域关键环节改革。

一年来，从构建更加完善的要素市场化配置体制机制到部署实施国企改革三年行动，从个人破产制度在深圳、浙江“破冰”到持续打造市场化、法治化、国际化营商环境……统筹考虑短期应对和中长期发展，抓住关键布局落子，体制机制障碍不断破除，发展动力持续激发。

开放大门越开越大，同世界各国共享发展机遇——

9月4日，北京。

全球规模最大的综合类服务贸易展会——2020年中国国际服务贸易交易会举办。这是疫情发生以来，由中国举办的首场、也是全球最大的线上线下相结合的国际经贸活动。

“突如其来的新冠肺炎疫情，在一段时间内阻隔了我们的相聚，但阻挡不了服务贸易发展的脚步，阻断不了我们携手共进、合作共赢的信心和行动！”

习近平总书记的致辞，通过电视和网络信号，传遍神州大地、播向五湖四海。

两个月后，上海。

9月5日拍摄的2020年中国国际服务贸易交易会综合展区。

张传奇 摄（新华）

经历近20小时的飞机和中转、3次核酸检测、14天隔离，意大利珠宝商马可·鲁索来到如期召开的第三届中国国际进口博览会。

“眼下全球许多机遇之门已关上，但进博会这扇‘窗’还开着。”马可·鲁索连连感叹，“一切都值了！”

逆风破浪，危中育机。

疫情冲击下，国际贸易投资大幅萎缩，产业链供应链循环受阻，作为世界第二大经济体的中国以更加开放的姿态，为全球经济复苏创造机遇，也为自身发展谋求先机。

全国外商投资准入负面清单由40条减到33条，自由贸易试验区由18个增至21个，海南自由贸易港建设总体方案公布，区域全面经济伙伴关系协定（RCEP）签署……

前11个月中国外贸进出口同比增长1.8%，持续回暖；在全球外商直接投资预计全年减少40%下，中国实际使用外资同比增长6.3%，为世界经济发展注入新动力。

9月27日拍摄的浙江自贸试验区综合服务大厅。

张帆　摄（新华）

时近年终，习近平主席以视频方式连续出席多场国际会议并发表重要讲话，强调中国积极构建新发展格局，坚持对外开放，同世界各国实现互利共赢。

纵深推进国家治理体系和治理能力现代化，以制度力量应对风险挑战——

在重大突发公共卫生事件面前，中国治理体系和治理能力经受住了“压力测试”，党的政治优势、组织优势、群众优势不断转化为强大治理效能，中国特色社会主义制度能集中力量办大事的优势充分体现。

坚持统筹发展和安全，习近平总书记谋深虑远、周密部署。

聚焦公共卫生、生物、粮食、能源、金融、网络、防灾备灾、社会治理等重点领域，加强前瞻性谋划和战略布局，补短板、堵漏洞、强弱项，主动作为；

对事关经济高质量发展的体制机制问题，加强系统集成，统筹部署推进，着眼长远……

“我们确实在经历一场大变局。”对中国治理能力深有认同的英国知名学者马丁·雅克说，成功应对挑战，将是一场治国理政的大考验，需要中国和其他国家携手开展大合作。

新局——“强化机遇意识、风险意识，科学部署、精准施策，真抓实干、埋头苦干，牢牢把握经济工作主动权”

南海之滨，浪激潮涌。2020 年 6 月 1 日启航的海南自由贸易港一片繁忙景象。

12 月 1 日，海南自贸港首张“零关税”商品清单，即原辅料“零关税”商品正面清单正式执行。清单上 169 种进口商品一律免征进口关税、进口环节增值税和消费税。

作为中国开放前沿的海南，正扬帆奋进。

10 月 5 日，游客在三亚国际免税城购物。

郭程　摄（新华）

驶向更深阔的海域，中国经济这艘巨轮，迎来新的航程——

深秋的北京，一场为期 4 天的会议吸引世界目光。

10 月 26 日至 29 日，党的十九届五中全会擘画了中国未来 5 年和 15 年的发展蓝图。

历史交汇点，亦是转折点。

此时此刻，“十三五”收官在即，实现第一个百年奋斗目标胜利在望；“十四五”即将开启，中华民族将踏上全面建设社会主义现代化国家、向第二个百年奋斗目标进军的新征程。

“全党要统筹中华民族伟大复兴战略全局和世界百年未有之大变局”“当前和今后一个时期，我国发展仍然处于重要战略机遇期，但机遇和挑战都有新的发展变化”——党的十九届五中全会作出重大判断，彰显出以习近平同志为核心的党中央沉着应对世界之变、时代之变的政治智慧和战略定力，凸显出洞察大势、把握未来的远见卓识。

2021 年，是“十四五”开局之年，我们也将迎来中国共产党成立 100 周年，做好经济工作意义重大。

以新发展理念为引领，中国将不断拓宽发展新空间——

距离首都北京 100 多公里的施工工地，塔吊林立、夜光如昼。超 10 万建设者争分夺秒，昼夜奋战。

这个“全球最大施工现场”正是雄安新区，从高起点规划到高质量建设，千年大计的“未来之城”雏形初显。

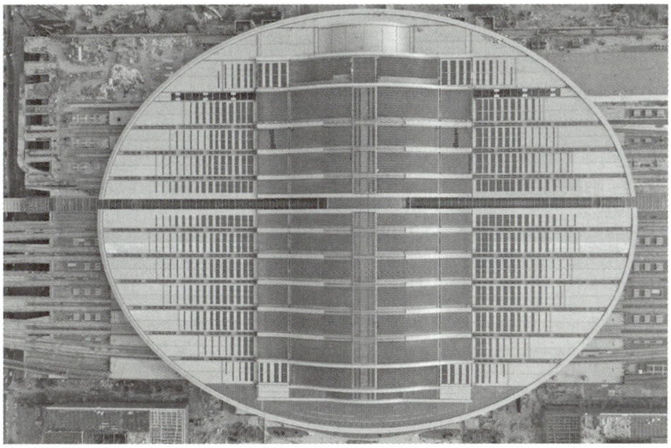

12 月 26 日无人机拍摄的京雄城际铁路雄安站，椭圆形屋顶是一座光伏电站。

牟宇　摄（新华）

京津冀协同发展、长三角一体化发展、粤港澳大湾区建设……打造引领高质量发展的重要动力源。

长江经济带发展、黄河流域生态保护和高质量发展……探索协同推进生态优先和绿色发展的新路子。

放眼中国地理版图，一个个重大国家战略，联南接北、承东启西，构建起高质量发展的区域发展新格局。

“推进成渝地区双城经济圈建设”——翻开“十四五”规划建议，区域发展“第二梯队”呼之欲出。

进入新发展阶段，坚定不移贯彻新发展理念：创新成为第一动力，协调成为内生特点，绿色成为普遍形态，开放成为必由之路，共享成为根本目的。

加快构建新发展格局，中国将不断重塑发展新优势——

逆全球化加剧，外部风险冲击，该如何应对？

“在这种情况下，必须把发展立足点放在国内，更多依靠国内市场实现经

7月22日无人机拍摄的高铁列车在成渝客专铁路线上行驶。

刘坤 摄（新华）

济发展”“构建以国内大循环为主体、国内国际双循环相互促进的新发展格局”……习近平总书记重要论断为中国经济未来发展指明方向。

新发展格局不是封闭的国内循环，而是开放的国内国际双循环。

14亿人口的庞大市场，4亿多中等收入群体，有全球最大和最有潜力的消费市场……开放的中国牵动着世界的目光。

2020年12月11日，中共中央政治局召开会议，分析研究2021年经济工作，为“十四五”开局之年作出重要部署——

“增强产业链供应链自主可控能力，形成强大国内市场”“强化反垄断和防止资本无序扩张，促进房地产市场平稳健康发展”“努力保持经济运行在合理区间，坚持扩大内需战略”……

没有比人更高的山，没有比脚更长的路。

第四编　专题国情

民法典

中国民法典诞生

“通过!”2020年5月28日15时08分，十三届全国人大三次会议表决通过了《中华人民共和国民法典》，宣告中国“民法典时代”正式到来。

《中华人民共和国民法典》共7编、1260条，各编依次为总则、物权、合同、人格权、婚姻家庭、继承、侵权责任，以及附则。

中国民法典诞生　　新华社发　徐骏　作

编纂民法典是党的十八届四中全会提出的重大立法任务，是以习近平同志为核心的党中央作出的重大法治建设部署。编纂民法典，是对中国现行的、制定于不同时期的民法通则、物权法、合同法、担保法、婚姻法、收养法、继承法、侵权责任法和人格权方面的民事法律规范进行全面系统的编订纂修，形成一部具有中国特色、体现时代特点、反映人民意愿的民法典。

2015年3月，全国人大常委会法制工作委员会启动民法典编纂工作。2017年3月，十二届全国人大五次会议审议通过民法总则。2019年12月，全国人大常委会审议了由民法总则与经过常委会审议和修改完善的民法典各分编草案合并形成的民法典草案，并决定将民法典草案提请十三届全国人大三次会议审议。

2020年两会期间，代表委员们对民法典草案展开认真审议和热烈讨论。根据各方面意见，又做了100余处修改，其中实质性修改40余处。

其中，民法典明确建筑物及其附属设施的维修资金的筹集、使用情况应当定期公布。禁止物业服务人采取停止供电、供水、供热、供燃气等方式催交物业费。

同时，民法典再次完善了防止性骚扰有关规定，将“文字、图像”纳入性骚扰的认定范围。继续完善关于高空抛物坠物的规定，规定发生从建筑物中抛掷物品或者从建筑物上坠落的物品造成他人损害的，公安等机关应当依法及时调查，查清责任人。

此外，民法典回应地面塌陷伤人问题，规定建筑物、构筑物或者其他设施倒塌、塌陷造成他人损害的，由建设单位与施工单位承担连带责任，并对因他人原因导致倒塌、塌陷的侵权责任作出了规定。

民法典自2021年1月1日起施行，现行婚姻法、继承法、民法通则、收养法、担保法、合同法、物权法、侵权责任法、民法总则同时废止。

新时代的人民法典
——《中华人民共和国民法典》诞生记

共和国法治建设，迎来了历史性的一刻——

2020年5月28日下午，北京，人民大会堂。

十三届全国人大三次会议以2879票赞成、2票反对、5票弃权，高票表决通过《中华人民共和国民法典》，热烈的掌声，在万人大礼堂久久回荡。

5年磨一剑，宣告中国迈入“民法典时代”。这是新中国历史上首个以“法典”命名的法律，承载着几代立法者、法律工作者乃至亿万人民的梦想。

开启中国民事法律新时代

民法是民事领域的基础性、综合性法律。编纂民法典，是一个国家法律传统和法治信仰的生动写照，映射出一个民族的不懈奋进。

重庆，嘉陵江畔，歌乐山下。

近百岁高龄的法学家金平，清晰记得自己亲历的新中国三次民法起草工作。

“第一次是1954年，第二次是1962年，第三次是1979年。”金平说，“必须承认，只有经济社会发展、人民安居乐业、法治深入人心，民法典才具备成功编纂的条件。”

中国民事法律的前进脚步从未停歇。改革开放以来，民法通则、合同法、物权法等民事单行法律相继出台，民事法律规范体系逐渐完备。

党的十八大以来，以习近平同志为核心的党中央带领亿万人民砥砺奋进，开辟新的航程。全面依法治国纳入“四个全面”战略布局，党和国家事业取得历史性成就、发生历史性变革。

经济发展行稳致远，要靠民法制度调整关系、维护秩序；社会生活风清气正，需要民法制度立规明矩、激浊扬清；法治建设劈波斩浪，离不开民法制度夯实基础、与时俱进。

2014 年 10 月，党的十八届四中全会通过《中共中央关于全面推进依法治国若干重大问题的决定》，明确提出“编纂民法典”。

“这无疑是我们国家民法史上一个突破性的节点。”白发苍苍的金平回想彼时，仍难掩激动，“只有这个时代，才能诞生我们自己的民法典。”

伟大的时代，催生伟大的法典。编纂一部符合我国国情和实际，体例科学、结构严谨、规范合理、内容完整并协调一致的民法典，离不开坚强的领导核心和科学的思想指引。

江西省贵溪市人民法院泗沥人民法庭的法官周淑琴，是 2020 年“全国先进工作者”称号获得者。11 月 27 日，在贵溪市泗沥镇尹家小学，周淑琴向学生普及法律知识。

胡晨欢　摄（新华）

2016 年 6 月、2018 年 8 月、2019 年 12 月，习近平总书记三次主持中央政治局常委会会议，听取并原则同意全国人大常委会党组就民法典编纂工作所作的请示汇报，对民法典编纂工作作出重要指示，为民法典编纂工作提供了重要指导和基本遵循。

“自始至终，民法典编纂工作都是在党中央的领导下进行。”全国人大常委会法工委民法室负责人说，根据编纂民法典的指导思想，立法机关确立了“编纂式立法”这一重要理念。

——不是制定全新的民事法律，而是对现行的民事法律规范进行编订纂修。

——不是简单的“麻袋装土豆”，而要对已经不适应现实情况的规定进行修改完善，针对经济社会生活中出现的新情况、新问题作出有针对性的新规定。

为做好民法典编纂工作，全国人大常委会党组先后多次向党中央请示和报告，就民法典编纂工作的总体考虑、工作步骤、体例结构等重大问题进行汇报。

“党中央的坚强领导，是我们圆满完成民法典编纂的决定性因素。”全程参与本次民法典编纂的全国人大代表、中国社会科学院学部委员孙宪忠透露，不少立法中的关键问题和重大争议，都是党中央在科学研判的基础上拍板解决的。

源于风车水磨时代的《法国民法典》，因其对现代民法制度的“启蒙”而著称。来自工业化社会初期的《德国民法典》，以其逻辑严谨、体系周密而传承。

世界百年未有之大变局下，中国民法典如何呼应时代，为人类法治文明写下浓墨重彩的一笔？

欲茂其枝，必深其根。这是一部具有鲜明中国特色的民法典——

利益保障　　新华社发　朱慧卿　作

弘扬社会主义核心价值观，强化对人格权的全面保护，维护家庭成员合法权益……民族精神融入民法典，引领传统美德和社会公德深入人心。

世易时移，法随时变。这是一部充分体现时代特点的民法典——

协调经济发展与环境保护的关系，破解人工智能发展带来的矛盾冲突，强化互联网时代个人信息保护……民法典与时俱进，为解决 21 世纪人类面临的共同问题贡献中国智慧。

民为邦本，法系根基。这是一部有效反映人民意愿的民法典——

破解高空抛物坠物难题，维护小区业主合法权益，明确禁止高利放贷……民法典聚焦百姓关切，强化保护人民权利，为百姓安居乐业提供法治保障。

“在法律体系中，如果说宪法是天空中高扬的旗帜，那么民法就是大地上坚实的脚步。”孙宪忠说，“每一步也许平淡无奇，但正是这些扎实的脚步，让整个国家的治理水平不断提升。”

一场新时代科学立法、民主立法的生动实践

2020 年 2 月，疫情防控阻击战正处于关键阶段。

全国人大代表、广州市中级人民法院少年家事审判庭庭长陈海仪，焦急地与全国人大常委会相关部门取得联系，反映有儿童因为家长被隔离而无人照顾的问题，并建议对相关制度作出完善。

2020 年两会上，陈海仪惊喜地发现，她的建议已经在立法中得到回应。民法典结合疫情防控，进一步完善监护制度，把对被监护人的保护网织得更密。

一部民法典，映射一个国家的立法水平。

时间回溯到 2015 年 3 月，全国人大常委会法工委启动民法典编纂工作。结合中国民事法律体系现状，一开始就明确了“两步走”的规划。

“‘两步走’是民法典成功编纂的重要保障。”孙宪忠说，首先制定民法总则，调整民事活动必须遵循的基本原则和一般性规则等重要内容，属于大的创新。然后对其他现行民事法律进行整合修订，编纂民法典各分编。

“创新”与“整合”协调搭配，让民法典在最大程度保持民事法律制度连续、稳定的前提下，体现立法的前瞻性和开放性，有效回应时代要求。

2017 年 3 月，十二届全国人大五次会议表决通过民法总则，民法典编纂顺利迈出第一步。

2018 年 8 月，民法典各分编草案亮相。此后的一年多时间里，全国人大常委会对民法典各分编草案多次进行拆分审议。

广袤的神州大地，十里不同风，百里不同俗。编纂民法典，寻求经济发展和群众生活基本规范的广泛共识，必须扑下身子，倾听民声。

——开门立法，求得社会共识“最大公约数”。

2020 年 1 月，一场关于民法典草案的意见征询会在上海市长宁区虹桥街道召开，来自各行各业的居民各抒己见，与立法机关面对面交流。

“大家针对涉及老百姓切身利益的问题提出了许多意见建议，也切实感受到国家法治的不断进步。”基层立法联系点信息员卞小林说。

全国人大常委会 10 次审议，10 次向社会公开征求意见，3 次组织全国人大代表研读讨论，针对意见反映集中、争议较大的问题专门召开座谈会……一场广泛而热烈的“民法典大讨论”，成为法治中国的靓丽风景。

——深入实际，让人民的法典更接地气、更具实效。

通过代表工作广纳民意，2019 年办理全国人大代表提出涉及民法典编纂的议案32件；

选取生态环境、公益诉讼、夫妻共同债务等重点问题，专程奔赴有代表性的地方调研；

针对物业纠纷等老百姓反映强烈的问题，走访小区、居委会……

立法工作者深入基层，广泛吸纳各方意见，让立法理念与社会发展同步，法律条文与百姓期盼同频。

2019年12月，由民法总则与民法典各分编草案“合体”而来的完整版民法典草案首次展现在世人眼前。

2020年两会期间，代表委员们对民法典草案进行了认真审议和热烈讨论。大家认为，草案符合我国国情和实际，反映了人民意愿，体现了民法基本原理、基本精神和民事活动的内在规律。

根据各方面意见，草案又做了100余处修改，其中实质性修改40余处——

给出答案　　新华社发　徐骏　作

禁止物业公司用断水、断电等方式催交物业费；

针对地面塌陷伤人问题作出规定；

明确公安等机关对高空抛物坠物的调查责任；

……

民法典的画卷上，立法者们秉持“人民至上”理念，确保党的主张通过法定程序成为国家意志。

保障人民权利，在“民”与“法”之间彰显为民情怀

大数据和信息技术的发展，让个人隐私边界日益模糊。

试衣间可能暗藏“第三只眼”，手机被骚扰电话轰炸，照片被人肆意丑化……互联网时代，法律能否更好保护你我权利？

翻开民法典，“人格权”一编格外引人注目。

明确“隐私”的定义，完善对肖像权的保护，确立器官捐献基本规则，加强个人信息保护……人格权独立成编被认为是民法典的突出亮点和重大创新，将我国法律对人身自由、人格尊严的保护提升到了新高度。

人们也许不知道，在民法典编纂之初，对于“人格权是否独立成编”曾有过一番激烈的讨论——

有人提出，要最大限度体现对“人”的尊重和关怀，必须通过单独的分编对人格权的类型和保护措施作出全面规定。

也有人认为，民法典对人格尊严的保护，通过总则编以及侵权责任编的有关规定即可实现。

“无论是哪一种意见，大家有着共同的目标，就是要加强对人格权的保护，只是立法形式有分歧。”全国人大常委会法工委民法室副主任石宏说，“立足于破解人格权保护领域新情况新问题，强调全面保护，我们经过反复研究，决定将人格权独立为一编。”

——这是关乎 14 亿人民生老病死、衣食住行的“权利宣言”。

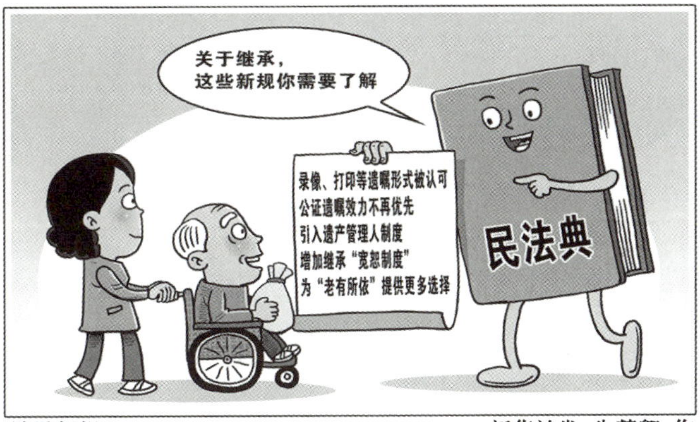

继承新规　　新华社发 朱慧卿 作

从呱呱坠地享受百般关爱，到两鬓如霜儿孙绕膝；从清晨迎接第一缕阳光，到下班回家休息打开电视，我们时时刻刻都在与民法打交道，受法律规制，受法律保护。

享受天伦之乐，却不知孩子几岁能打酱油？民法典总则编告诉你，限制民事行为能力人的年龄标准已经从 10 岁调整为 8 岁。

迎来“乔迁之喜”，却遭遇蛮横物业？民法典合同编增加规定了物业服务合同，更好保障业主权利。

暮年想修改遗嘱，却已无力前往公证处？民法典继承编增加了录像等新的遗嘱形式，公证遗嘱也不再效力优先。

……

“民法典的编纂以‘保护民事主体权利’作为主线，对人民权利的保障可谓事无巨细。”石宏介绍，编纂民法典，把现行民法中已经滞后的规定找出来加以完善，形成更加完备的民事权利体系，更好维护人民权益。

——这是镌刻在字里行间的“人民情怀”。

去世亲人的照片被人恶意损毁，珍藏多年的书籍被借走后“一去不返”……遭遇物质与心灵的双重创伤时，法律能否给出解决办法？

民法典作出回应：扩大精神损害赔偿范围。

保障知情权　　新华社发　徐骏　作

“这代表着法律从注重物质保护，向精神权益、人格权益的保护拓展。”北京理工大学法学院民法典研究中心主任孟强如此评价。

从总则编明确规定胎儿利益保护，到婚姻家庭编加大对婚姻无过错方的保护，再到继承编强调尊重立遗嘱人的真实意愿……对个人权利实现“从出生到坟墓”的全面保护，是民事法律的价值归属，更是民法典的鲜明态度。

——这是贯穿始终的精神脉络。

立足社会发展热点难点，聚焦百姓身边“堵点”“痛点”，民法典以立法回应人民群众所急所需所盼。

回应公众对性骚扰行为的深恶痛绝，明确有关认定标准和单位制止性骚扰的义务。

聚焦各界反映强烈的“霸座”“抢方向盘”现象，细化客运合同双方的权利义务。

……

更好保障　　新华社发　徐骏　作

有法律界人士感慨，民法典把对人身权、人格权的保护放在更加突出的位置，有利于满足新时代人民群众日益增长的美好生活需要，提高人民群众获得感、幸福感、安全感，促进人的全面发展。

推动“中国之治”进入更高境界

5 月的深圳，观澜河畔绿荫葱葱。

中国首个民法主题公园建设如火如荼。规划图上，悬浮的“民法环”舒展于树影之间，巍然矗立的民法纪年轴标记出民法发展史……

法者，治之端也。伴随着民法典表决通过，这部“社会生活百科全书”即将走进你我生活，在经济社会方方面面发挥基础性和全局性作用。

从民法到民法典，一个“典”字折射出整个国家治理水平的提升——

近年来，不少进城务工农民遇到了新问题：“家中承包地闲置，能否‘出租’出去进行农业生产?”

民有所呼，法有所应。民法典吸收承包地“三权分置”改革成果，完善土地承包经营权相关规定，删除耕地使用权不得抵押的规定，为“三权分置”后承包地经营权流转打牢法律基础。

“这是一个巨大进步，有助于用活土地承包经营权，更好激发农村社会活力。”全国政协委员、上海外国语大学法学院副教授黄绮说。

民法典是权利的宣言，更是国家治理的基本遵循和依靠。

从体现交易自由，到强调契约精神；从设立“特别法人”，到健全现代产权制度，民法典体现社会主义市场经济的基本要求，明确民商事活动的行为规则和基本遵循，营造良好的法治化营商环境，保障经济高质量发展。

规定环境污染和生态破坏的惩罚性赔偿，为基因胚胎科研活动划定规范，确定网络虚拟财产受法律保护……民法典紧扣时代脉搏，有效增强民事法律规范的时代性、系统性和协调性，进一步完善中国特色社会主义法律体系，也为世界法治文明贡献中国方案和中国智慧。

——一部民法典，熔铸中华民族的“精气神”。

2020 年两会期间，一段“修空调小哥徒手爬上 6 楼救女童”视频广泛流传，令许多人赞叹；“撞伤儿童离开遇阻猝死案”写入最高人民法院工作报告，法院公正判决得到网友点赞……

风清气正的社会风尚，不会让仗义出手者陷入法律与道德困境。民法典鼓励见义勇为，明确减免救助人责任，不让“英雄流血又流泪”。

编纂民法典，诠释民族精神的立法表达。

厚重的民法典，1200 多个条文之首，“社会主义核心价值观”庄重醒目。

区别于西方民法典的价值理念，我国民法典清晰地将社会主义核心价值观注入到中国民事法律制度的价值内核之中。

对禁止结婚的情形作出完善，明确夫妻共同债务范围，设立离婚冷静期……以民法典为纲，将相敬如宾、相濡以沫的优良传统继续发扬传承。

“树立优良家风”写进法律，弘扬家庭美德；完善代位继承制度，减少遗产纠纷……民法典托举“家”的温暖，用千万个家庭“小幸福”融汇成国家民族“大和谐”。

8 月 25 日，在河北省石家庄市桥西区民政局婚姻登记处，一对新人领取结婚证后拍照留念。

王晓　摄（新华）

为解决小区纠纷提供法律依据，维护和谐邻里关系；规定“自助行为”制度，引导社会成员合理维权；完善离婚损害赔偿制度，保护无过错方权益……民法典树立鲜明导向，引领公序良俗，彰显法安天下、德润人心。

——全面修典，不止于立法，更在于法之必行。

法律的生命在于实施。实施民法典，是一项系统工程、长期工程，需要各方面共同努力，常抓不懈。

司法是维护社会公平正义的最后一道防线，也是法律得到有效实施的关键。人们注意到，今年的两高报告均提出，要认真贯彻实施民法典，依法保护民事主体合法权益。

“对处于人生观、价值观形成阶段的青年学生来说，学习民法典不仅是一次普法的过程，更有利于树立契约精神、规则意识和诚信意识。”全国人大代表、湖南师范大学教授谢资清说，建议各行各业尽快开展学习民法典的活动，为法律的顺利实施打好基础。

立法、执法、司法、守法各环节各司其职，广大人民群众共同参与，让民法典的精神和内容内化于心、外践于行，融入日常生活，成为全体社会成员的行为规范。

缘法求道，道立国坚。以民为本，循法而治。

这部具有中国特色、体现时代特点、反映人民意愿的民法典，必将助推“中国之治”跃上更高境界，在新时代中国特色社会主义事业奋斗征程上树起又一座法治丰碑。

新时代社会主义法治建设的重大成果
——专家解读民法典的意义及实施

2020年5月28日，十三届全国人大三次会议通过了《中华人民共和国民法典》。这部总共1260条的法典，是新中国成立以来第一部以“法典”命名的法律。

5月31日，在国务院新闻办公室举行的民法典及其实施有关情况吹风会上，多位民法专家表示，民法典是中国新时代社会主义法治建设的重大成果，它完善了中国特色社会主义法律体系，将对依法维护人民权益、推进国家治理体系和治理能力现代化产生重要作用。

一部具有鲜明中国特色、实践特色和时代特色的法典

中国法学会党组成员、学术委员会主任张文显说，中国民法典是一部理念先进、体例科学、结构严谨、内容完整的法典。它系统整合了中华人民共和国成立70多年来特别是改革开放以来长期实践形成的民事法律规范，汲取了中华民族5000多年优秀法律文化精华，借鉴了人类法治文明建设有益成果，是一部具有鲜明中国特色、实践特色和时代特色的民法典。

张文显高度肯定民法典在中国特色社会主义法律体系中的地位和作用。他认为，民法典是社会主义市场经济的“基本法律”，对推进全面依法治国、加快建设社会主义法治国家，对发展社会主义市场经济、巩固社会主义基本经济制度，对坚持以人民为中心的发展思想、依法维护人民权益、推动我国人权事业发展，对推进国家治理体系和治理能力现代化，都具有重大意义。

6月24日，河北省邢台市任泽区普法宣讲员为企业员工解读《民法典》内容。

李继伟 摄（新华）

切中社会热点凸显人民需求

高空抛物坠物怎么追责、夫妻共同债务如何划分、业主权利如何保障……专家认为，我国民法典的一大特色，是充分反映了人民群众关切和社会需求。

“我的房子70年后怎么办？”这是许多业主的心头事。民法典延续了物权法的有关规定，明确住宅建设用地使用权到期之后自动续期的规则。中国法学会副会长、学术委员会委员王利明认为，“自动续期”强化了对老百姓的财产保护，给老百姓吃了一颗“定心丸”，有利于“恒心恒产”的形成。

针对性骚扰认定难、监管难的问题，民法典规定了性骚扰的认定标准，明确了机关、企业、学校等单位的防范和处置义务。王利明表示，民法典对性骚扰行为确定了三个标准：首先，性骚扰行为可以以文字、图片等形式表现出来，通常是犯罪行为以外的违法行为；其次，它是指向特定人而不是泛泛的，这个特定人既可以是男性，也可以是女性；第三，该行为必须违背了受害人的意愿，不符合其利益。

在物权编中增加居住权有关规定，在侵权责任编中对高空抛物坠物侵权规则作出修改完善，在继承编中修改相关规定适应老龄社会发展，在婚姻家庭编中细化对夫妻共同债务的认定规则……中国法学会学术委员会委员孙宪忠认为，民法典不仅在法律层面作出了重大技术创新和制度创新，还是国家治理层面上的重大更新。

让民法典在全社会“落地生根”

民法典实施后，一些民事领域的单行法将不再有效。孙宪忠表示，在相关法律的衔接上，物权法、侵权责任法、婚姻法等领域还存在需要清理的司法解释，最高法、最高检等部门目前已经在着手这项工作。

11月27日，在中建二局上海大悦城二期项目工地举行的普法宣讲活动上，建筑工人翻阅《民法典》。

方喆　摄（新华）

张文显说，从民法典通过到实施有7个月的准备期，在此期间，立法机关要对同民法典规定和原则不一致的法律法规和有关规定进行清理，及时明确法律规定含义和适用法律依据；司法机关要抓紧完善相关民事司法解释，使之同民法典保持一致；行政机关要以民法典为标尺规范行政管理和行政执法行为，促进行政执法与民法典的有机对接。

“民法典是与老百姓‘距离最近’的法律。我们要广泛开展民法典普法工作，让民法典走到群众身边、走进群众心里，充分发挥民法典坚持主体平等、保护财产权利、便利交易流转、维护人格尊严、促进家庭和谐、追究侵权责任等价值功能。”张文显说。

抗击新冠肺炎疫情

同舟共济战“疫”记
——中国抗击新冠肺炎疫情全纪实

这是第二次世界大战结束以来最严重的全球公共卫生突发事件。

面对前所未见、突如其来的新冠肺炎疫情，中国率先报告、率先出征，以对全人类负责的态度，打响了一场疫情防控的人民战争、总体战、阻击战。

千万人口大市、九省通衢之地关闭离汉通道；4 万余名医务人员白衣执甲，星夜驰援；14 亿中国人信心坚定，众志成城……这是人类历史上最勇敢的防控措施，也是前所未有的主动牺牲。

跨越冬与春，经历死与生。

1 月 23 日拍摄的武汉站（无人机照片）。当日，武汉疫情防控指挥部发布 1 号通告，自 23 日 10 时起，机场、火车站离汉通道暂时关闭。

程敏　摄（新华）

在这场波澜壮阔的抗疫斗争中，习近平总书记亲自指挥，亲自部署，提出“坚定信心、同舟共济、科学防治、精准施策”的总要求，明确“坚决遏制疫情蔓延势头、坚决打赢疫情防控阻击战”的总目标，因时因势调整防控策略。

始终把人民生命安全和身体健康放在第一位——在以习近平同志为核心的党中央坚强领导下，中国以坚决果断的勇气和决心，采取前所未有科学精准的防控策略和措施，经过艰苦卓绝努力，用一个多月的时间初步遏制了疫情蔓延势头，用两个月左右的时间将本土每日新增病例控制在个位数以内，用三个月左右的时间取得了武汉保卫战、湖北保卫战的决定性成果，疫情防控阻击战取得重大战略成果，统筹推进疫情防控和经济社会发展工作取得积极成效。

中国人民挺过来了！秉持人类命运共同体理念，各国人民同舟共济，共克时艰，就一定能够战胜困难和挑战，建设更加美好的世界。

（一）

2019 年 12 月 31 日，武汉。

这一天中午，武汉市卫健委公开通报了一种不明原因的肺炎情况。

通报指出，“目前已发现 27 例病例，其中 7 例病情严重”，并对病例临床表现进行了描述。

不同寻常的迹象，首先在两家三级医院——湖北省中西医结合医院和武汉市中心医院被发现。

12 月的武汉，阴冷潮湿。

26 日开始，湖北省中西医结合医院呼吸与重症医学科主任张继先陆续接诊多例奇怪的肺炎病人：先是肺部 CT 表现一样的一家三口，然后是一个华南海鲜市场的商户。

“一家三口来看病，又同时得一样的病，除非是传染病。”曾参与过非典救治的张继先警觉起来。

12 月 27 日，张继先把这 4 个可疑病例向医院做了汇报，医院上报给武汉市江汉区疾控中心。

这一天傍晚，武汉市金银潭医院院长张定宇和副院长黄朝林在办公室里接到来自华中科技大学附属同济医院的电话。对方希望转诊一位不明原因肺炎病人，并提示说，这可能是一种新的病毒感染。

金银潭医院——武汉唯一一家传染病专科医院。这个电话提醒，让张定宇脑子里的那根弦一下子绷紧了。

12 月 29 日，湖北省中西医结合医院再次上报 7 例聚集性不明原因肺炎病例。

湖北省、武汉市卫健委疾控处接到报告后，指示武汉市疾控中心、金银潭医院和江汉区疾控中心，到该院进行流行病学调查。

由于病人已排查过各种常见病毒，12 月 30 日一早，张定宇带领团队采集该院最早收治的 7 名病人的支气管肺泡灌洗液，并送往中科院武汉病毒所进行检测。

就像一块块破碎的“拼图”渐渐聚合：不同于此前有些咽拭子检测呈阴性的结果，肺泡灌洗液的 SARS 核酸检测全部呈阳性。

当日，武汉市卫健委向辖区医疗机构发布《关于做好不明原因肺炎救治工作的紧急通知》，要求各单位立即清查统计近一周接诊过的类似病例，并于下午 4 点前报送。

国家卫生健康委员会、中国疾控中心了解核实情况后，连夜组织调度。

12 月 31 日，国家卫健委前方工作组乘坐第一班北京飞武汉的航班到达。第一批专家组随后抵汉。

非典后，中国于 2004 年 1 月启用传染病与突发公共卫生事件监测信息系统（网络直报系统），覆盖全国卫生机构，不明原因肺炎是其监测、报告的重点之一。

31 日下午，该直报系统收到“武汉江汉区武汉华南海鲜市场聚集性肺炎疫情”的报告。

2020 年元旦，国家卫健委一位负责人带领有关人员，赴武汉督促指导当地疫情防控工作。

一批科学家、专家闻令而动，争分夺秒开展病毒溯源、病毒传播方式、传染性和毒力强弱等研究，研判疫情形势。

1 月 1 日上午 8 时，国家疾控专家抵达华南海鲜市场，针对病例相关商户及街区集中采集环境样本 515 份，运送至病毒所检测。

基于初步调查结果，华南海鲜市场关闭。

1 月 2 日，接到湖北省送检的病例标本，中国疾控中心生物安全首席专家武桂珍和病毒病所谭文杰团队、赵翔团队等迅即投入一场破译病毒遗传密码的“接力赛”。

24 个小时后，病毒的全长基因组序列被破解。基因组比对结果显示，该病毒与已知的冠状病毒差别较大，与 SARS 的相似性为 82%。

1 月 3 日，中国疾控中心、中国医学科学院、中科院武汉病毒所、军事医学科学院四大顶尖科研机构开展了对病例样本的实验室平行检测。

尽管此时对病毒还有许多未知，情况扑朔迷离，但中国第一时间向世界发出警示——

从2020年1月3日起，中方定期与世界卫生组织包括美国在内的有关国家、地区组织以及中国港澳台地区，及时主动通报疫情信息。

从1月4日起，中国疾控中心负责人与美国疾控中心主任多次通电话，介绍疫情有关情况，交流技术协作事宜。

1月29日，市民经过已经被封闭的武汉华南海鲜批发市场。

熊琦　摄（新华）

1月5日，世界卫生组织首次就中国武汉出现的不明原因肺炎病例进行通报。

在全球流感共享数据库和美国国家生物技术信息中心建立的DNA序列数据库中，中国科学家第一时间上传了病毒基因序列。

此后一周之内，中国又相继将病毒核酸检测引物探针、病毒基因组序列信息通报给世卫组织。

这意味着，全世界都可以共享这些源头技术信息，从而开发检测试剂、研制疫苗等，与病毒正面“交锋”！

1月7日，锁定新冠病毒“真凶”的重要实验证据出炉。中国疾控中心在电镜下观察到典型的冠状病毒的颗粒形态，成功分离首株新冠病毒毒株。

8天确定病原体！而17年前，全世界花费数月才追踪到SARS是引起非典型肺炎的病原体。

1月9日，国家卫健委专家评估组对外发布武汉不明原因病毒肺炎病原信息，病原体初步判断为新型冠状病毒。

“在如此短时间内初步鉴定出病毒是一项显著成就。”世界卫生组织网站当日评价。

至此，“新型冠状病毒”，一个陌生的词汇，裹挟着对无数生命的睥睨席卷而来。

武汉同济医院发热门诊病人从日均四五十人，最高峰一下陡增至上千人。

来自一线的疫情、不断深入的科学认识等信息，送到决策者的案头。

疫情发生后，习近平总书记时刻关注疫情形势，把疫情防控作为头等大事来抓，亲自指挥、亲自部署，作出许多重要指示和批示。

2月2日，空军出动8架大型运输机空运军队支援湖北医疗队抵达武汉天河机场。

程敏 摄（新华）

1月7日，习近平总书记主持召开中央政治局常委会会议时，对新型冠状病毒肺炎疫情防控工作提出了要求。

1月8日，国家卫健委第二批专家组抵达武汉，修订完善了新冠肺炎的诊疗、监测、流行病学调查处置、采样检测等方法。

起病隐匿、潜伏期较长、无症状感染者……狡猾的新冠病毒让防控变得异常困难。

1月13日，世界卫生组织发表声明说，已收到在泰国确诊一名中国旅客感染新型冠状病毒的报告。

这意味着，武汉现有的社会管控措施，已难以阻止疫情蔓延。

尽快研判疫情形势，为决策提供参考，成为当务之急。

1月18日，84岁的钟南山院士从广州挤上了开往武汉的列车。

即将抵达武汉的钟南山，是国家医疗与防控高级别专家组组长。其他成员分别是国家传染病重点学科带头人李兰娟院士等。

6位院士专家临危受命、由国家卫健委紧急召集而来，就是要与前期派驻前方的工作组共同研判疫情形势，为中央提出决策参考。

1月19日，高级别专家组上午参加疫情研讨会后，立刻前往武汉金银潭医院和武汉疾控中心实地调研。中午来不及休息，下午开会到5点，又登上飞往北京的航班。到达北京，一行人马上赶往国家卫健委开会，回到酒店，已是凌晨。

在武汉取得第一手调查资料后，专家组成员越来越确信：新冠病毒有人传人现象！

“因此我们呼吁，武汉人不要出去，外地人不要进来。”专家组成员回忆。

1月20日一早，6位高级别专家走进中南海，直接面对决策层，汇报了对疫情的研判意见。

当天的国务院常务会议也专门加设疫情防控部署一项议程，钟南山、李兰娟应邀列席，并就疫情防控与救治等提出具体建议。

这是战“疫”局势发生根本性变化的转折点——

1 月 20 日，习近平总书记对新型冠状病毒感染的肺炎疫情作出重要指示，强调要把人民群众生命安全和身体健康放在第一位，坚决遏制疫情蔓延势头。

当日下午，国家卫健委组织高级别专家组召开记者会，组长钟南山面色凝重：“现在可以说，肯定的，有人传人现象。”

正值春节期间，人员大范围密集流动。武汉，就在春运的枢纽位置上，是九省通衢、人潮聚散之地。

疫情防控，当断则断。

1 月 20 日，国家卫健委发布公告，将新冠肺炎纳入传染病防治法规定的乙类传染病，实行甲类管理。由国家卫健委牵头，包括 30 多个部门的联防联控工作机制成立。

与此同时，中国及时与世界相关国家和国际组织通报交流相关情况。

1 月下旬以来，习近平主席与多位外国政要及国际组织负责人通话或会见，保持密切沟通，分享中国疫情防控情况，传递中国人民团结一致奋勇战“疫”的坚定决心。

新冠肺炎疫情的凶险程度，超出了所有人的预料。

金银潭医院的 ICU 里，躺满了呼吸衰竭的重症病人。由于患者激增，试剂盒短缺，很多疑似患者无法接受检测。医院确诊不了，回家又怕传染家人，四处奔走、备受煎熬的他们，也成为巨大的流动传染源。

处在风暴中心的湖北和武汉，开始进入“战时”状态——

1 月 22 日，湖北省启动重大突发公共卫生事件Ⅱ级应急响应，2 天后升级为Ⅰ级响应。

1 月 23 日，武汉落实党中央决策部署，关闭了离汉通道。

这是一个艰难的重大决定。恰逢中国春运这一人类最大规模的人口迁徙，对一个超千万人口的现代化大都市“封城”，决策者面临空前的压力。

习近平总书记说：“作出这一决策，需要巨大政治勇气，但该出手时必须出手，否则当断不断、反受其乱。”

猝不及防间，面对人类与病毒世界的一场新战争，一个 14 亿人口的国度毫不犹豫，率先打响阻击战。

从 1 月 23 日起，30 个省（区、市）相继启动“重大突发公共卫生事件Ⅰ级响应”，制定落实社区的防控措施，实行网格化、地毯式管理。

延长 2020 年春节假期，大专院校、中小学推迟开学，全国两会推迟召开……在以习近平同志为核心的党中央坚强领导下，各地采取“外防输入、内防扩散”措施，最全面最严格最彻底的全国疫情防控正式展开。

隔一座城，护一国人。

中国这一史无前例的防控之举，也是给全球各国发出的最明确的警示信号。

“疫情是魔鬼，我们不能让魔鬼藏匿。”1月28日，习近平主席在北京会见世界卫生组织总干事谭德塞时说。

全球也对中国的疫情防控举措高度关注。路透社、泰晤士报认为，关闭离汉通道是现代医学史上的首次尝试。但也有媒体援引专家观点认为，没有证据表明“封城”的有效性，隔离可能引发恐慌，加剧医疗资源紧张。

所谓的好与坏、有效或无效，最终都要靠事实说话。传染病防控从来都是一个逐步认识的过程，是人类与病毒有输有赢的残酷交锋。

中国采取历史上规模最大的隔离检疫法，“流动的中国”果断按下“暂停键”。到3月20日本土病例阶段性消失，中国累计报告确诊病例数从800余例到8万余例，用时57天，有效延缓了病毒传播！

美国耶鲁大学和中国暨南大学合作开展的一项新研究显示，截至2月29日，在中国实施的国家级和省级公共卫生措施，可能在湖北以外避免了超过140万人感染和5.6万人死亡，并使得反映病毒传播情况的基本感染数（R0）从1月底的2.992迅速降低为2月底的1.243，并在湖北以外降至0.614。

“中方行动速度之快、规模之大，世所罕见。这是中国制度的优势，有关经验值得其他国家借鉴。”世卫组织总干事谭德塞说。

（二）

2020年1月23日10点整，不锈钢护栏将进站口完全封住，武汉、汉口、武昌三大车站进站口通道正式关闭。

500多万人在此之前离开武汉，但还有900万人留在这里。看不见、摸不着的新冠病毒，让许多人感觉到恐惧。

相比关闭对外通道，更危险更艰巨的挑战，是如何在千万人口的城市内防止疫情再扩散蔓延。

医护人员对生命的责任感，超越了对未知的恐惧。6万多名本地医务人员率先筑起“白色长城”。

求医、问药、囤生活必需品……这个春节，武汉人终生难忘。各医院发热门诊挤满病人，医生们吃饼干、方便面当年夜饭的画面、视频刷屏了。

亿万中国人收看的鼠年春晚临时加入抗击疫情节目。“隔离病毒，但绝不会隔离爱”这句话，让无数人眼含热泪。

关键时刻，习近平总书记发出“疫情就是命令，防控就是责任”的总动员！

1 月 25 日，农历正月初一，中共中央政治局常务委员会召开会议，对疫情防控工作进行再研究、再部署、再动员。

“生命重于泰山”——以习近平同志为核心的党中央决定成立中央应对疫情工作领导小组，向湖北等疫情严重地区派出中央指导组，全面加强对疫情防控工作的集中统一领导。在党中央要求下，国务院联防联控机制充分发挥抗击疫情中的统筹协调作用。

一城之重，关乎全局。

调集全国最优秀的医生、最先进的设备、最急需的资源，为的就是最大程度提高检测率、治愈率，最大程度降低感染率、病亡率。这五个“最”一直贯穿了中国抗击新冠肺炎疫情救治的始终。

万家团圆的除夕夜，一架架飞机却“逆行”而来——目的地：武汉天河机场！武汉抗疫成为 2008 年汶川地震后全国最大的一次灾难救援行动。

1 月 27 日，受习近平总书记委托，中共中央政治局常委、国务院总理、中央应对新型冠状病毒感染肺炎疫情工作领导小组组长李克强赴武汉考察指导疫情防控工作，代表党中央、国务院慰问疫情防控一线的医务人员。

同一天，以国务院副总理孙春兰为组长的中央指导组进驻武汉，在汉期间多次就公开透明发布疫情信息提出要求。

1 月 31 日，世卫组织宣布新冠肺炎为国际关注的突发公共卫生事件。

此后，李兰娟、王辰、黄璐琦、张伯礼、陈薇、乔杰、仝小林等多位院士专家，带领精锐团队从八方齐聚武汉。

“大家、全国帮忙，武汉是能够过关的。武汉本来就是一座很英雄的城市。”钟南山 1 月底在接受新华社记者专访时眼含泪光地说。

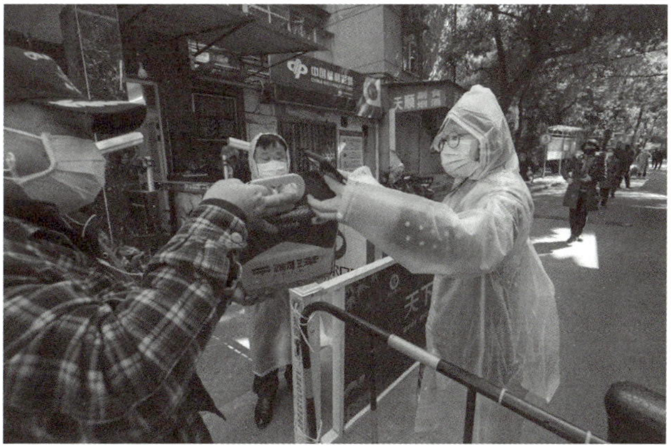

2 月 20 日，武汉花桥二村小区居民领取前一天通过微信小程序订购的大米。

沈伯韩　摄（新华）

从 2 月开始，来自十余个省份的综合医院重症医学科骨干团队，由院长或者书记带队，整建制接管新病区，并带来呼吸机、监护仪、ECMO 等救命设备。

在这场驰援湖北的

生命大救援中，4.26 万名医务人员、900 多名公共卫生人员投入主战场，其中，军队派出 4000 多名医护人员。19 个省份以对口支援的方式支援湖北省除武汉市以外的 16 个地市。

落实习近平总书记关于“应收尽收、刻不容缓”要求，中央指导组每天与湖北省特别是武汉市，“掰着手指头算床位”。

在中央指导组指导下，武汉市部署社区确诊患者、疑似患者、确诊患者的密切接触者、一般发热患者“四类人员”分类集中管理，按照“应收尽收、应治尽治、应检尽检、应隔尽隔”要求，持续开展拉网排查、集中收治、清底排查三场攻坚战。

边改造，边收治。武汉数家综合医院普通病房经过隔断、密封，被改造成定点医院，集中收治确诊患者。

几乎与“封城”同步，“北京小汤山”模式再现武汉。

军民协作模式，集中收治患者——火神山、雷神山这两所传染病专科医院要在十余天完工，提供约 2500 个床位。

亿万中国人通过“云监工”，见证了这场时间和空间被极度压缩的战斗。最高峰时，4 万名建设者日夜奋战，数千台挖掘机、推土机“停人不停机”，巨大的轰鸣声响彻云霄。

大规模、强有力的医疗支援行动，极大地缓解了武汉和湖北省重灾区医疗资源紧缺的困境和压力。

但这场与新冠病毒的战斗远未结束，形势胶着对垒——

2 月 2 日武汉累计确诊 5142 例，2 月 3 日累计确诊 6384 例，2 月 4 日累计确诊 8351 例，2 月 10 日累计确诊 18454 例……病例增长的曲线近乎一条竖线。

在举国上下万众一心抗击新型冠状病毒感染肺炎疫情的关键时刻，2 月 3 日，中央政治局常务委员会召开会议，研究下一步疫情防控工作。习近平总书记强调，同时间赛跑、与病魔较量，坚决遏制疫情蔓延势头，坚决打赢疫情防控阻击战。

从离汉离鄂通道关闭到 2 月中旬，两个关键性的举措始终有力把控着全局：一是调动全国重症力量自带抢救设备，“整建制”驰援接管武汉病区；二是采取集中患者、集中专家、集中资源、集中救治的“四集中”原则，将优势兵力集中在主战场。

打赢疫情防控阻击战，重点在“防”。

2 月 10 日下午，习近平总书记来到北京市朝阳区安华里社区。戴口罩，卷袖子，量体温，在社区居委会，他身体力行，号召全民战“疫”。

“新冠肺炎疫情防控工作是一场人民战争，要相信群众、发动群众，充分发挥社区在疫情防控工作中的‘阻击作用’。”习近平总书记说。

统筹疫情防控和医疗救治两个战场。构建起联防联控、群防群控防控体系，前所未有地采取大规模隔离措施，调集全国资源开展救治。

将“野战医院”方舱，创造性地用于和平时期的大规模救援行动，是这场生命保卫战的“奇兵”。

随着对新冠病毒的了解逐步加深，人们发现，感染者中轻症患者的比例约为80%。数量庞大的轻症患者正是疫情扩散的“水龙头”，也是重症“堰塞湖”的源头!

“启用大空间、多床位的‘方舱医院’，这是国家在关键时期的关键之举，是中国采取的重大公共卫生举措。”中国工程院副院长、中国医学科学院院长王辰说。

仅一天多时间，2 月 5 日晚 10 点，位于武汉国际会展中心的江汉方舱医院率先启用，1500 多张床位一次性开放给各个社区送过来的患者，首批三家方舱医院中的另外两家也快速启用。

时值隆冬，武汉雨雪交加。在一天之内筹建数千张床位，短时间内谈何容易。

分配多家武汉大型医院的负责人对方舱医院进行全面接管；从防火用电用网，到一日三餐营养搭配，从建立图书角娱乐室到配备专门的警察力量进行治安巡逻……

到 2 月 28 日，16 家方舱医院累计收治患者 12000 人，武汉患者中每 4 人就有 1 人是在方舱医院治疗，做到了“零感染、零死亡、零回头”。

“方舱医院是中国成功应对疫情的一个非常重要的创新举措之一。”《柳叶刀》主编理查德·霍顿评价说，这是中国对抗疫情成功的一个很重要的因素，也是世界其他国家可以学习的重要经验。

2 月 16 日，武汉再次部署开展为期 3 天的集中拉网式大排查，摸清底数，坚决遏制疫情扩散蔓延，将感染者真正收治起来。

通过对全市 421 万户居民集中开展两轮拉网式排查，武汉共排查出确诊和疑似患者 9037 人，以及大量密切接触者，实现了“应收尽收、应治尽治”。

36 支疾控防疫队驰援湖北，调动全国 3 个移动 P3 实验室，破解影响排查和收治的“瓶颈”环节，持续提升核酸检测能力。

至此，武汉形成了“分级分类收治、轻重转院顺畅”的救治体系：征用酒店作为集中隔离点，隔离密切接触人员；方舱医院接收确诊轻症和疑似患者；火神山、雷神山和同济医院等大型综合医院收治重症患者，9000 多张

图为2月17日拍摄的武汉体育中心方舱医院。

肖艺九　摄（新华）

重症床位开放。

“人等床”，终于变成了“床等人”！

截至2月17日，新冠肺炎患者从发病到确诊的全国平均时间已降至4.95天；武汉重症占比从初期的38%已经下降到18%。这意味着，武汉早期的医疗挤兑逐渐消退。

提高治愈率、降低病亡率，最终战胜疫情，关键要靠科技。

3月2日，习近平总书记专程到军事医学研究院、清华大学医学院，考察新冠肺炎防控科研攻关工作。他强调：“当前，打赢疫情防控人民战争、总体战、阻击战还需要付出艰苦努力。越是面对这种情况，越要坚持向科学要答案、要方法。”

在抗击新冠肺炎疫情的关键时刻，3月10日，习近平总书记专门赴湖北武汉考察疫情防控工作，强调继续把疫情防控作为当前头等大事和最重要的工作，不麻痹、不厌战、不松劲，毫不放松抓紧抓实抓细各项防控工作，坚决打赢湖北保卫战、武汉保卫战。

用药如用兵，用医如用将。诊疗方案是临床医生的治疗遵循，也代表着一个国家顶尖医疗团队对一个疾病的理解。

医生们逐渐发现，新冠肺炎危重症患者的死因不只是肺部问题，还伴随多器官衰竭，传统的通气甚至 ECMO 等手段也无法阻止病人全身衰竭的步伐。

正是在艰难的摸索中，早期插管和俯卧式通气两项救治经验浮出水面，成为扭转病人病情的关键做法。

“关键是插管的时机。”重症专家们一针见血，不能因为担心“插管后难拔管”就不敢插管。

在武汉同济医院中法新城院区，成立了一支 20 人组成的“插管突击队”。同时，还迅速组建“特战尖刀连”，包括护心队、保肾队、护肝队、护脑队等，与来自上海、青岛等地的 17 支医疗队协同作战，救治危重症患者。

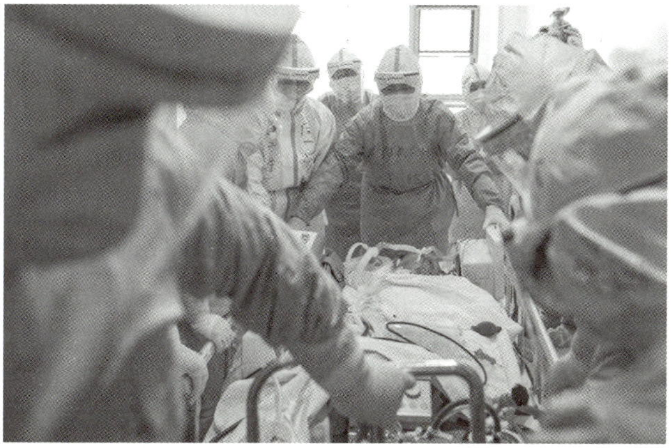

4 月 12 日，北京协和医院医疗队队员与武汉同济医院医务人员共同将一名新冠肺炎危重症患者转往武汉同济医院中法新城院区 ICU。在转运过程中，ECMO（人工膜肺）治疗仍在持续进行。

沈伯韩　摄（新华）

为了生命，在所不惜。至 5 月底全国重症患者人均治疗费用超过 15 万元，少数危重症患者治疗费用达到几十万元甚至过百万元，医保按规定予以报销。

不是因为有希望才坚持，而是因为坚持才有希望。

将最精锐的医疗资源向最需要的地方集中，重症救治“一人一策”。截至 5 月底，全国共成功治愈 3000 余名 80 岁以上新冠肺炎患者，上至年过百岁的老人，下至出生不久的婴儿，总体治愈率超过 94%。

“在重大疫情面前，我们一开始就鲜明提出把人民生命安全和身体健康放在第一位。在全国范围调集最优秀的医生、最先进的设备、最急需的资源，全力以赴投入疫病救治，救治费用全部由国家承担。人民至上、生命至上，保护人民生命安全和身体健康可以不惜一切代价。”5 月 22 日，全国两会期间，习近平总书记在参加内蒙古代表团审议时坚定地表示。

人们不会忘记这些名字：江学庆、刘智明、李文亮、夏思思、彭银华……他们以生命践行使命，用大爱护佑苍生。一批医务人员、干部职工、社区工作者因公殉职。

从 1 月 16 日发布第一版国家诊疗方案，到 50 天内诊疗方案迭代升级到第七版；3 次制修订重症患者诊疗方案……无症状感染者可能具有传染性、康复者恢复期血浆治疗等一系列新发现，都及时写入了新修订版本中，新冠肺炎医疗救治水平不断提高。

武汉给世界带来了希望。4 月 8 日，武汉“解封”了。

每一个在疫情中逝去的生命是家庭之殇，更是城市铭心之痛。为确保信息公开透明、数据准确，针对疫情早期因收治能力不足导致患者在家中病亡、信息登记不全等原因，4 月 17 日，武汉市公布了订正后的新冠肺炎确诊病例数据，其中确诊病例核增 325 例，确诊病例的死亡病例核增 1290 例。

世界卫生组织当日表示，中国武汉订正新冠肺炎确诊病例数和确诊病例死亡数，是基于对之前统计数据的复核，以不遗漏任何病例记录。随着疫情进展，其他国家也可能出现订正疫情数据的情况，这种数据订正宜早不宜晚。

4 月 24 日，湖北重症和危重症患者清零；4 月 26 日，武汉在院新冠肺炎患者清零！

生命高于一切——76 天，英雄的武汉人民书写了艰苦卓绝的历史一幕；1800 多个小时，勇敢的中国人民在人类文明史上创造了永志不忘的惊世壮举。

湖北、武汉作为全国抗疫的主战场，取得阶段性胜利，但新冠肺炎疫情的潜在威胁仍然存在，全国上下面临的疫情防控形势依旧不容乐观。

3 月 27 日，随着一名无症状感染者从境外输入，打破了黑龙江省绥芬河市这座边境小城的宁静，绥芬河逐渐成为全国“外防输入”的焦点。

各地专家和医务人员紧急驰援，防疫物资火速调配，许多湖北归来的白衣战士再次出征，核酸检测实验室及时建立……经绥芬河口岸入境的新冠肺炎患者得到及时救治，边境线上筑起一道生命守护线。5 月 6 日零时起，绥芬河市防疫风险等级下调至低风险，生产生活开始有序恢复。

风雨无阻向前进，精准防控战疫情。除绥芬河外，北京作为首都，疫情牵动着人心。

6 月 11 日，北京新发地发生聚集性疫情，北京第一时间进入战时状态，打响了一场只能赢不能输的“背水之战”。通过迅速响应，精准、高效、科学防控，经过 26 天的艰苦努力，7 月 6 日，北京本地新增确诊病例“零增长”。

7 月 19 日，北京市政府有关负责人在疫情防控新闻发布会上宣布：20 日零时起，北京市突发公共卫生应急响应级别由二级调整为三级。至此，一场历时近 40 天的战“疫”，取得了阶段性成果。

与此同时，国内疫情防控形势仍然严峻复杂。

同样在7月19日，新疆维吾尔自治区新冠肺炎疫情防控工作指挥部研究决定，乌鲁木齐市天山区、沙依巴克区为高风险地区；乌鲁木齐经济技术开发区（头屯河区）、高新技术产业开发区（新市区）、水磨沟区为中风险地区；其他县（市、区）为低风险地区。

7月22日凌晨，辽宁省大连市发现一例新冠肺炎本土确诊病例。半个小时后，出现确诊病例的大连凯洋世界海鲜股份有限公司员工和家属被就地隔离，企业全面封闭。

一东一西，一沿海一内陆，面对新疆和大连不期而至的突发疫情，中国抗疫的经验更加丰富，也更有底气。

科学划定风险等级，收严收紧“管控圈”，推进全面核酸检测……这是一场与病毒的“遭遇战”。25天后，8月16日，大连全域降为低风险地区，全面恢复正常经济社会秩序。

同样的好消息，也从新疆传来。

根据国务院应对新冠肺炎疫情联防联控机制有关规定和新疆维吾尔自治区新冠肺炎疫情形势，经自治区新冠肺炎疫情防控工作指挥部研究决定，自8月29日零时起，将乌鲁木齐市天山区、沙依巴克区疫情风险等级由高风险调整为低风险；将乌鲁木齐经济技术开发区（头屯河区）、高新技术产业开发区（新市区）、水磨沟区疫情风险等级由中风险调整为低风险。

在与新冠肺炎疫情抗争的伟大实践中，党领导人民一次又一次展现出超凡的勇气和智慧，用一场又一场胜利，践行了“人民至上、生命至上”的重要理念。

（三）

9月，武汉2800多所中小学幼儿园迎来开学，百万学子回到久违的课堂。

这座中部大市、九省通衢之地，本色回归。

然而，2020年给这座城市和这个国家留下的记忆，永远不会褪色。

时间的指针，拨回到农历庚子年春节。

1月26日，大年初二，阖家团圆的日子。正在江苏盐城过年的袁传伟接到一份支援武汉的“火线订单”。连夜赶回苏州工厂的他，却发现厂里没有一名工人。

凭着之前的手艺，袁传伟硬是一人撑起了一条生产线。连轴运转了十多天，赶出100多套消毒设备。

打疫情防控阻击战，实际上也是打后勤保障战。

习近平总书记高度重视医用物资和生活必需品应急保供。1月25日主持召开中央政治局常委会会议时，他就强调，加强有关药品和物资供给保障工

4月8日，乘客在汉口火车站排队进站。当日零时起，武汉市正式解除离汉离鄂通道管控措施，有序恢复对外交通。

肖艺九　摄（新华）

作，加强医护人员安全防护工作，加强市场供给保障工作。

党中央统一领导，多部门快速联动，全国一盘棋，调动各方资源全力供应。

为尽快复产达产，建立重点企业生产临时调度制度，帮助企业解决原料、用工、物流问题；

为打消企业扩产顾虑，建立国家临时收储制度，对多生产的重点医疗防护物资政府兜底采购收储，对重点企业给予税收、金融支持；

为短时间满足一线救治需要，国家统一安排产品调拨，严格分级分区使用医用防护服……

生产企业火力全开，短时间实现满负荷生产；中国航空工业集团、中国石化、比亚迪、小米……数以千计企业跨界转产。

到2月29日，中国口罩日产能达1.1亿只，日产量1.16亿只，分别是2月1日的5.2倍、12倍。截至4月5日，我国一次性医用防护服日产能达到150万件以上，医用N95口罩日产能超过340万只，已基本能满足国内需求。

武汉“封城”后，900多万人居家隔离。每天需要消耗5400吨粮食、4000吨蔬菜、1200吨肉。中央统筹协调生活物资保障，1月27日至5月30

日，全国向湖北地区累计运送防疫物资和生活物资超过 173 万吨，运送电煤、燃油等生产物资近 395 万吨。

“需要跑起来的时候，这里的人知道怎么跑。这是许多国家在工业鼎盛时期以后丢掉的本领。”奥地利工程企业安德里茨（中国）有限公司总裁托马斯·施米茨说。

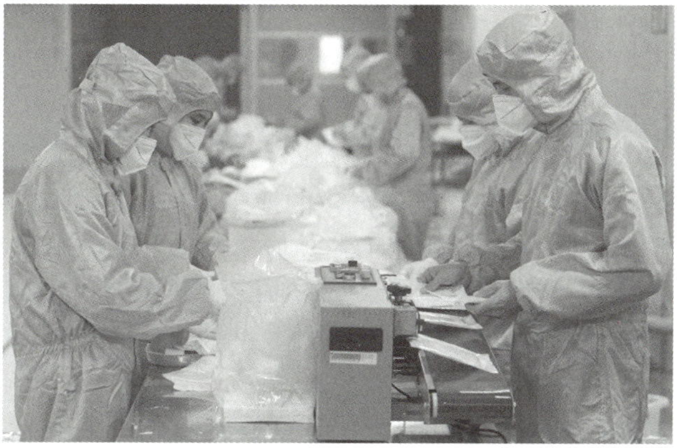

3 月 2 日，重庆市渝北区一企业工作人员在医用 N95 口罩生产包装车间内作业。当日，国家发展改革委宣布，中国口罩日产能产量连续快速增长，双双突破 1 亿只。

王全超　摄（新华）

中外历史上，大疫大灾往往导致社会失序，社会失序又使抗疫抗灾雪上加霜。

面临疫情大考，中国生活必需品、医疗物资、电气水热等基本供应总体平稳，关系国计民生的重点行业有序运转，14 亿人基本民生得到有效保障，经济社会发展大局保持稳定。

支撑起一个看似按下“暂停键”大国的，是一条条火热的生产线、畅通的物流动脉，是灾难中逆行的医生、护士，是无数普通的货车司机、社区工作者、志愿者、快递员、清洁工、建筑工人……

“我亲眼看到他们身上一种巨大的责任感，要保护好自己的家庭、自己的社区，甚至全世界远离疾病侵害。那些连续几周宅在家里的人，也是疫情中的英雄。”中国—世界卫生组织新冠肺炎联合专家考察组外方组长布鲁斯·艾尔沃德动情地说。

2020 年，决战脱贫攻坚、决胜全面小康之年。

突如其来的疫情，对中国经济社会发展带来前所未有的冲击。

如何统筹好疫情防控和经济社会发展，这更是一道艰难的考题。

疫情防控关键时刻，以习近平同志为核心的党中央坚持以人民为中心，果断作出部署——

调集全国最优秀的医生、最先进的设备、最急需的资源，全力以赴投入疫病救治；

全国动员、全民参与，联防联控、群防群治，构筑起最严密的防控体系；

广大人民群众识大体、顾大局，自觉配合疫情防控斗争大局，形成了疫情防控的基础性力量；

坚定信心、积极应对，统筹经济社会发展，做好应对各种复杂困难局面的准备。

“中国在遏制新冠肺炎病毒的同时还要推动经济发展，他们在解决一个平衡难题。”英国《卫报》评价。

经济社会是一个动态循环系统，不能长时间停摆。解题的关键，在于因时因势，精准施策。

2 月 3 日，疫情防控最吃劲时，习近平总书记主持召开中央政治局常委会会议强调：“疫情特别严重的地区要集中精力抓好疫情防控工作，其他地区要在做好防控工作的同时统筹抓好改革发展稳定各项工作，特别是要抓好涉及决胜全面建成小康社会、决战脱贫攻坚的重点任务，不能有缓一缓、等一等的思想。”

湖北保卫战、武汉保卫战攻坚破垒，疫情蔓延势头初步遏制。2 月 21 日，习近平总书记主持召开中央政治局会议。会议提出，要建立与疫情防控相适应的经济社会运行秩序。制定明确的疫情分区分级标准。

2 月 23 日，人民大会堂东大厅。一场参加者达 17 万人的超大规模电视电话会议召开，习近平总书记明确了细化到县的防控策略——

“低风险地区要尽快将防控策略调整到外防输入上来，全面恢复生产生活秩序。中风险地区要依据防控形势有序复工复产。高风险地区要继续集中精力抓好疫情防控工作。”

“中华民族历史上经历过很多磨难，但从来没有被压垮过，而是愈挫愈勇。”习近平总书记的话掷地有声。

从采取“点对点、一站式”直达运输服务做好农民工返岗复工，到高校毕业生就业，从完善财税、金融、社保政策支持中小微企业，到抓好重大外资项目落地，总书记一一部署。

春耕在即，习近平总书记专门就春季农业生产工作作出指示：越是面对风险挑战，越要稳住农业，越要确保粮食和重要副食品安全。

3 月 6 日，党的十八大以来最大规模的脱贫攻坚会议以电视电话会议形式召开。习近平总书记发出冲锋号令：

“到 2020 年现行标准下的农村贫困人口全部脱贫，是党中央向全国人民作出的郑重承诺，必须如期实现，没有任何退路和弹性。”

风险挑战越大，越要坚定不移干好自己的事。

疫情发生后，一些国家对华率先撤侨、停飞国际航班、管控中国船舶。

中国环节主动谋变、突围自救，不仅为自身，也为保全球供应链产业链稳定作出巨大贡献。

3月9日，美中贸易全国委员会向跨国公司复工复产沟通热线紧急求助，反映全球最大涡轮增压器企业盖瑞特公司面临停工风险，因为天津武清一家核心配件供应商复产不足10%。

4月18日，工作人员在黑龙江绥芬河市入城口对出行人员进行信息查验。

张涛　摄（新华）

国家发展改革委立即协调，3月11日武清区区长赴企业召开现场协调会，当场拿出解决方案，公司上岗员工可达5000余人，产能恢复至70%，全球涡轮增压器及下游汽车厂商产业链大面积停工风险排除。

2月下旬，多条国际航线恢复运行；截至3月底，中欧班列开行1941列，同比增长15%；截至4月14日，全国规模以上工业企业平均开工率已达99%；4月份规模以上工业增加值和出口增速由负转正……

疫情防控形势积极向好，总书记忙碌的考察步伐来到浙江、陕西、山西，因地制宜支招复工复产、脱贫攻坚、生态环境保护……

3月29日下午，宁波舟山港穿山港区码头，春雨沥沥。

习近平总书记撑着雨伞，举目眺望。眼前的宽阔水域，一年进出大型商运船达4.2万艘次，是名副其实的“黄金水道”。

疫情发生以来，宁波舟山港不停工、不停产。3月1日至26日，货物吞吐量和集装箱吞吐量分别为2019年同期的95%和99%。

习近平总书记强调，要未雨绸缪，关注境外疫情形势，在坚持不懈抓好疫情防控的同时，积极应对和化解各国为抗击疫情采取的各项限制性措施对货物航运带来的影响。

疫情多国蔓延，中国领导人多次表达维护全球供应链和世界经济稳定的坚定态度。

“中国将继续实施积极的财政政策和稳健的货币政策，坚定不移扩大改革开放，放宽市场准入，持续优化营商环境，积极扩大进口，扩大对外投资，为世界经济稳定作出贡献。”3月26日视频举行的二十国集团领导人应对新冠肺炎特别峰会上，习近平主席承诺。

4 月 17 日，中国公布首季经济数据。受疫情影响，一季度中国经济下降 6.8%。但 3 月份主要经济指标降幅明显收窄，显示经济正在复苏。

当日，习近平总书记主持召开的中央政治局会议指出，当前经济发展面临的挑战前所未有，必须充分估计困难、风险和不确定性，切实增强紧迫感，抓实经济社会发展各项工作。

卫星影像中，4 月初，中国夜间灯光亮度比 2 月初提高近 200%，一盏盏灯光下，是苏醒的夜间消费、是加班加点的制造业车间……

卫星定位系统上，3 月 9 日跨省货运线路数量是 2 月 9 日的 300%，一条条强劲曲线勾勒出“原料供得上、产品出得去”的流动畅通……

4 月 22 日，中国北京、广东惠州，美国达拉斯，两国三地以 5G 视频连线方式宣布总投资 100 亿美元的埃克森美孚惠州乙烯项目开工。这是美国企业在华独资建设的首个重大石化项目。

统筹推进疫情防控和经济社会发展成效积极的中国，为世界经济注入动能和暖色。

4 月 29 日，中国宣布 2020 年全国两会召开时间。

“加长版”五一假期，“流动的中国”重新绽放活力。全国累计接待国内游客 1.15 亿人次，实现国内旅游收入 475.6 亿元。

5 月 8 日，中南海。中共中央召开党外人士座谈会，就新冠肺炎疫情防控工作听取各民主党派中央、全国工商联和无党派人士代表的意见和建议。

“疫情防控斗争实践再次证明，中国共产党领导和我国社会主义制度、我国国家治理体系具有强大生命力和显著优越性，能够战胜任何艰难险阻，能够为人类文明进步作出重大贡献。”习近平总书记说。

全国两会召开前夕，习近平总书记开启新冠肺炎疫情暴发以来的又一次地方考察，勉励山西努力克服疫情带来的不利影响，在高质量转型发展上迈出更大步伐。

坚持人民至上，不断造福人民，把以人民为中心的发展思想落实到各项决策部署和实际工作之中。

2020 年两会期间，习近平总书记分别参加十三届全国人大三次会议内蒙古、湖北代表团审议，出席解放军和武警部队代表团全体会议，看望参加全国政协十三届三次会议的经济界委员并参加联组会，同代表委员们亲切交流、共商国是。

5 月 22 日，习近平总书记在参加内蒙古代表团审议时强调，要继续坚持外防输入、内防反弹的要求，绷紧疫情防控这根弦，完善常态化防控机制，确保疫情不出现反弹。

5月23日，习近平总书记在看望参加政协会议的经济界委员时强调，要坚持用全面、辩证、长远的眼光分析当前经济形势，努力在危机中育新机、于变局中开新局。

5月24日，习近平总书记在参加湖北代表团审议时强调，针尖大的窟窿能漏过斗大的风。要时刻绷紧疫情防控这根弦，慎终如始、再接再厉，持续抓好外防输入、内防反弹工作，决不能让来之不易的疫情防控成果前功尽弃。

5月26日，习近平总书记在出席十三届全国人大三次会议解放军和武警部队代表团全体会议时强调，在常态化疫情防控前提下扎实推进军队各项工作，坚决实现国防和军队建设2020年目标任务。

维护人民健康，总书记念兹在兹。

6月2日，他主持召开专家学者座谈会并发表重要讲话，强调只有构建起强大的公共卫生体系，健全预警响应机制，全面提升防控和救治能力，织密防护网、筑牢筑实隔离墙，才能切实为维护人民健康提供有力保障。

两会结束后，习近平总书记先后来到宁夏、吉林和安徽考察。

在宁夏，他强调要努力克服新冠肺炎疫情带来的不利影响，优先稳就业保民生，决胜全面建成小康社会，决战脱贫攻坚。

在吉林，他提出要坚持新发展理念深入实施东北振兴战略，加快推动新时代吉林全面振兴全方位振兴。

在安徽，他就统筹推进常态化疫情防控和经济社会发展工作、加强防汛救灾和灾后恢复重建、推进长三角一体化发展、谋划“十四五”时期经济社会发展进行调研。他首次就长三角一体化发展专门召开座谈会，鼓励长三角三省一市率先形成新发展格局，勇当我国科技和产业创新的开路先锋，加快打造改革开放新高地。

转正！

7月16日，中国经济半年报出炉。二季度中国经济同比增长3.2%，比一季度增速提升了10个百分点。

统筹疫情防控和经济社会发展工作取得重要成果，经历疫情大考的中国经济稳步恢复，经济运行逐月好转，也为世界经济注入信心和动力。

面对国内外复杂严峻的环境，习近平总书记立足当前，着眼中长期，为中国经济航船穿越惊涛骇浪把舵指航。

7月21日，人民大会堂东大厅。习近平总书记主持召开企业家座谈会。

他强调，新冠肺炎疫情对我国经济和世界经济产生巨大冲击，我国很多市场主体面临前所未有的压力。要千方百计把市场主体保护好，激发市场主体活力，弘扬企业家精神，推动企业发挥更大作用实现更大发展，为经济发展积蓄基本力量。

7月28日，中南海。中共中央召开党外人士座谈会。习近平总书记指出，要正确认识当前经济形势，深入调查研究，以更大的力度推进全面深化改革，积极破解发展面临的各种难题、化解来自各方面的风险挑战和巨大压力，为推进改革发展、战胜各种风险挑战凝聚广泛共识、汇聚强大力量。

7月30日，中共中央政治局召开会议，决定2020年10月在北京召开中国共产党第十九届中央委员会第五次全体会议。会议指出，建立疫情防控和经济社会发展工作中长期协调机制。

“十四五”时期是中国全面建成小康社会、实现第一个百年奋斗目标之后，乘势而上开启全面建设社会主义现代化国家新征程、向第二个百年奋斗目标进军的第一个五年。

“我国将进入新发展阶段。”

8月24日，中南海。习近平总书记主持召开经济社会领域专家座谈会，对“十四五”历史方位作出重要判断。

以辩证思维看待新发展阶段的新机遇新挑战，以畅通国民经济循环为主构建新发展格局，以科技创新催生新发展动能，以深化改革激发新发展活力，以高水平对外开放打造国际合作和竞争新优势，以共建共治共享拓展社会发展新局面……

截至8月31日，习近平总书记多次主持中央政治局常委会会议、中央政治局会议以及中央全面依法治国委员会会议、中央网络安全和信息化委员会会议、中央全面深化改革委员会会议、中央外事工作委员会会议、专家学者座谈会、企业家座谈会、党外人士座谈会、扎实推进长三角一体化发展座谈会、经济社会领域专家座谈会等，10次赴地方考察调研、60余次同外国领导人和国际组织负责人通话……

9月1日，习近平总书记主持召开中央全面深化改革委员会第十五次会议强调，要继续用足用好改革这个关键一招，保持勇往直前、风雨无阻的战略定力，围绕坚持和完善中国特色社会主义制度、推进国家治理体系和治理能力现代化，推动更深层次改革，实行更高水平开放，为构建新发展格局提供强大动力。

站在“十三五”和“十四五”的交汇点上，习近平总书记为未来五年甚至更长时间中国发展谋篇布局。

（四）

4月4日，庚子年清明节。国旗低垂，山河同悲。

上午10时，防空警报鸣响，汽车、火车、舰船鸣笛，举国默哀3分钟。

中国，以国家的名义深切悼念因新冠肺炎疫情牺牲烈士和逝世同胞。

伊朗驻华使馆当天在官方微博中这样写道：这一国家祭奠“让我们看到了中国对个体尊严与生命的尊重与敬畏，也读懂了14亿中国人集体情感释放背后的团结与力量”。

同一天，万里之外的瑞士日内瓦，世卫组织统计数据显示，全球新冠肺炎确诊病例已超过110万例，席卷全球207个国家和地区。

这场突如其来的疫情以一种近乎惨烈的方式再次向世人证明，人类是一个休戚与共的命运共同体。

“经过艰苦卓绝努力，付出巨大代价，中国有力扭转了疫情局势，维护了人民生命安全和身体健康。中方始终本着公开、透明、负责任的态度，及时向世卫组织及相关国家通报疫情信息，第一时间发布病毒基因序列等信息，毫无保留同各方分享防控和救治经验，尽己所能为有需要的国家提供了大量支持和帮助。”

5月18日晚，第73届世界卫生大会以视频方式召开，国家主席习近平应邀发表题为《团结合作战胜疫情　共同构建人类卫生健康共同体》的致辞。

全力搞好疫情防控、发挥世卫组织领导作用、加大对非洲国家支持、加强全球公共卫生治理、恢复经济社会发展、加强国际合作——习近平主席提出六项建议，宣布推进全球抗疫合作的五大举措，发出携手构建人类卫生健康共同体的中国倡议。

在这场全人类与病毒的战争中，中国始终秉持构建人类命运共同体理念，既对本国人民生命安全和身体健康负责，也对全球公共卫生事业尽责。

3月11日，世卫组织宣布，新冠肺炎已构成“全球性流行病”，给世界公共卫生安全带来极大挑战。

“中方愿同有关国家分享防控经验，开展药物和疫苗联合研发，并正在向出现疫情扩散的一些国家提供力所能及的援助。”3月12日，在同联合国秘书长古特雷斯通话时，习近平主席郑重承诺。

团结合作是抗击疫情最有力的武器。

面对疫情在全球多点暴发，中国领导人开展丰富、频繁的“云外交”，通过电话、信函、视频等灵活多样的方式同各国领导人和国际组织负责人保持沟通，推动全球团结战“疫”。

3月26日晚，人民大会堂东大厅。一块15米长、4米高的屏幕让“天

3 月 28 日，开往德国杜伊斯堡的中欧（武汉）班列从中铁联集武汉中心站驶出。这是自疫情防控以来，从武汉开出的首趟中欧班列，标志着中欧班列（武汉）恢复常态化运营。

肖艺九　摄（新华）

涯”成“咫尺”——

清晨、黄昏、白天、深夜……身处不同时区的二十国集团领导人跨越时空，相聚云端，就如何应对新冠肺炎举行特别峰会。

“坚决打好新冠肺炎疫情防控全球阻击战”“有效开展国际联防联控”“积极支持国际组织发挥作用”“加强国际宏观经济政策协调”……习近平主席提出中国倡议。

6 月 17 日晚，习近平主席在北京通过视频方式主持中非团结抗疫特别峰会。

承诺新冠疫苗研发完成并投入使用后率先惠及非洲国家、提前开建非洲疾控中心总部、进一步延长对包括非洲国家在内的相关国家缓债期限……在单边主义抬头、全球抗疫形势依然严峻的背景下，最大的发展中国家同发展中国家最集中的大陆宣示团结合作，为全人类战胜危机注入信心。

截至 8 月 31 日，习近平主席同 50 余位外国领导人及国际组织负责人通话 60 多次，与多个大洲的国家和国际组织举行高级别视频会，向全球表明中国支持团结抗疫的鲜明立场。

战“疫”外交的背后，传递出中国同国际社会同舟共济、共克时艰的真诚意愿和坚定决心。

医疗专家火速出征，抗疫物资驰援全球，防控经验倾囊相授——中国以实际行动践行人类命运共同体理念。

2 月 29 日凌晨，一架飞机缓缓降落在德黑兰伊玛目·霍梅尼国际机场。飞机上乘坐着 5 名中国志愿专家组成员，以及部分中方援助伊朗的医疗物资。

这是中国向海外派遣的首个抗击新冠肺炎疫情医疗专家组。

3 月 12 日晚，在意大利全国实施“封城”2 天内，包括 5 名四川专家在内的中国医疗专家组飞抵，成为第一批深入该国疫区的国际援助者。此后，中国又陆续派了 2 批医疗专家组前往这一欧洲疫情最严重地区。

“我们是带着感恩的心情前来支援的。”2008 年汶川特大地震期间，意大利红十字会和医学会向四川派遣了 14 名急救专家，先后营救了约 900 名伤员。12 年后，一场疫情让中意两国在危难时刻再次携手。

从中东到非洲，从中亚到欧洲，从东南亚到拉美，一批批中国医疗专家不顾危险，战斗在全球疫情的“震中”，成为世界抗疫图景中的“逆行者”。截至 8 月底，中国已向 31 个有紧急需求的国家派遣了 33 支医疗专家组。

与病毒赛跑，中国科学家第一时间同各国同行分享科研成果。

北京协和医院 22 名专家一线救治经验的文章登上《欧洲心脏杂志》，向国际同行提供心血管急危重症救治“路线图”；钟南山、王辰院士分别与欧洲呼吸学会负责人、欧洲医师视频连线，介绍中国抗疫经验；张伯礼、仝小林院士等多位中医专家视频连线 14 个国家的 80 多位专家，把脉多国抗击疫情中的疑难病例……

截至 8 月 31 日，科技部、国家卫生健康委、中国科协、中华医学会联合搭建的新冠肺炎科研成果学术交流平台共有 144 种期刊上线，论文和报告 1289 篇，总阅读数超过 342 万次。

急世界之所急，中国竭尽所能为国际防疫贡献力量。

面对世卫组织最大出资国美国宣布“断供”，中国向世卫组织提供 5000 万美元现汇捐助；暂缓 77 个有关发展中国家 2020 年 5 月 1 日至年底到期的债务本息偿付；向 150 多个国家和国际组织提供医疗物资援助；为 180 多个国家举办卫生专家专题视频会议。

这场新中国成立以来援助时间最集中、涉及范围最广的紧急人道主义行动背后，是中国对有关国家支持中国抗疫的投桃报李，是对他国遭遇至暗时刻的感同身受，更是不让任何国家掉队、携手共筑人类卫生健康共同体的大国担当。

“我们是同海之浪，同树之叶，同园之花。”

中国人民不会忘记，在中国疫情严峻时刻，柬埔寨首相洪森临时增加行程访问北京，蒙古国总统巴特图勒嘎在白月节假期后首日访华并赠送 3 万只羊，巴基斯坦总统阿尔维专程来北京表达支持并明确表示反对利用疫情污名化和孤立中国……

中国人民不会忘记，韩国驻华大使馆外张贴标语“中国的困难就是我们的困难”，阿布扎比和迪拜的地标建筑亮起“中国红”，美国小学生唱起改编的中文歌曲《武汉加油，你笑起来真好看》……

疫情面前，帮助别人就是帮助自己。

“中国向遭受疫情的国家及时伸出援助之手，为国际社会树立了良好典

3月12日，在意大利首都罗马，意大利红十字会主席罗卡（后排右六）与中国抗疫医疗专家组一行9人合影。当日，由国家卫生健康委员会和中国红十字会共同组建的抗疫医疗专家组抵达罗马，并带来部分中方捐助的医疗物资。

程婷婷　摄（新华）

范。中国的行动是对个别国家挑衅和污名化中国的响亮回答。”俄罗斯总统普京说。

“习近平主席宣布中国疫苗研发完成并投入使用后将作为全球公共产品，这将使全人类受益。”菲律宾总统杜特尔特说。

这是一场全人类与病毒的战争。第一时间向国际社会通报疫情信息至关重要。

2019年12月31日起，中国依法发布疫情信息并逐步加大信息公布频次。

2020年1月3日起，中方开始定期向世卫组织、包括美国在内的有关国家以及中国港澳台地区及时、主动通报疫情信息。

1月20日至21日，在中国国家卫健委邀请下，世卫组织专家组赴湖北武汉考察，访问了包括实验室在内的医疗卫生机构，与湖北的专家进行了非常深入的交流。

1月21日，中国国家卫健委开始每日在官方网站、政务新媒体平台发布前一天的疫情情况。2月3日起，国家卫健委英文网站同步发布相关数据。

1月22日起，国务院新闻办公室开始举行新闻发布会，介绍疫情有关情况。

1月27日起，国务院联防联控机制每日召开例行新闻发布会，发布重点疫情信息并回应国内外媒体热点问题。疫情期间，国家层面和各省（区、市）累计召开各类新闻发布会超过1000场。

2月16日至24日，25名来自中国、德国、日本、韩国、尼日利亚、俄罗斯、新加坡、美国和世界卫生组织的专家组成的中国—世卫组织联合专家考察组对北京、成都、广州、深圳和武汉等地进行了为期9天的实地考察调研。

2月24日晚，中国—世界卫生组织联合专家考察组在北京举行新闻发布会，认为中国采取了前所未有的公共卫生应对措施，在减缓疫情扩散蔓延、阻断病毒的人际传播方面取得明显效果，已经避免或至少推迟了数十万新冠肺炎病例。

“法方对中方及时采取有力举措，展示出高度公开透明表示钦佩”“英国政府对中国采取全面有力措施防控疫情、及时同国际社会分享信息、努力防止疫情在世界蔓延表示高度赞赏”“习近平主席在应对疫情过程中的强大领导力和中国的行动力有目共睹”“德方高度赞赏习近平主席宣布中国研制出的疫苗将作为全球公共卫生产品”……在与习近平主席的通话中，多国元首和政府首脑对中方抗疫努力做出高度评价。

9月1日，武汉中学举行开学典礼。

肖艺九　摄（新华）

在吉尔吉斯斯坦总统热恩别科夫看来，中方为全球抗疫斗争提供巨大支持并发挥引领作用，“这次疫情再次凸显了践行人类命运共同体理念的紧迫性、现实性、时代性”。

眼下，疫情已波及210多个国家和地区，影响70多亿人口，夺走了80多万人的宝贵生命。

每一天都有数万人受到病毒感染，每一天都有数千人失去宝贵生命。在肆虐的疫情和痛心的死亡人数面前，任何事情都没有携手挽救人的生命更重要。

人类文明史是一部同疾病和灾难的斗争史。在这场攸关全人类健康福祉、世界发展繁荣的斗争中，团结合作是战胜疫情最有力的武器。

“世界各国应该以团结取代分歧、以理性消除偏见，凝聚起抗击疫情的强大合力，加强合作，共克时艰，维护人类共同家园。”习近平主席向世界传递呼吁团结合作的中国声音。

同舟共济，命运与共。我们终将走出至暗时刻，人类终将战胜疫魔！

英雄的人民，人民的英雄
——全国抗击新冠肺炎疫情表彰大会侧记

人民殿堂迎来英雄人民的代表！

2020 年 9 月 8 日，人民大会堂二层宴会厅内，华灯璀璨，气氛热烈。

9 月 8 日，全国抗击新冠肺炎疫情表彰大会在北京人民大会堂隆重举行。
谢环驰　摄（新华）

9 时 20 分，热烈的掌声响彻宴会厅，习近平等党和国家领导人来到这里，亲切会见国家勋章和国家荣誉称号获得者，全国抗击新冠肺炎疫情先进个人和先进集体代表等。

习近平总书记面向大家挥手致意，2000 余名受表彰人员向总书记报以热烈的掌声。

在过去 8 个多月时间里，中国经历了一场惊心动魄的抗疫大战，经受了一场艰苦卓绝的历史大考。

在这场斗争中，中国人民挺过来了！以习近平同志为核心的党中央带领 14 亿中国人民，以生命至上凝聚万众一心，以举国之力对决重大疫情，以人类命运共同体共克时艰，取得了抗击新冠肺炎疫情斗争重大战略成果，创造了人类同疾病斗争史上又一个英勇壮举，涌现出一大批可歌可泣的先进典型和感人事迹。

这一刻，人们相聚在这里，千言万语化作掌声如潮。相机快门按下，记录下无比珍贵的历史瞬间。

同大家合影留念后，习近平总书记站起身来，向身边的钟南山院士问候道：“身体还好吧？”

“好！我还要向您请战，继续在呼吸系统疾病和突发性公共卫生事件防控上为祖国贡献力量，不负国家给予的重托。”钟南山回答道。

10 时整，全国抗击新冠肺炎疫情表彰大会在人民大会堂大礼堂开始举行。

奏唱中华人民共和国国歌、向新冠肺炎疫情牺牲烈士和逝世同胞默哀、宣读习近平签署的中华人民共和国主席令……一项项庄严肃穆的议程，将会场气氛逐渐推向高潮。

6 名号手吹响仪式号角，4 名礼兵手捧共和国勋章、国家荣誉称号奖章正步走上主席台，铿锵的步伐在人民大会堂大礼堂内久久回荡。中华人民共和国国家勋章和国家荣誉称号颁授仪式开始了。

图为 4 名礼兵手捧共和国勋章、国家荣誉称号奖章，行进到仪式现场。

岳月伟　摄（新华）

军乐团奏响《向祖国英雄致敬》。这首专门为国家勋章和国家荣誉称号颁授仪式创作的乐曲，如交响诗一般雄壮激昂，深情讴歌那些为共和国事业作出杰出贡献的功勋模范人物。乐曲声中，“共和国勋章”获得者钟南山，“人民英雄”国家荣誉称号获得者张伯礼、张定宇、陈薇先后走上主席台。习近平总书记为他们一一颁授勋章奖章，并同他们亲切握手，表示祝贺。

在疫情肆虐的暗夜中，他们是一道道闪亮的光——

“其实，我不过就是一个看病的大夫。”

钟南山，中国呼吸疾病研究领域的领军人物，敢医敢言，勇于担当，提出的防控策略和防治措施挽救了无数生命，在非典型肺炎和新冠肺炎疫情防控中作出巨大贡献。

“国有危难时，医生即战士。宁负自己，不负人民。”

张伯礼，指导中医药全过程介入新冠肺炎救治，主持研究制定的中西医结合疗法成为“中国方案”的亮点，为推动中医药事业传承、创新、发展作出重大贡献。

“我必须跑得更快，才能从病毒手里抢回更多病人。”

张定宇，扎根医疗一线的杰出代表，作为渐冻症患者，疫情期间仍义无反顾、冲锋在前、救死扶伤，为打赢湖北保卫战、武汉保卫战作出重大贡献。

患有渐冻症的张定宇，脚步依然有力。习近平总书记关切地说："保重身体！把身体养好。"

"穿上这身军装，一切都是我应该做的。"

陈薇，长期从事生物危害防控研究，新冠肺炎疫情暴发后，闻令即动，在基础研究、疫苗、防护药物研发方面取得重大成果，为疫情防控作出重大贡献。

陈薇一身戎装，走上前郑重地行了个军礼。习近平总书记高兴地说："你为军队立了功！"

党和人民把最高礼遇献给最可爱的人——

在全场热烈的掌声中，在人们崇敬的目光注视下，4 位国家勋章和国家荣誉称号获得者受邀到主席台就座。

9 月 8 日，全国抗击新冠肺炎疫情表彰大会在北京人民大会堂隆重举行。

张领　摄（新华）

随后，大会对全国抗击新冠肺炎疫情先进个人和先进集体、全国优秀共产党员和全国先进基层党组织进行了表彰。受表彰的个人和集体代表胸戴大红花，走上主席台，从习近平等党和国家领导人手中接过奖章、证书、奖牌。

全场以一次次热烈的掌声，向他们表示衷心祝贺、致以崇高敬意。

这是永放光芒的精神财富——

"由衷感谢党和国家把这份荣誉授予我们 4 位医务工作者，这是党和国家对全体医疗卫生工作人员的充分肯定。"钟南山代表国家勋章和国家荣誉称号获得者发言，"欣逢盛世当不负盛世。面对尊崇和荣誉，我们将始终牢记党和人民的重托！"

这是无畏勇毅的崇高境界——

来自北京协和医院的全国抗击新冠肺炎疫情先进个人、全国优秀共产党员刘正印，分享了驰援武汉的难忘经历："当日夜守护的病人一点点好起来，一个个康复出院，大家再苦再累、再困再乏，都值了！”

这是无怨无悔的人民情怀——

全国抗击新冠肺炎疫情先进集体、全国先进基层党组织代表、湖北省武汉市青和居社区党总支书记桂小妹牢牢记得习近平总书记来他们社区考察时的嘱托。她说：“疫情期间，社区没有一户一人吃不上饭、用不上药。武汉‘解封’时，居民在阳台集体高唱《我和我的祖国》。”

图为“共和国勋章”获得者钟南山发言。

谢环驰　摄（新华）

先进个人和先进集体代表们的发言，感动着在场的每一个人。当听到白衣战士脸颊被口罩勒到溃烂、双手被污水浸到泛白、十几个小时不敢吃饭不敢喝水，只为把更多希望留给患者时，不少人潸然泪下。

他们的名字和功绩，国家不会忘记，人民不会忘记，历史不会忘记，将永远铭刻在共和国的丰碑上！

在全场热烈的掌声中，习近平总书记发表了重要讲话。

这是对抗疫大战的全面回顾——面对突如其来的严重疫情，党中央统揽全局、果断决策，以非常之举应对非常之事；中国人民风雨同舟、众志成城，构筑起疫情防控的坚固防线；广大医务人员白衣为甲、逆行出征，舍生忘死挽救生命……夺取了全国抗疫斗争重大战略成果。

这是对抗疫精神的高度概括——生命至上、举国同心、舍生忘死、尊重科学、命运与共……伟大抗疫精神，同中华民族长期形成的特质禀赋和文化基因一脉相承，是爱国主义、集体主义、社会主义精神的传承和发展，是中国精神的生动诠释，丰富了民族精神和时代精神的内涵。

这是对抗疫经验的深刻总结——抗疫斗争伟大实践再次证明，中国共产党所具有的无比坚强的领导力，是风雨来袭时中国人民最可靠的主心骨；中国人民所具有的不屈不挠的意志力，是战胜前进道路上一切艰难险阻的力量源泉；中国特色社会主义制度所具有的显著优势，是抵御风险挑战、提高国家治理效能的根本保证……

总书记的重要讲话通过电视网络直播信号传向五湖四海，激起现场一次次热烈的掌声。

为出席这次大会，72 岁的张伯礼特意在胸前佩戴了一枚党徽："我们中华民族是个英雄的民族，是在磨难中成长起来的。在党的领导下，众志成城就能无往而不胜。"

"作为医生，救死扶伤是我的天职；作为共产党员，冲在前面是我义不容辞的责任。"华中科技大学同济医学院附属同济医院呼吸与危重症学科主任赵建平表示，"一线医护人员要像加速旋转的陀螺，继续为拯救每一位患者而努力。"

志不求易者成，事不避难者进。

中国工程院副院长王辰院士表示，当前，疫情仍在全球肆虐，夺取抗疫斗争全面胜利还需要付出持续努力。我们要坚持常态化精准防控，慎终如始、再接再厉，善于在危机中育新机、于变局中开新局。

全球抗疫的中国贡献

在这场突如其来的疫情中，中国高效应对重大突发公共卫生事件的努力受到关注，"中国速度"和"中国经验"获得国际社会高度肯定。秉持人类命运共同体理念，中国积极推动国际合作，展现"中国精神"和"中国担当"，为全球抗疫贡献着"中国信心""中国智慧"和"中国力量"。

"中国精神"注入信心

作为疫情发生以来全球第一个恢复增长的主要经济体，中国抗疫的重大战略成果无疑为世界其他国家抗击疫情注入了信心和希望。

"中国市场正在恢复，这个国家的经济显现出韧性。我们充满信心。"霍尼韦尔航空航天集团亚太区总裁林世伟表示。

世界卫生组织助理总干事任明辉在接受专访时说，中国在抗击新冠疫情方面提供了有益经验，积极参与抗疫国际合作展现了负责任大国担当。中国取得的成果让世界对抗击疫情更有信心。

"没有任何国家可以做得比中国更好。"巴基斯坦总理伊姆兰·汗说，整个世界都感谢并赞赏中方应对疫情的努力与成效。

世卫组织总干事高级顾问布鲁斯·艾尔沃德指出，中国成功抗疫过程中有三方面“特别突出”。其中，最打动人的是中国人民的个人责任感。

艾尔沃德指出，当谈到为防控疫情所做的牺牲时，中国人民认为这是他们对国家和全球应尽的责任，这非常令人钦佩。另两方面的突出经验是中国对公共卫生基础设施的巨大投入，以及在病例数下行情况下仍持续提高疫情应对能力。

英国医学期刊《柳叶刀》发表社论说，应对新冠疫情需要各国进行开放式协作；中国已基本控制住本国疫情，其他国家可以学习中国在这方面的成功经验。

美国休斯敦贝勒医学院教授彼得·霍特兹指出，中国为阻止疫情向境外蔓延，采取了非常严格的隔离和检测措施，取得了很好的效果，这是中国对全世界抗疫的重大贡献。

塞尔维亚军事医学院流行病学研究所副所长热利科·亚德拉宁高度评价中国应对疫情的态度和速度，认为中国政府和民众为抗击疫情作出的努力值得尊敬。

“中国智慧”提供借鉴

联合国秘书长古特雷斯曾指出，在抗击新冠疫情过程中，中国人民“为全人类作出了贡献”。面对新冠疫情这一全球公共卫生安全危机，中国既对本国人民生命安全和身体健康负责，也对全球公共卫生事业尽责，坚定与世界携手抗疫，作出了重要贡献，提供了有益经验。

第一时间向世卫组织、有关国家和地区组织主动通报疫情信息，第一时间向全球分享病毒全基因序列、核酸检测引物探针序列，第一时间公布诊疗方案和防控方案，第一时间开展疫情防控专家国际合作……中国的做法让越来越多的国家真切体会到同舟共济、守望相助的重要性。

中国坚持向科学要方法、要答案，在50天内探索形成了7版新冠肺炎诊疗方案，发表了数以千计的科研论文，这些以巨大牺牲和代价换来的宝贵经验，被毫无保留地分享给其他国家、国际和地区组织，为全球抗击疫情提供了具有重要价值的指南。

2020年以来，中国同其他国家、国际和地区组织开展疫情防控交流活动70多次，为超过180个国家举办卫生专家专题视频会议，开设疫情防控网上知识中心并向所有国家开放，毫无保留同各方分享中国防控和救治的经验。

委内瑞拉巴尔加斯医院肾病和内科专家埃尔南德斯说，世界上许多正与新冠病毒作斗争的国家对于病毒的了解和应对方法都是基于中国的数据和经验，“这些数据和经验对人类的贡献毋庸置疑”。

“向中方专家寻求建议，是防控疫情最好的办法，”塞尔维亚传染病和热带疾病医院院长戈兰·斯特万诺维奇说，“我们已和中国同事多次沟通……任何信息交换对我们而言都有效且必要。”

疫苗、诊断工具和治疗方法极为重要，但世卫组织总干事谭德塞曾向全球发出呼吁：要真正发挥效用，还必须有另一个基本要素，那就是团结互助。

在第73届世界卫生大会上，习近平主席表示，中国新冠疫苗研发完成并投入使用后，将作为全球公共产品，为实现疫苗在发展中国家的可及性和可担负性作出中国贡献。瑞士西区经济发展署前署长、中国问题专家菲利普·莫尼耶对此印象深刻，认为这将惠及发展中国家，是对人类的巨大贡献。

西班牙药品和医疗产品管理局人用药物部门主任塞萨尔·埃尔南德斯非常赞赏中国在分享相关信息方面的举措。他说，中国科研人员的研究成果增加了人类对新冠病毒的认识，“让其他国家的科学家不需要再重复中国科研工作者已经走过的路”。

在全球携手抗疫的过程中，中国企业也在积极参与。比如中国三叶草生物制药有限公司与英国葛兰素史克疫苗公司在重组蛋白疫苗方面开展研发合作；上海复星医药集团与德国生物新技术公司合作开发的一款 mRNA（信使核糖核酸）疫苗，成为德国首款获批进入临床试验的新冠候选疫苗。

《哈萨克斯坦实业报》总编辑谢利克·科尔容巴耶夫评价说，这些举措充分展示了中国促进国际抗疫合作的决心和担当。新冠疫情大流行下，唯有各国精诚团结、紧密合作才能应对如此严峻的公共卫生事件。中国无疑为各国加强合作树立了典范。

“中国驰援”传递力量

正是生命至上的价值理念，把中国与世界各国紧紧联系在一起。

在中国抗击疫情最危急的时刻，国际社会纷纷表达温暖和善意。疫情在全球多点暴发后，中国在自身疫情防控面临巨大压力的情况下，尽己所能为国际社会提供援助。

面对一些国家和地区疫情上升态势，习近平主席开展“云外交”，通过电话、信函、视频等灵活多样的方式同各国领导人和国际组织负责人保持沟通，推动全球团结抗疫。

世界贸易组织发布报告称，自疫情暴发以来，全球多个国家禁止或者限制口罩、手套等医疗防护设备出口。但中国即便是在疫情防控形势最严峻的时候，也从未出台过这样的限令。

中国的大型运输机运－20“鲲鹏展翅”飞出国门，将紧缺的抗疫物资送到最需要的地方。不仅如此，中国政府还通过鼓励航空公司“客改货”、增加中欧班列班次密度、开辟国际快船运输渠道等，不断打通防疫物资“补给线”；多个城市开启出口防疫物资绿色通道，即到、即报、即查、即放，实现通关“零等待”。在全球抗疫的关键时刻，中国生产的防疫物资每天都以最快速度运往急需的国家和地区。

一手抓防疫，一手抓复工复产，中国坚持深化对外开放和国际合作，加强同经贸伙伴沟通协调，优先保障龙头企业和关键环节恢复生产供应，维护全球供应链稳定。英国48家集团俱乐部主席斯蒂芬·佩里评价说，这种合作和开放的态度，在未来应对全球性问题时也是各国应该坚持的方向。

截至9月，中国防疫物资已被送往200多个国家和地区，中国已向32个国家派出34支医疗专家组，向150个国家和4个国际组织提供283批抗疫援助；面对世卫组织最大出资国美国宣布“断供”，中国向世卫组织提供5000万美元现汇捐助；暂缓77个有关发展中国家2020年5月1日至年底到期的债务本息偿付……为国际社会共同抗击疫情提供了巨大支持和坚强保障，堪称新中国历史上规模最大的一次全球紧急人道行动。

从3月15日至9月6日，中国总计出口口罩1515亿只、防护服14亿件、护目镜2.3亿个、呼吸机20.9万台、检测试剂盒4.7亿人份、红外测温仪8014万件，有力支持了全球疫情防控，以实际行动帮助挽救了全球成千上万人的生命。

在澳大利亚，中国企业华大基因的新冠病毒检测设备正在帮助该国疫情最严重的维多利亚州抗击疫情。澳大利亚希柳斯医疗公司首席执行官马尔科姆·帕门特说，如果没有这些设备，该公司近几周不可能在维州做到一天进行8000次新冠病毒检测。澳主流媒体《澳大利亚金融评论报》评论说，“一些医疗专业人员坦言，这些设备挽救了许多生命，如果没有它们，新冠病毒的传播在澳大利亚将会更加严重”。

在非洲，“中国真正做到了同非洲人民站在一起、共克时艰”。肯尼亚执政党朱比利党总书记拉斐尔·图朱在接受专访时说。他认为，非洲疫情防控的成果，离不开来自中国的医疗队和抗疫援助物资。他说，当下单边主义甚嚣尘上，中国作为多边主义的坚定捍卫者，正用行动诠释人类命运共同体理念，同时积极支持世卫组织领导的全球抗疫事业。

人类祸福相依、寰球同此凉热。在大规模传染病这个人类共同的敌人面前，只要一个国家还有疫情，全球抗疫就没有结束。重大危机面前没有任何一个国家可以独善其身，团结合作才是人间正道。

深圳特区成立40周年

从改革开放“探路者”到新时代“示范区”

从1.97亿元到26927.09亿元，GDP增长13000多倍；从最高楼仅有3层，到超过100米以上摩天大楼近1000栋；从创办第一家股份制中外合资企业，到登记商事主体近320万户，稳居全国大中城市首位；从贫穷落后的小渔村到先进制造业占比超过71%……40年间，从中国改革开放的“探路者”，到新时代的“示范区”，深圳书写了世界城市发展史上罕有的奇迹，在这里改革创新大潮不断喷涌。

“就是要到在中国改革开放中得风气之先的地方，现场回顾中国改革开放的历史进程，将改革开放继续推向前进。”2012年12月7日，习近平总书记在党的十八大后首次离京考察选择广东，首站即来到深圳前海。2018年10月，在迎来改革开放40周年纪念前夕，总书记又一次踏足深圳。在这片改革前沿地，总书记向世人宣示改革不停顿、开放不止步的坚定信念。

深圳特区40年的巨变，是中国共产党团结带领亿万人民群众掀起波澜壮阔改革开放大潮，引领计划体制到市场体制深刻变革壮举的生动注脚，彰显了中国道路的优越性，有力证明了中国特色社会主义道路一定会越走越宽广。

突围：标注中国道路逻辑起点

2020年，当全球不少城市仍饱受新冠肺炎疫情影响之际，深圳经济率先“V”形反弹，疫情下的经济成绩单飘红。上半年深圳地区生产总值12634.30亿元，同比增长0.1%，在四大一线城市中率先转正。

这一来之不易的成绩单背后，是40年来改革开放与经济转型发展中厚积的力量，锻造的以创新为底色的高质量发展热土。

先进、智能已成为深圳制造的鲜明标签，在超过1万亿元体量中，先进制造业和高技术制造业增加值占比分别达71.9%和66.6%；在第三产业中，现代服务业占比超过70%。

从建设全国首个民法主题公园到全国首个企业“秒批”系统上线启用，得益于良好的营商环境，当前深圳的市场活力充分迸发。最新数据显示，深圳登记商事主体近320万户，稳居全国大中城市首位。

2018 年 3 月 26 日无人机拍摄的深圳市景。

毛思倩　摄（新华）

40 年间，深圳已崛起为继上海、北京之后经济总量全国第三的现代化大都市。而在 40 年前，与香港山水相连的深圳还只是个贫穷落后的边陲渔村，在地图上难觅其踪。

历史不会忘记，1978 年，深圳农民的年收入是 134 元，而一河之隔的香港新界农民的年收入却是 13000 港元。对于深圳市龙岗区南岭村老支部书记张伟基而言，那是“十屋九空逃香港，家里只剩老和小”的惨痛回忆，也是翻天覆地的艰难开始。

贫穷不是社会主义，社会主义必须摆脱贫穷。1978 年底，党的十一届三中全会召开，作出了把党和国家工作重点转移到社会主义现代化建设上来的重大历史决策，开启了改革开放的伟大探索。

1980 年 8 月 26 日，第五届全国人大常务委员会第十五次会议批准设置经济特区，并通过《广东省经济特区暂行条例》，经济特区在中国正式诞生，在人类史册上镌刻下中国共产党一场历史性的伟大觉醒。

中国大变革的号角轰然鸣响，历史翻开了崭新的一页。

这并不是一场注定胜利、志在必得的轻松远征，而是“杀出一条血路”的破釜沉舟，是“摸着石头过河”的实事求是，是“敢为天下先”的勇敢突围，是一条在无路中走出的新路、好路。

在石破天惊中实现突进，在敢为人先中寻求突破。无数开创性的举措，就是从深圳的“冒天下之大不韪”，最后积累成为中国社会主义市场经济的常识——

第一个进行分配制度改革；

第一个实行工程招标，创造一天盖三层楼的奇迹；

第一个改革人事制度，冻结原有级别、工资等级，实行聘用制；

创办第一家企业自办的股份制银行、第一家股份制保险公司、第一家股份制中外合资企业；

这一项项的“第一”，像一声声春雷，惊动神州大地。通过率先打破计划经济的重重壁垒、率先摸索建立社会主义市场经济体制，深圳自身也获得了快速发展。

弹指一挥间，沧海变桑田。

“世界上没有哪个城市能够赶上深圳的发展速度，这是中国通往世界的一个南大门。”美国著名中国问题专家傅高义在《向深圳学习》的序言中如此写道。

生产力得到巨大释放。从 1979 年的 1.97 亿元到 2019 年的 26927.09 亿元，深圳 GDP 实现历史性飞跃，经济总量超越香港，也超过瑞典、罗马尼亚、奥地利等欧洲国家全国的经济总量。

人民生活水平实现飞跃。按常住人口 1253 万人计算，2018 年深圳人均 GDP 达 19.33 万元，约是全国平均水平的 3 倍，比 1979 年的人均 606 元翻了 319 倍，与韩国人均 GDP 基本相当。

城市面貌也发生翻天覆地的变化。当初最高楼仅有 3 层，如今超过 100 米以上摩天大楼已有约 1000 栋，道路里程超过 6000 公里，地铁通车里程 297 公里，拥有近千座公园，被誉为“公园之城”。

深圳走出的道路，成为“中国道路”最为浓墨重彩的一个缩影。

探索：社会主义市场经济道路造就发展奇迹

2020 年 8 月 6 日，世界 500 强企业戴尔集团在中国的首个全新项目落户深圳，专为小企业提供产品零售、解决方案等一站式体验。深圳拥有超过 200 万家中小企业，占总企业量的 99.6%，这也是吸引戴尔项目落户深圳的重要原因。

“我们看好深圳公开透明、国际化、法治化的营商环境，深圳市政府对知识产权保护高度重视。接下来还会有一系列投资计划。我们对深圳和粤港澳大湾区的发展充满期待。”戴尔科技集团全球资深副总裁王利军说。

戴尔只是众多看好深圳投资前景的外资企业之一。数据显示，仅 2020 年以来，深圳新设立外资企业就近 2000 家，实际使用外资金额超过 40 亿美元。

这片面积不大的土地俨然成为诞生世界级企业的“梦工厂”。一个并不具备强大科研资源的城市，却不仅拥有招商、平安、中集、万科等传统行业的巨头，也出现了华为、中兴、腾讯、比亚迪等全球知名企业。

“用脚投票”的企业如春笋般涌现，这就是对市场经济土壤最生动的注脚。这是“一根注入外来经济因素对传统经济体制进行改革的宝贵试管”，是“在计划经济最薄弱的地方生长出来的市场经济的绿洲”。

1981 年，深圳蛇口工业区门口矗立起一块醒目的标语：“时间就是金钱，效率就是生命”。披荆斩棘的解放思想之路越拓越宽，背后一系列制度变革、一系列观念更新、一系列毅然行动形成巨大合力，开启一段历时 40 年的上下求索。

回顾这段不平凡的历程，如果没有 1987 年鼓励科技人员兴办民间科技企业的政策，就没有今天华为、腾讯等企业的茁壮成长。如果没有一系列从计划到市场的突围，就没有今天的“深圳奇迹”。

率先进行土地管理体制改革，敲响新中国成立以来土地使用权公开拍卖的第一槌；率先实行招聘录用、竞争上岗、合同用工，首开劳动力商品化的先河；率先进行外汇管理体制改革；发行新中国第一张股票，开中国发展资本市场之先河……

从外商投资企业改革，到商业流通体制改革、外汇管理体制改革……要在市场经济体制中蹚过一条河，就需要无数石子铺成的路：需要创新融资制度，需要改变投资管制，需要引进竞争机制，需要改革外汇管理体制，需要突破土地管理模式，需要改变工资决定和福利分配机制，需要改变商品的计划定价机制，需要引进新的激励模式……今天我们在中国经济中观察到的很多新体制，几乎都能在深圳找到影子。市场经济的制度力量和小政府的大力量的有机结合在这片土地上释放出最大的能量。

2014 年 8 月 20 日，深圳市政府在市民中心举办前海金融创新暨金融服务实体经济政策宣讲系列活动。

毛思倩 摄（新华）

深圳的发展奇迹，

归功于坚持市场取向的社会主义经济体制改革带来的制度红利。正是这样的体制先行先试优势，使深圳汇聚天下英才、搭建创造平台，唱出时代大戏。

深圳的发展奇迹，揭示出了中国特色独特的现代化道路，同时又以其路径选择的正确性和发展的辉煌，推动了中国社会主义市场经济体系的确立发展与完善，加快了实现现代化的时代脚步，掷地有声地证明了中国道路的正确性。

转型：创新驱动引领改革之路披荆斩棘

今天，人们谈论深圳，早已不再是“三来一补”“贴牌加工”“模拟仿制”，而是平均每平方公里有 5.6 家国家级高新技术企业、平均每天有 51 件发明专利获得授权、全社会研发投入占 GDP 比重超过 4%……

“特区中的特区”前海，近 5 年每年平均诞生超过 3 万家企业，累计推出制度创新成果超过 300 项，成为新一轮改革开放的先行者。被称为“全国首家互联网银行”的微众银行就是前海改革创新的产物。该行行长李南青说，微众银行贷款客户中，79% 为大专及以下学历，73% 的贷款总成本低于 100 元，有效用户总数已经超过 2 亿人。

联合国知识产权署 2019 年发布的《2019 年全球创新指数》显示，深圳—香港地区位居全球创新城市的第二位，已连续三年排名全球第二，仅次于东京—横滨地区。

当前，中国经济已由高速增长阶段转向高质量发展阶段，深圳以标志性的创新驱动，成为中国经济转型升级宏大叙事中的最新注脚。

但探索的路上从来都是荆棘丛生、摸着石头过河。经济学家总结的中国经济改革策略经验中，“试验改革”成为最没有异议的概念之一。而“试验改革”并非仅仅是“错了再试”的经验主义，更是一个又一个不断创新不断突破的主动求索的进程。

2020 年 11 月 12 日拍摄的第二十二届中国国际高新技术成果交易会现场。

毛思倩　摄（新华）

1992 年，党的十四大确立了社会主义市场经济体制的改革目标，经济特区优惠政策时代逐渐谢幕，深圳由“探路者”回归为普通奔跑者。但深圳没有放慢自己的脚步。随着社会主义市场经济建设在全国的全面推开，深圳从“单项改革”迈向“综合改革”的深水区。

面对“特区不特”的考验，面对“四个难以为继”的发展难题……深圳刀口向内，换挡转型，将率先引领、争取主动的改革精神一以贯之：90 年代中期，将高科技企业打造成深圳的支柱产业；2000 年率先从加工贸易向高新技术转型；2008 年率先布局生物技术、新能源、互联网等首批战略性新兴产业；2009 年率先布局新一代存储处理技术、新材料等第二批战略性新兴产业；2013 年率先培育生命健康、可穿戴设备等未来产业……

“90% 高新科技成果在企业产生，90% 专利由企业研发，90% 高端人才在企业工作，90% 研发资金靠企业投入。”这是深圳的许多企业家和经济学者迄今依然会津津乐道的“四个 90%”。

2018 年 2 月，深圳出台营商环境改革“20 条”。对标新加坡和香港等发达国家和地区，以世界银行营商环境评价体系为参照，通过百余项强有力的改革来营造更加优良的营商环境。近年来，不断通过法治厘清政府和市场的边界，推进营商环境改革，深圳优化营商环境法律条例实施，外商投资准入限制措施减少近三分之二，政府服务不断优化……

如今，一栋栋崭新的高楼大厦已拔地而起，在鳞次栉比的高楼掩映中，曾经的地标建筑国贸大厦已显得有些陈旧，它的高度早已被超越，但它所象征的“深圳速度”却仍激励着深圳续写奇迹。

前行：勇立潮头开启中国道路新征程

如今，从力促湾区深度融合发展的先行者，再到筑牢基础、打造先行示范区“中国之治”样板间，中国的深圳已成为“世界的深圳”，成为筑牢意识形态的“重要阵地”、引领科技发展的“全球引擎”、展示中国形象的“最佳窗口”。

从打开“一扇窗”，到打开面向全世界的“大门”。继深圳、珠海、汕头、厦门 4 个经济特区设立后，1984 年中国宣布 14 个沿海城市对外开放，1988 年海南改制为省并划定为经济特区，1990 年宣布开发上海浦东，2013 年中国（上海）自由贸易试验区正式成立，2020 年海南自由贸易港挂牌设立……一座座城市勾勒出中国改革开放的大棋局。

党的十八大以来，深圳按照中央决策部署，结合自身实际，以重点领域改革牵引带动全面深化改革，注重落实中央的顶层设计，强化改革的系统性、整体性、协同性，推进经济领域重点改革、供给侧结构性改革、生态文明体制改革，持续推进谋求高质量发展。

2020 年 8 月 12 日在深圳市福田区深港科技创新合作区拍摄的粤港澳青年创新创业工场。

毛思倩　摄（新华）

2019 年 8 月，中共中央、国务院下发《关于支持深圳建设中国特色社会主义先行示范区的意见》，这意味着中央寄望深圳从过去的“单项冠军”变成“全能冠军”，意味着深圳要作为国家“战略代表队”在全球城市竞争中率先冲刺。深圳逐条对照意见制定行动方案，明确了 2019—2025 年建设先行示范区的 127 项具体任务，开启全方位先行示范、走向未来“无人区”的新征程。

2020 年 8 月 26 日，深圳特区迎来 40 周岁的生日，先行示范区建设也满周年。在这个特殊的历史时刻，回望深圳、回望中国这段不凡历程，更加深切体会到改革开放对于迈入新时代的中国，既有深刻的历史意义，又有深远的未来昭示。

如今，站在改革开放 40 年后的全新时代方位，作为拥有自贸区、湾区、社会主义先行示范区等多重身份的特区，还将续写“深圳奇迹”，努力建成社会主义现代化强国的城市范例，为建设强起来的新时代中国特色社会主义继续担负起“探路先锋”的重任，勇立潮头开启中国道路新的征程。

细数那些先行先试的“深圳创造”

8 月 26 日，深圳市人大常委会通过了《深圳经济特区科技创新条例》，允许深圳科技企业在公司股权结构中实行“同股不同权”，这意味着科技企业创始股东的权益将得到更好保障，有望吸引更多人才到深圳创业。

率先确立“同股不同权”制度，这是深圳大胆探索、敢为人先的一个缩影。40 年来，这座带有改革基因的城市，诞生了许多先行先试的“深圳创造”。

找香港企业出钱合作建房、利润双方分成，1980 年，刚刚成立的深圳经济特区房地产公司提出了这个解决建房资金紧张的“擦边球”办法。不久后，中国内地第一个商品房小区——“东湖丽苑”开工建设。

1981 年 10 月 28 日拍摄的即将交付使用的东湖丽苑标准住宅楼。

杨绍明　摄（新华）

围绕土地使用权，更深入的改革也从深圳开始。“525 万一次，525 万两次，525 万三次。”1987 年 12 月 1 日，新中国土地拍卖“第一槌”重重敲下——深圳经济特区房地产公司以超出底价 300 多万元的价格竞拍到深圳水库旁边的一处地块。土地拍卖在深圳成功破冰的第二年，经过修改的法律规定，土地的使用权可以转让。

工程招标制、住宅商品化、打破“大锅饭”工资制度、率先进行国有企业股份制改革、企业创办银行……经济社会各个领域的探索从这里起步，打破重重禁锢，深圳诞生了近千个“国内第一”。

深圳经济特区建立之初，“三来一补”产业是这座年轻城市飞速发展的引擎。然而，随着国内外市场变化，这样的劳动密集型产业逐渐遇到瓶颈，深圳开始“腾笼换鸟”，主导产业转向技术密集型。

2008 年，深圳成为全国首个国家创新型城市试点，自主创新成为深圳发展的主导战略。2014 年，深圳获批建设国家自主创新示范区，这是我国首个以整个城市为单元的国家自主创新示范区，更多的“第一”在这里涌现。

2014 年 12 月，中国首家互联网银行——微众银行在深圳成立。在大数据、人工智能、云计算、区块链等前沿技术的驱动下，微众银行实现了轻资产、轻运营，在没有物理网点、员工总数仅 2000 多人的情况下，为 2 亿多个人客户和 90 多万小微企业客户提供服务。

在微众银行的注册地——深圳前海，围绕深港合作的一系列制度创新在这里孕育。在全国率先破冰跨境人民币贷款业务、打通跨境双向发债、实现跨境双向股权投资……10 年间，前海累计推出制度创新成果 560 项，其中全

2018 年 9 月 6 日拍摄的被誉为“中国电子第一街”的深圳华强北商圈。

毛思倩　摄（新华）

国复制推广 51 项，区域复制推广 434 项。

近年来，面对全面深化改革的重大任务，深圳用改革的实际成效把经济特区的“金字招牌”举得更高、擦得更亮。

公交车出租车全面电动化保护绿水青山、率先推出区块链电子发票优化营商环境、探索个人破产制度保护“诚实而不幸”的创业者、科研经费尝试在深港之间跨境使用……站在建设中国特色社会主义先行示范区的崭新起点上，深圳的先行先试正迈向更高层次、更高水平。

深圳大学中国经济特区研究中心主任陶一桃说，从经济特区到先行示范区，城市定位的变化反映了中国发展不同阶段赋予深圳的不同使命，但始终不变的就是率先改革、率先示范、率先进行制度创新，率先在全面深化改革的进程中探索出新经验。“对深圳来说，就是还要继续先行先试、敢闯敢干。”

深圳高质量发展先行示范见闻

“蛇口模式”复制推广，“深圳制造”驰名海外，“深商现象”诠释企业家精神……深圳经济特区建立 40 年来，这块不到 2000 平方公里的土地，以创新推动发展，迸发溢出的改革营养惠及四方。

从“蛇口模式”看制度创新激发城区“生命力”

7月，一场不同寻常的线上招商引资推荐会在大连举行，伴随直播镜头，不少网友从多个维度了解大连太平湾合作创新区。这里由辽宁省、大连市与招商局集团合作开发建设，参照“前港—中区—后城”的深圳“蛇口模式”，打造融“港产城创”于一体的东北亚“新蛇口”。

不仅是大连、漳州等国内城市，在白俄罗斯“蛇口模式”也展示了极强的制度生命力。

“时间就是金钱、效率就是生命。”这个蛇口走出的著名宣传语，如今矗立在白俄罗斯明斯克东郊的中白工业园，这里有“‘一带一路’明珠项目”之称。借鉴深圳的开发建设经验，园区办公、研发大楼拔地而起。截至8月底，园区共引进投资项目60个，协议投资额11.7亿美元。

2015年2月24日，一名男子走过深圳前海蛇口时间广场的“时间就是金钱，效率就是生命”纪念牌。

毛思倩　摄（新华）

分配制度改革、干部人事制度改革、住房改革……蛇口工业区是中国改革开放的缩影。在这里，“前港—中区—后城”的外向型经济园区建设运营模式，摸索总结、复制推广，极大地解放发展生产力。

分居深圳南头半岛两侧的蛇口与前海，历史在这里交汇，创新在这里书写。

被称为“特区中的特区”的前海，10年来，累计推出制度创新成果560项，其中全国复制推广51项，区域复制推广434项，用一张白纸画出最美最好的图画。

近期，海南儋州与前海签署合作备忘录，围绕推动务实合作交流、制度协同创新等方面推出具体举措，在海南自由贸易港建设中，迈出和粤港澳大湾区联动发展的坚定步伐。

从“深圳制造”看科技创新引领经济“核动力”

“5G智慧之城”正成为深圳的“新名片”。8月17日，深圳宣布实现5G

独立组网全覆盖，建成4.6万个5G基站。

从“三来一补”的加工制造，到亦步亦趋的跟随式创新，再到“无中生有”的源头创新，“从深圳看中国的发展奇迹，创新是第一动力。”中国（深圳）综合开发研究院常务副院长郭万达说。

2017年5月9日，肯尼亚首都内罗毕市中心一家手机店，销售人员向顾客介绍传音手机。

孙瑞博　摄（新华）

时光荏苒，一批科技种子从深圳走向外省甚至外国，燃起炽热的创新火焰。

在深圳设公司总部、在成都设立区域总部和研发中心、在北京设立临床研究中心、在上海成立商业中心……类似深圳微芯生物科技股份有限公司的布局模式，同时发挥深圳的创新优势以及其他区域的资源禀赋优势，正成为深圳一些企业的选择。

2019年8月，微芯生物成功登陆科创板。“希望通过自身行业经验，帮助中国资本市场挖掘更多优秀的创新型医药企业。”微芯生物董事长鲁先平说。

国际市场研究机构IDC发布的数据显示，截至2019年年底，在非洲市场，传音手机占有率已达52.5%。

一家名不见经传的深圳民企缘何成为“非洲手机之王”？

在传音控股董事长竺兆江看来，传音在非洲取得成功的法宝之一就在于“解决消费者的痛点”。传音开展脸部轮廓、曝光补偿、成像效果分析，发展出深肤色用户的美肤模式，帮助非洲消费者拍出更加满意的照片。

从“深商现象”看管理创新赋能市场“竞争力”

改革开放以来，一大批有胆识、勇创新的企业家茁壮成长。

“东南西北中，发财到广东”——从淘金者到创客再到企业家，一代又一代来深的奋斗者敢闯敢试、敢为人先、埋头苦干，为中国企业家队伍留下了浓重的“深圳印记”。

深圳市政府发展研究中心主任吴思康说，深圳90%的创新型企业是本土企业，市场化、法治化、国际化的营商环境是深圳的突出优势。

知名的深圳企业家群体，正形成努力奋斗、创新创业的“深商现象”，书写“敢于冒险、崇尚创新、追求成功”的创新创业故事。

“在深圳，要比别人发展快，就要有好的点子、产品，就要做出别人做不出来的东西。”比亚迪集团董事长王传福说，深圳企业家大多有忧患意识，这种感觉不断倒逼企业变革创新。

“充电续航” 新华社发 王琪 作

自 2019 年起，深圳市政府将 11 月 1 日设立为“深圳企业家日”，以此更好弘扬企业家精神，引领更多社会主体创新创业，进一步改善营商环境。

抗美援朝70周年

气壮山河的凯歌　永载史册的丰碑
——写在中国人民志愿军抗美援朝出国作战70周年之际

阔别祖国近七十载的英雄，终于回家了！

2020年9月27日，从韩国仁川机场起飞的中国专机降落在沈阳桃仙国际机场，机上搭载着117位中国人民志愿军烈士的遗骸。

这是第七批回国的在韩志愿军烈士遗骸。

“兄弟们，你们终于回来了！”88岁的志愿军老兵李维波嗓音嘶哑，眼眶湿润，“祖国和人民没有忘记你们！”

70年前，英雄的中国人民志愿军将士，高举保卫和平、反抗侵略的正义旗帜，雄赳赳，气昂昂，跨过鸭绿江，同朝鲜人民和军队一道，历经两年零九个月舍生忘死的浴血奋战，赢得了抗美援朝战争的伟大胜利。

这是正义的胜利，这是和平的胜利，这是人民的胜利！

伟大的胜利光照千秋——灿若群星的英雄闪耀在历史的天空，他们的名字永远铭刻在人民的心中。

伟大的胜利激励我们——不相信有完成不了的任务，不相信有克服不了的困难，不相信有战胜不了的敌人。

伟大的胜利昭示未来——中华民族走向伟大复兴的历史脚步不可阻挡。

正义之战

“中国人民决不能容忍外国的侵略，也不能听任帝国主义者对自己的邻人肆行侵略而置之不理”

一条大河波浪宽。

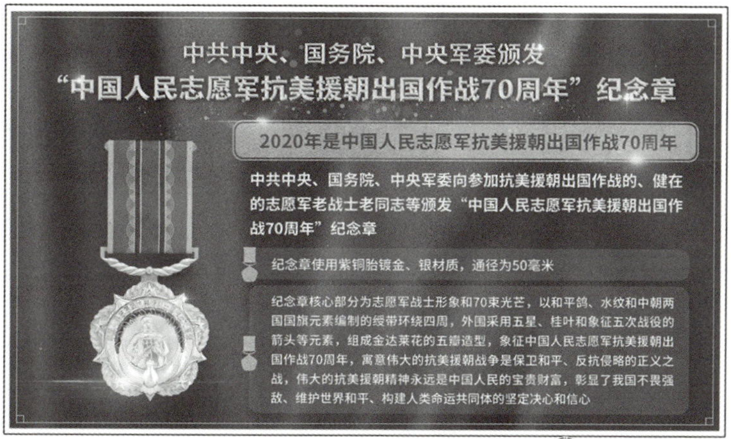

新华社发（梁晨 制图）

一座四孔残桥矗立秋日的鸭绿江中，钢梁上弹孔累累，诉说着往事峥嵘。这座被炸毁的断桥，已成为抗美援朝战争的记忆坐标。

1950 年 10 月 19 日，肩负着祖国和人民的重托，中国人民志愿军跨过鸭绿江。

“没有歌声，没有鲜花，一切都在暗夜中进行。”88 岁的志愿军老兵吴松林回忆说，“大家心里只有一条：保家卫国！”

1950 年 6 月 25 日，朝鲜内战爆发。美国杜鲁门政府悍然进行武装干涉，纠集起的所谓“联合国军”发动对朝鲜的全面战争。朝鲜战争迅速由内战演变成为侵略与反侵略的国际性局部战争。

美国不顾中国政府多次警告，越过三八线，直逼中朝边境的鸭绿江和图们江，出动飞机轰炸我国东北边境城市和乡村，把战火烧到了新生的中华人民共和国国土之上。

抗美援朝纪念馆讲解员高真真说：“我爷爷讲，那年他 18 岁，在丹东三马路的商铺做学徒，侥幸躲过飞机轰炸，地下炸出很深的大坑，鲜血把坑里的积水都染红了。”

当年 9 月 30 日，政务院总理兼外交部长周恩来发出明确警告：“中国人民决不能容忍外国的侵略，也不能听任帝国主义者对自己的邻人肆行侵略而置之不理。”

然而，美国过分低估了站起来的中国人民的决心和力量，对中国政府的多次警告置之不理。

10 月 1 日，先是南朝鲜军越过三八线，10 月 7 日，美军也越过三八线，

1950年10月，抗美援朝志愿军队伍雄赳赳、气昂昂跨过鸭绿江。

新华社发

迅速向朝中边境推进，准备占领全朝鲜。

危急关头，朝鲜党和政府请求中国出兵，援助朝鲜。

百废待兴的新中国，敢不敢、能不能迎战世界上最强大的帝国主义国家美国？

面对紧急局势，中共中央政治局在充分讨论、权衡利弊之后，一致认为中国应当参战，必须参战。

一个历史性的战略决策诞生了：抗美援朝，保家卫国！

从1950年10月25日到1951年6月10日，中国人民志愿军连续发起五次大规模战役，从根本上改变了朝鲜战争的形势，把战线稳定在三八线附近，迫使“联合国军”转入战略防御。

从1951年7月10日开始，美国政府不得不同中朝方面在开城进行停战谈判。

停战谈判谈谈打打，断断续续进行了两年之久。1953年7月27日，停战协议得以签订。中国人民志愿军与朝鲜人民军并肩作战，打败了以美国为首的“联合国军”，赢得了战争的胜利。

“伟大的抗美援朝战争，是保卫和平、反抗侵略的正义之战。”军事科学院特聘首席专家何雷说，中国人民志愿军的力量源泉及其获得胜利的根本原因，是伟大的抗美援朝斗争的正义性。

正是因为正义之战，志愿军将士才会有愈战愈勇的旺盛斗志和高昂士气，才能不断创造出惊天地、泣鬼神的战争奇迹。

正是因为正义之战，全国人民才会团结一致，同仇敌忾，“有人出人，有钱出钱，有粮出粮”，掀起参军参战、支援前线的热潮。

正是因为正义之战，全世界爱好和平的国家和人民才会同情、支持和援助中朝人民，最终正义之师赢得了战争胜利，打乱了帝国主义扩张势力范围的部署，维护了亚洲以及世界的和平。

胜利之战

“西方侵略者几百年来只要在东方一个海岸上架起几尊大炮就可霸占一个国家的时代是一去不复返了”

1950 年 10 月 25 日，18 岁的志愿军 40 军战士李相玉与南朝鲜军先头部队在朝鲜的崇山峻岭中不期而遇。

这一天，志愿军在西线两水洞、云山和东线黄草岭与南朝鲜军队展开激战，揭开了抗美援朝战争的序幕。

“在温井与两水洞之间的公路上，我们 40 军 118 师采取拦头、截尾、折腰的做法，只用一个小时就把南朝鲜军队一个营消灭了。”李相玉回忆。

10 月 23 日，纪念中国人民志愿军抗美援朝出国作战 70 周年大会隆重举行。图为志愿军老战士、老同志在纪念大会上。

姚大伟　摄（新华）

10 月 25 日，后来被确定为中国人民志愿军抗美援朝出国作战纪念日。人民军队从胜利走向胜利的征途上，又立起了一个闪光的坐标。

11 月 1 日，号称“开国元勋师”的美军骑兵第 1 师，在朝鲜北部重要的交通枢纽云山镇集结，准备由此向北继续进攻。

傲慢的美军没有想到中国会出兵参战。志愿军 39 军在炮火掩护下，向云山发起进攻。志愿军战士攻入城内，发现对手竟是美军王牌师。官兵们血脉偾张，斗志更加昂扬：“打的就是你这个王牌师！”

志愿军取得了同美军在朝鲜战场首次较量的胜利。美骑兵第 1 师遭受重创，第 8 团大部被歼。

第一次战役，志愿军歼敌 1.5 万余人，将“联合国军”打退到清川江以南，用胜利初步稳定了朝鲜战局，站稳了脚跟。

然而，生死较量才刚刚开始。

11 月 21 日，美第 7 师推进到鸭绿江边的惠山镇。24 日，“联合国军”总司令麦克阿瑟乘飞机到鸭绿江上空巡视一圈，向全世界宣布总攻势开始，并说：“我希望我的话可以兑现，就是孩子们可以回家过圣诞节。”

就在麦克阿瑟口出狂言的第二天，志愿军全线发起战役反击。

松骨峰，一个曾让亿万中华儿女热血沸腾的地名。11 月 30 日拂晓，志愿军 38 军 112 师 335 团为追击南逃美军，一路穿插到这里。美军数十门火炮和 10 余辆坦克集中射击，并投下大量凝固汽油弹，阵地上一片火海。志愿军战士带着满身火焰扑向敌人，展开殊死搏斗。

惨烈的松骨峰战斗被写入《谁是最可爱的人》一文中。从此，“最可爱的人”成了志愿军将士的光荣称号。

长津湖，一个令美军胆战心惊的地方。担负东线作战任务的志愿军第 9 兵团在这里与美军第 10 军展开激战。

大雪纷飞，寒风彻骨，气温骤降至零下 30 多摄氏度。紧急入朝的第 9 兵团官兵衣着单薄，缺粮少弹。他们向装备着最现代化武器、战斗力强大的美军陆战第 1 师和步兵第 7 师发起猛攻。

“我们的胜利是拼出来的！”91 岁的志愿军老兵常宗信，当年是 27 军 79 师司令部参谋，不知多少次梦里回到 70 年前浴血拼杀的长津湖战场，“太冷了，实在是太冷了。被冻死的战友太多了，我的耳朵、鼻腔都被冻坏了，至今还有后遗症。”

就是在这次战役中，常宗信所在的 27 军创造了令世人震惊的战果——全歼美军“北极熊团”。

在志愿军的猛烈进攻下，美军遭遇了“陆军史上最大的败绩”，向三八线以南全线撤退。

1950 年 11 月 7 日至 12 月 24 日展开的第二次战役，志愿军粉碎了“联合国军”占领全朝鲜的企图，彻底扭转了朝鲜战局。

1951 年上半年，志愿军与“联合国军”在三八线南北地区连续进行三次战役，迫使美国当局调整朝鲜战争政策，谋求通过停战谈判结束战争。

残酷的战斗中，志愿军在每一个阵地上都与敌人展开反复争夺，大量杀伤敌有生力量。天德山、马良山、金城川……志愿军的每一块阵地都成为美军士兵的坟墓。

在战场上，美军使用了除核武器之外的所有新式武器，仍然无法占到便宜。1953 年 7 月 27 日 10 时，朝鲜停战协定在板门店正式签字。

“联合国军”第三任总司令马克·克拉克后来在回忆录中写道：“我成了历史上第一位在没有胜利的停战协定上签字的美国司令官……”

与克拉克的“失望和痛苦”相反，彭德怀则自豪地宣告：“西方侵略者几百年来只要在东方一个海岸上架起几尊大炮就可霸占一个国家的时代是一去不复返了。”

伟大的抗美援朝战争，是新中国的立国之战，是人民军队的立威之战。

军事科学院研究员张幼明认为，在朝鲜战场，我军经受住了现代战争的严峻考验，创造了以劣势技术装备战胜优势技术强敌的新战法和新经验，充分展现了我军英勇顽强的战斗作风，锤炼出一大批能够打赢现代战争的军事人才。战争的洗礼，促进了我国军事理论和军事科学技术的发展，加速了我军由单一军种作战向诸军兵种联合作战转变的进程，推进我军进入了建设革命化现代化正规化强大军队的新阶段。

从抗美援朝的战火硝烟中走来，今天的人民军队在习近平强军思想指引下，正向着实现党在新时代的强军目标、全面建成世界一流军队阔步前进。

精神之战

“伟大的抗美援朝精神，是我们战胜前进路上一切艰难险阻的强大动力”

辽宁丹东，抗美援朝纪念馆。

自2020年9月19日重新开放以来，全国各地游客和观众纷纷来到这里，追思历史，缅怀先烈。

10月23日，在向丹东抗美援朝纪念塔敬献花篮仪式上，学生代表瞻仰丹东抗美援朝纪念塔。

潘昱龙　摄（新华）

“抗美援朝战争不仅奏响了一曲曲可歌可泣的凯歌，而且锻造出伟大的抗美援朝精神。”纪念馆馆长刘静媛说，“这种精神，是我们战胜前进路上一切艰难险阻的强大动力！”

这是祖国和人民利益高于一切、为了祖国和民族的尊严而奋不顾身的爱国主义精神的史诗——

“雄赳赳，气昂昂，跨过鸭绿江。保和平，卫祖国，就是保家乡……”70年前，正是在这种坚不可摧的精神力量鼓舞下，志愿军炮兵1师27团3营8连通讯员赵云和战友们一批批前赴后继奔赴硝烟弥漫的朝鲜战场。

“我们要为国尽力，为国尽忠。”赵云和战友们坚信，他们将捍卫年轻共和国的安全与尊严。

“祖国在我们的身后，人民在我们的身边。”对祖国和人民深沉的爱，是志愿军将士的精神支柱。在志愿军出国作战的日子里，全国掀起声势浩大的抗美援朝运动。青年学生踊跃参军，大批医疗队和铁路员工、支前民工开赴战场，慰问信、慰问袋纷纷涌向前线，极大鼓舞了前方将士的斗志。与此同时，轰轰烈烈的捐献飞机大炮运动也在全国展开。据不完全统计，仅仅一年时间，捐献的钱款可购买战斗机 3710 架。

志愿军飞行员韩德彩就是驾驶着祖国人民捐献的战机飞上前线的。在一次空战中，他击落了美国空军王牌飞行员费席尔。费席尔被俘后，一定要见见击落自己的人。

当费席尔见到年仅 19 岁的韩德彩时，忍不住问：“把我打下来，你可以得到多少奖金?”

韩德彩把手指一伸：“5 万万!”

“5 万万美金?”

“不! 5 万万颗中国人民的心!”

这是英勇顽强、舍生忘死的革命英雄主义精神的壮歌——

15 军战士邱少云在作战潜伏中，不幸被敌人的燃烧弹击中。为了整个战

9 月 19 日，志愿军老战士在抗美援朝纪念馆序厅合影。

杨青　摄（新华）

斗的胜利，他强忍烈火烧身的剧痛，一动不动，直至壮烈牺牲，年仅 26 岁。

把邱少云遗体抬下战场的志愿军老战士韩远泉回想起当时的情景，老泪纵横："1.7 米多高的人，遗体被烧得仅有 70 厘米左右，那情形我一辈子也忘不了……"

死鹰岭，一个让美军胆寒的地方。1950 年 11 月 28 日，在长津湖战役中，志愿军 20 军 59 师 177 团 6 连在零下 30 多摄氏度的极寒中坚守死鹰岭高地，结果穿着单衣的 125 名官兵全部冻死在阵地上。

冰天雪地中，官兵们牺牲后仍然保持着战斗姿势，有的紧握手中钢枪，有的做着掏手榴弹的动作，有的持枪俯卧战壕，犹如一个个随时准备跃起的冰雕。

这是不畏艰难困苦、始终保持高昂士气的革命乐观主义精神的乐章——

上甘岭，美军的"伤心岭"。激战 43 个昼夜，敌人向这块 3.7 平方公里的高地发射炮弹 190 多万发，炸弹 5000 余枚。在志愿军的顽强防御下，伤亡达到 2.5 万的敌人终于撑不住了。志愿军展开决定性反击，全部收复并稳固占领上甘岭阵地，彻底粉碎敌人进攻。

战后的上甘岭，山头被削低 2 米，翻起了 1 米多厚的碎石，抓起一把砂土就有十几块弹片。志愿军创造了世界战争史上防御作战的奇迹。

年轻的志愿军空军搏击长空，以"空中拼刺刀"的勇气，给号称"王牌"的美国空军以沉重打击，击落敌机 330 架，击伤 95 架，创造了世界空战史上的奇迹。

志愿军将士在后期坚守阵地的战斗中，常常几天喝不上水，嘴唇干裂出血，还有人因在坑道时间太长患上夜盲症，但大家始终保持革命乐观主义精神，在战斗间隙讲故事、演小戏，互相激励斗志。大家想方设法布置自己的"阵地之家"，给自己的防炮洞起名叫"立功洞""英雄洞""抗美洞""胜利洞"。

这是为完成祖国和人民赋予的使命、慷慨奉献自己一切的革命忠诚精神的篇章——

20 军连长杨根思在连续打退美军陆战第 1 师 8 次进攻后，最后时刻抱起炸药包与敌同归于尽。杨根思被追记特等功，他所在连队被命名为"杨根思连"，至今仍保留在人民军队的序列中。

上甘岭战役中，著名战斗英雄黄继光舍身堵枪眼，为部队反击开辟胜利通道，被授予志愿军特级英雄和朝鲜民主主义人民共和国英雄称号。

黄继光牺牲后，毛泽东主席把他的母亲邓芳芝请到中南海做客，亲切地说："黄妈妈，你把黄继光教育得好啊，教育他为人民服务。"

共和国领袖与英雄母亲的手紧紧握在一起。毛泽东的儿子毛岸英也是一名志愿军战士。1950 年 11 月 25 日，毛岸英在敌机轰炸中壮烈牺牲。

这是为了人类和平与正义事业而奋斗的国际主义精神的交响——

1952 年 1 月 2 日，朝鲜平安南道成川郡石田里。

志愿军战士罗盛教三次潜入冰冷的水底，用尽最后一丝力气，救出朝鲜儿童崔莹，自己则献出了宝贵的生命。那一年，他刚满 21 岁。

朝鲜人民在罗盛教牺牲的地方竖起了木牌，上面写着："生长在朝鲜土地上的人民，都应该永远记着我们的友人罗盛教同志，学习他伟大的国际主义精神。"

战争中，中朝两国人民和军队休戚与共、生死相依，用鲜血凝成了伟大的战斗友谊。志愿军将士在战场上英勇杀敌，在平时爱护朝鲜的一山一水一草一木，不拿朝鲜人民的一针一线，全力帮助朝鲜人民。

1958 年，朝鲜领导人在欢送中国人民志愿军的盛大国宴上，充满深情地说："中国人民志愿军在朝鲜留下了我们人民永远不能忘记的伟大功绩……你们所建立的伟大功勋，是无产阶级国际主义的榜样，它将永远载在进步人类的史册上。"

10 月 27 日，在纪念中国人民志愿军抗美援朝出国作战 70 周年主题展览上，杜文亮老人向抗美援朝英雄雕像敬礼。
任沁沁　摄（新华）

"为什么战旗美如画，英雄的鲜血染红了她。为什么大地春常在，英雄的生命开鲜花……"

正在中国人民革命军事博物馆进行的"铭记伟大胜利　捍卫和平正义——纪念中国人民志愿军抗美援朝出国作战 70 周年主题展览"，有这样一组数据："在伟大的抗美援朝战争中，先后有 290 余万志愿军将士入朝参战，经过两年零九个月的浴血奋战，共毙伤俘敌 71 万余人，志愿军战斗伤亡 36 万余人……"

志愿军先后涌现出 30 多万名英雄功臣和近 6000 个功臣集体。他们不愧为中华民族的英雄儿女，不愧为祖国安全和世界和平的坚强卫士，无愧于“最可爱的人”的光荣称号。

伟大的精神穿越时空，照耀中华民族前进的征途。

从历史走向未来，从胜利走向胜利。经历过抗美援朝战火洗礼的中国，正意气风发行进在实现中华民族伟大复兴中国梦的新征程上。此时此刻，一条永远颠扑不破的真理再次在人们心底激荡起万丈豪情——

正义必胜！和平必胜！人民必胜！

天地英雄气：老兵们的抗美援朝

烽烟滚滚唱英雄，四面青山侧耳听。

70 年前，英雄的中国人民志愿军将士，肩负民族的期望，高举保卫和平、反抗侵略的正义旗帜，雄赳赳，气昂昂，跨过鸭绿江，同朝鲜人民和军队一道，历经两年零九个月舍生忘死的浴血奋战，赢得了抗美援朝战争的伟大胜利。

在中国人民志愿军抗美援朝出国作战 70 周年之际，记者采访了多位健在的抗美援朝老兵，他们中最年轻的 85 岁，年纪最大的 96 岁。他们有参加过松骨峰战役的战斗英雄，有血战汉江南岸的“白云山团”副政委，有鏖战长空的英雄飞行员……在他们的讲述中，我们仿佛穿越时空，回到了炮火连天的朝鲜战场，脑海中浮现出一个个“最可爱的人”的鲜活面孔，响起了一首首荡气回肠的英雄赞歌。

“保和平，卫祖国，就是保家乡！”

“雄赳赳，气昂昂，跨过鸭绿江。保和平，卫祖国，就是保家乡……”70 年前，当原志愿军炮兵第 1 师 26 团 5 连指导员麻扶摇高唱着他写的那首后来与抗美援朝一同永载史册的《中国人民志愿军战歌》，与战友们一道奔赴硝烟正浓的战场时，大家坚信这一战不但将捍卫年轻共和国的安全与尊严，而且是中国人民站起来的一次有力诠释。

“美帝朝鲜放了一把火，烧了朝鲜烧中国；中国同志快救火，救了朝鲜就是救中国。”今年 89 岁的王力平曾在原志愿军后勤部第三分部军务科任军务参谋，身体硬朗的他，讲起战场往事连当年的顺口溜都能背得出。据说，这个顺口溜就是“抗美援朝、保家卫国”口号的早期版本。

老兵们说，抗美援朝战争不是中国人民要打，而是美国当局强加给中国人民。“不打不行，不得不打。”原志愿军 46 军 136 师老战士、曾任辽宁省军区参谋长的程茂友将军说，中国卷入朝鲜战争，是美军将战火推进到鸭绿江

10月23日，纪念中国人民志愿军抗美援朝出国作战70周年大会现场。

饶爱民　摄（新华）

边，并将第七舰队开进台湾海峡。“如果像抗日战争那样，把敌人放进来打，国家、人民将付出惨重的代价与巨大伤亡。”

但对阵双方实力相差悬殊。在丹东抗美援朝纪念馆，一幅数字对比图引人注目：1950年，美国钢产量8772万吨，高居世界第一，中国只有60.60万吨；美国工农业总产值2848亿美元，中国只有574亿元人民币。

并且交战双方武器装备水平也相去甚远。第一批赴朝作战的原志愿军40军118师354团老战士程龙江回忆说，抗美援朝战争时期，美军一个师大约有各种坦克140辆，装甲车35辆，榴弹炮72门，联络飞机22架，而志愿军一个军都没有这些重型武器。

尽管如此，70年后，87岁的原志愿军39军116师老兵赵振声却一语道出当年所有将士的心声：“与祖国的安危相比，还有什么危险和困难是我们不能克服的？”

原志愿军38军113师老战士关长义说：“当年过鸭绿江的时候，就没想过回来，每个过江的战士都抱着用生命保卫新生共和国的决心，视死如归。国家让我去，我就去。共产党员冲在前，打在前。那个年代，大家的思想就是活着就干、死了就算，从来没怕过。”

在长津湖战役中，许多志愿军战士牺牲时还保持着战斗姿势。“气温大约有零下40摄氏度，很多战士为避免被敌人发现，趴在雪地里隐蔽直到被冻死。”亲历了这场战役的原志愿军27军79师司令部参谋常宗信眼含热泪回忆说，“咱们装备是没敌人好，但当时大家都有一个信念：守住阵地才能保卫祖国，把敌人打跑了，咱们才能有太平日子过。”

“为什么战旗美如画，英雄的鲜血染红了它”

我们为什么能打赢这场实力悬殊的战争？

经历过抗日战争、解放战争、抗美援朝战争，原志愿军32师坦克团参谋长、曾任沈阳军区装甲兵副司令员的孟昭身说：“打仗最终还是靠人，靠人那股子精神。”在抗美援朝战争中，涌现出杨根思、黄继光、邱少云等30多万名英雄功臣和近6000个功臣集体。

在孟昭身看来，强大的精神力量能够弥补武器装备的不足。上甘岭战役中，敌人对不足4平方公里的阵地发射炮弹190万发，投掷炸弹5000多枚，历时43天，未能前进一步，战士们用血肉之躯抵挡住了敌人的钢铁洪流。“这靠的就是一不怕苦二不怕死的革命精神。”孟昭身说。

老兵们说，一部抗美援朝战争史，就是一部志愿军百万将士用生命写就的英雄史。从鸭绿江到“三八线”的群山中，从汉江到清川江两岸的土地上，处处浸透着中华儿女的忠诚与热血。

“现在有些人认为黄继光、杨根思、邱少云壮烈牺牲的事迹不可思议，事实上朝鲜战场到处都有这样的战士。”原志愿军23军老兵、《英雄儿女》王成原型人物之一的蒋庆泉说。

抗美援朝战争中曾负重伤的原志愿军38军老兵金朋玲告诉记者，战士们在战场上面对人高马大的美军毫不畏惧，一打仗就来精神。“眼里只有敌人，杀红了眼，不知道害怕，就是干！”

原志愿军38军老兵孙德礼讲起当年拼命炸美军坦克的情景时说：“我什么也不怕，一下就跳上坦克，拉开坦克的舱门，扔进去5颗手榴弹……”

尽管过去了近70年，但朝鲜战场的惨烈仍深刻在老兵们的记忆中。曾任原志愿军50军149师447团副政委的吕品，先后参加了抗日战争、解放战争和抗美援朝战争。戎马一生的老人想起在汉江南岸的日日夜夜，忍不住老泪纵横。“知道什么是粉身碎骨吗？”吕品声音开始颤抖：“我们五连副连长代学友，被敌机的重磅炸弹炸死了，战士们想去找他的尸体，但连拳头大的肉都找不到了……”吕品说，战士倒下了，班长倒下了，排长、连长也倒下了……流血与牺牲，每时每刻都在发生。

吕品所在的447团是后来被命名为“白云山团”的英雄部队。1950年10月入朝作战，1951年1月在汉江南岸打响了白云山阻击战，447团与敌激战11个昼夜，取得了毙、伤、俘美军1400余人的辉煌战绩。

程茂友至今保存着一本工作笔记，记录着战友们的英雄事迹。“我们有一个班长，叫罗连成，在打掉敌人三个碉堡的时候已经两次负伤了，第三次负伤的时候肠子都流了出来。可是他看到战友的冲锋路上还有敌人的机枪从碉堡向外扫射，他就把肠子弄一弄塞进去，爬过去把碉堡炸了。”程茂友有些激动地说，“我们的胜利靠的是军魂、是共产党人的信仰、是对人民对祖国的忠诚。”

金朋玲说，一次战斗中，他所在的部队被美军强大的火力封锁在山洞里，接近零下40摄氏度的天气，没穿棉衣的战士抱在一起，相互提醒不能睡觉。“山洞里没有食物，大家在洞口扒下松树皮当食物，洞口的雪吃没了，战士们就喝自己的尿，就这样在山洞中生存了40多天。”

原志愿军15军29师87团担架连老战士韩远泉回想当年和战友一起抬着邱少云烈士遗体下战场的情景，仍禁不住泪流满面。他说：“为什么战旗美如画，是英雄的鲜血染红了它！”

抗美援朝战争中，志愿军共歼敌718477人，缴获、击毁各种武器99289件。中朝军队并肩作战，把侵略军赶回到“三八线”以南，打到了谈判桌上。抗美援朝战争的胜利，换来了国家和人民70年的和平，可以说是“打得一拳开，免得百拳来”。

原志愿军16军老战士、曾任辽宁省军区副司令员的南启祥将军说，抗美援朝战争使美国人清醒意识到，中国愿意用鲜血捍卫国家核心利益。“国家富强幸福的好日子都是斗争得来的。如果不是当年的保家卫国，哪有现在的和平日子？”

在朝鲜战场战斗了780天的原志愿军40军120师战士徐良龙说，这场战争很大程度上避免了美国同时从朝鲜、中国台湾、越南三个方向向中国施压和攻击的情况，有力保障了新中国的地缘战略安全，为我国顺利进行社会主义建设赢得了非常有利的国际环境。

原志愿军39军115师343团1连指导员鞠万昌在抗美援朝战争中4次负伤，虽然老人已离开部队几十年，但仍关注国防安全。他说，抗美援朝一战定乾坤，中国至今还在享受这场战争带来的“和平红利”，比如东北保持了长期的和平稳定，稳定的工业和农业基础得以营造，新中国的国际地位一跃而起。

“伟大的抗美援朝精神一定要薪火相传”

烈士暮年，壮心不已。

采访中，有些志愿军老兵由于年事已高，交流已很吃力，但听说是要了解抗美援朝战场上的事，眼睛马上焕发神采。曾参加松骨峰战役的孙德礼回忆往事已很费劲，却能扯开嗓子唱出当年的战歌。曾跟随部队打入汉城的宁殿云说话断断续续，依然常盯着家里的作战地图回忆当年的峥嵘岁月。

老兵们最大的期盼不是自己健康长寿，而是抗美援朝精神薪火相传；他们期盼“最可爱的人”永远活在国家和民族的记忆中，像红色基因一样代代相传。

“抗美援朝精神没过时，今天同样适用，是激励中国人民战胜一切艰难险阻、为实现中华民族伟大复兴而奋斗的强大精神动力。”原志愿军高射炮兵

501 团老战士李维波说。

9 月 27 日，在沈阳桃仙国际机场，礼兵将殓放志愿军烈士遗骸的棺椁从专机上护送至棺椁摆放区。

杨青　摄（新华）

在李维波家中，整齐摆放着各种有关抗美援朝战争的书籍资料、老照片，以及李维波和战友们整理的回忆录。为了替牺牲的战友尽责，88 岁的李维波每年清明节都到沈阳抗美援朝烈士陵园做义务讲解。2020 年第七批 117 位在韩志愿军烈士遗骸回国，李维波特意赶到机场迎接这些素未谋面的战友。“我说不出来此刻的心情，既痛心又高兴。”他说，“痛在他们牺牲在异国他乡，高兴的是他们终于回到了祖国和人民的怀抱。”

“我相信抗美援朝精神有着永恒的生命力。”86 岁的原志愿军 47 军炮兵 31 师老战士邹继良说，当年志愿军战士很多只有 20 岁左右，他们用青春和生命铺就了胜利的道路。今天的年轻人仍然能从抗美援朝的历史中汲取力量、获得启示，包括正确认识困难、敢于面对困难。每个年龄段的人，都能从抗美援朝的历史中学到自己所需要的品质与精神。

近年，邹继良还将自己的经历与对现实的思考一笔一笔写下来，相继出版了《我的历程》《我的认知与彻悟》等多本回忆录。

这些老兵中，最年轻的也已 85 岁，但他们仍有着强烈的使命感，他们担心有一天抗美援朝精神成为只留在书本里的冰冷文字与轮廓，没有骨肉与细节。“不要因为我们离开人世而使抗美援朝精神失传。”

强烈的使命感驱使老兵们撰写回忆录，为社会义务宣讲抗美援朝精神。

92 岁的宁殿云是原志愿军 50 军 150 师 449 团老战士。数十年来，宁殿云为社会义务宣讲抗美援朝国防教育 130 多场。

在抗美援朝战场上的后勤一分部四大站任统计员的马世勋，自 2010 年起成为辽宁省关心下一代工作委员会志愿军老战士报告团的一员，为军队、大中小学、社区和企业等，介绍自己在抗美援朝战争中的经历和革命先辈的英雄事迹。“我希望能把志愿军战士们艰苦奋斗、舍生忘死的精神传给下一代，这是十分必要的爱国主义教育。”马世勋说。

“对于抗美援朝，中国人民有理由以最热烈的感情予以纪念。”90 岁的原志愿军40军老战士于作友说："我们纪念战争，是为了捍卫和平。伟大的抗美援朝精神永远是中国人民的宝贵财富，每个中国人都可以从中汲取勇气和力量。"

"最可爱的人"从这里出发在这里凯旋

历经苦难、见证牺牲、奋起反抗，丹东这座英雄城市一路浴血而来，在一个个艰难的支点上留下坚实的脚印。大堡机场、三马路、东门外村、凯旋门……细数那些抗美援朝时期留下的遗址遗迹，或许已不复当年模样，但英雄的精神早已融入丹东的骨血，成就它永不褪去的鲜红底色。

大堡机场：志愿军的战鹰从这里起飞

秋日长空，一碧如洗，万里无云。站在大堡机场那条由六边形石板铺就的旧跑道上远眺，眼底是山峦，耳畔是劲风，仿佛下一秒就能感受到志愿军战鹰起飞掀起的轰鸣气浪。

70年前，中国人民志愿军空军的战机就是从这里启程，呼啸着飞往中朝边境线。70年后，这座位于凤城市大堡乡的中国人民志愿军原空军机场挺立依然。

大堡机场于1950年初始建，距中朝边境42公里，是中国人民志愿军空军重要的前线基地，空军第2师、第12师、第15师曾进驻这里，为志愿军空军立下赫赫战功提供了坚强保障。抗美援朝战争结束后，大堡机场一直用于空军飞行训练，直至1987年12月停飞，由留守部队管理。

10月12日，烈士陵园讲解员在吉林省通化市东昌区抗美援朝烈士陵园内瞻仰革命烈士英名录。

许畅　摄（新华）

在大堡机场内部，仍保留着不少抗美援朝期间使用过的场地与设施。现驻扎于此的中国陆军航空兵某部副参谋长王国权向记者如数家珍：机场联络道两侧在土坡掩映下的凹槽空地，是当年用于停放飞机的

“机窝”，若遇敌机轰炸，周围的土坡可作遮挡隐蔽之用；红砖的二层平顶小楼是当年的塔台，地面人员就是站在塔台的二楼楼顶上指挥战机的起降；建在山坡顶端占据制高点的苏式建筑则是机场的气象台，所有影响飞行的天气数据都从这里观测而来……时光飞逝，这些当年“叱咤”于大堡机场的设施同那碧空、远山和疾风一起，见证并记录着志愿军空军的英勇与无畏。

“咱的志愿军空军作战，主要靠勇敢。”家住大堡机场旁边的80岁大堡村村民张永志说，当时敌机经常袭击大堡机场，“我们的飞行员没子弹了就用飞机撞，那股子劲头最让敌人害怕。”

抗美援朝纪念馆副馆长张校瑛说，从大堡机场起飞参加空战的众多飞行员中，有一位年轻飞行员在大堡机场创造了惊世战绩。

1953年4月7日下午4时左右，已在朝鲜战场上出动过175次，击落飞机10余架的美国“双料王牌”飞行员哈罗德·爱德华·费席尔被年仅19岁的韩德彩击落，跳伞后成了俘虏。

当时，韩德彩在与美空军F－86机群空战后返航，正准备降落，突然耳机里传来地面指挥员的命令：“快拉起来，后面有敌机！”韩德彩立即拉起机头向四周搜索，发现美机正在攻击前面的友机。为解友机之危，韩德彩不顾自己飞机的油量警告灯已经闪亮，加大油门，向敌机冲去。敌机慌忙逃走却敌不过韩德彩紧追不放，当两机距离逼近300米时，韩德彩按动炮钮，一阵猛烈射击，将这架美机击落。而这架飞机的飞行员，正是费席尔。

在抗美援朝对敌空战中，先后有116位飞行员牺牲，其中有23人长眠于大堡机场北侧的“中国人民志愿军空军烈士陵园”，他们都是从大堡机场起飞参加空战后壮烈牺牲的。

秋日暖阳下，陵园正中的“抗美援朝飞行员烈士纪念碑”巍然挺立，上面镌刻着23位烈士的姓名。碑前，来人敬献的菊花随风轻摆，碑后，悠悠哀思笼罩着没有姓名的23座烈士墓碑。

王国权讲述了一个鞋帮的故事。原来，这23位烈士之中，曾有位老父亲来到这里想见孩子最后一面。孩子的战友们百般热情地接待了老父亲，称要为他养老送终，称部队绝对不会亏待他。可老父亲却什么都不要，只是跪下来求着再看儿子一眼。万般无奈之下，战友们只能打开了那座小小的棺椁——里面空空荡荡，仅有一个炸烂的飞行靴鞋帮。

“飞行员一旦牺牲，大多很难找回尸身，所以这些烈士之墓都是衣冠冢，里面存放的可能仅仅是一枚没炸烂的铜腰带扣，或是从宿舍取来的一顶帽子、一件衬衣。”王国权说。

“他们的故事是最好的教科书！”大堡村村支书于发政介绍，近年来，经常有中小学组织学生前来烈士陵园缅怀英雄——他们生于长空，长于烈日；为国捐躯，英雄无名。

三马路：安东人民的怒吼从这里发出

仲秋时节，丹东市振兴区三马路一带道路两侧的银杏叶，悄悄染上了金边。这里是丹东的市中心，街道上车水马龙，路两侧商户林立，一派热闹繁华。

1950 年 10 月初，侵略军悍然越过三八线，并把战火烧到中国边境。图为安东市（今辽宁省丹东市）对岸朝鲜新义州在浓烟烈火中。

杨振亚　摄（新华）

家住三马路附近的 95 岁老人王景兰说，70 年前的安东（现丹东）三马路也曾是这样的一副盛景，人来人往，络绎不绝。直到 1951 年的 4 月，美机越过中朝边界，对三马路一带先后实施两次轰炸。

在这次惨案中，99 名安东市民被当场炸死，39 人受重伤，196 人受轻伤，1508 间房屋被炸毁。至此，三马路被夷为废墟，血流成河，成了安东人民永难忘怀的血泪与伤痛。

“当时三马路东段有个老戏园子，往常最是热闹，第一次轰炸时的炸弹就投在那里了。”据王景兰说，当时爆炸结束后，老戏园子被炸飞了，它前面的马路上被炸出了一个深深的大坑，“里面都炸出水了，还混着些血，通红。”

当年的惨状在老人心中留下了深深的阴影，也在安东每一位市民心中烙下了泣血的印记。轰炸发生后不久，义愤填膺的各行各业纷纷举行集会，控诉暴行。当年 5 月，包含受难者家属在内的代表团更是赴京控诉。在北京市劳动人民文化宫里，台上是声泪俱下的怒吼，台下是阵阵口号的回应，更有全国广大同胞从广播中收听实况转播。一时间，安东人民的控诉掀起了全国人民抗美援朝的高涨爱国热情，甚至出现了订立爱国公约、捐献飞机大炮的广泛群众运动。

然而，此后美军仍不断侵入安东上空，对城市进行轰炸和扫射。“有时候扔的是燃烧弹，大火烧起来黑烟滚滚，把太阳都遮住看不见了。”王景兰说。

但安东人民从不认输，这座英雄的城市用实际行动告诉世人，红色是他们心中永远留存的初心与本色。

光阴流转，70年倏忽而过，自废墟上重建的三马路旧貌换新颜，又一次恢复了勃勃生机。

从曾经的热闹街巷到一片瓦砾的满目疮痍，再到如今的繁华商圈，三马路一路走来实属不易，丹东人民一路走来更属不易。历史无言，但几经变换的风景之下，总有一股精神长存——敢于斗争、敢于胜利。

1954年9月20日，中国人民政治协商会议全国委员会、中国人民抗美援朝总会在安东市（今辽宁省丹东市）举行大会，欢迎中国人民志愿军归国部队。

蔡忠植　摄（新华）

振兴区站前街道办事处三街社区书记庄雪梅介绍，他们经常会邀请一些老党员来社区讲讲当年三马路抗美援朝时的相关事迹，既是为了铭记三马路惨案中安东人民遭受的苦难，也为了传承当年安东人民奋勇向前的英雄精神。

东门外村：反细菌战的枪声从这响起

从宽甸满族自治县宽甸镇东门外村东滨河（原东漏河）二号桥的干道上下车，沿着一条尘土飞扬的小路走上几分钟，就会到达一处毫不起眼的小空场。这周围有狂放生长的杂草、堆积成山的施工用料和不明用处的小平房，着实显得有些“荒凉”。但据头前领路的孙文军老人说，这里便是当年指证美军撒布细菌地遗址。

1952年1月，美军在朝鲜战场发动大规模细菌战，妄图造成疫区，削弱中、朝军队的防御力量。而宽甸地处中朝边境，也成了美军首当其冲的细菌撒布地点。

1952年3月，宽甸中学学生李思俭在上学路上途经一片苞米地时发现路边有一土色很新的大坑，坑边上尽是炸出来的苞米须根。正当李思俭疑惑时，他发现坑内的苞米根上爬着许多苍蝇、蜘蛛，周围散落着似石膏一般的白色粉末，坑内还有一个裂成两半的炸弹壳。细心的李思俭立马将情况报告给了老师。后经证实，李思俭在该处发现的为一枚白垩质细菌弹。

原来，早在几日之前，当地的商贩韩永斌便目击到8架美机由西向东飞越宽甸县城，其中一架投下一白色物体落入县城东部，但搜寻未果。

这一次，县政府再次组织人员前往事发地，当时在宽甸县民政科任职的孙文军便是这样来到了这处细菌撒布地。“那会儿为了避免接触传染，我们都戴着纱布做的大厚口罩，鞋底也用布缠着，全副武装。”

当日，由国内专家组成的调查团到达宽甸，经调查检验发现，该枚细菌弹撒布的黑蝇、狼蛛及羽毛上带有革兰氏阳性炭疽杆菌。至当年3月22日，宽甸县14个区镇普遍发现美机撒布的细菌毒虫，155个村受到毒害，受害区域内出现人、畜感染毒菌患病或死亡现象。

退休前任宽甸县党史县志办公室助理研究员的张瑞发讲，为消除美机撒布的毒菌危害，宽甸县当时全县出动捕捉毒虫。“我当年还在上小学二年级，那会儿老师就领着我们到东门外抓虫子。”张瑞发边说边从地上捡起两根木棍做起演示，“我们那会儿每人拿着一双木筷子，一头用绳子绑住，制成一个简易的镊子，再配一个纸袋子，就去抓虫子了。”张瑞发说，他抓到的主要是苍蝇，“那些苍蝇小而细长，头黑，翅长，非常好辨认。”

1958年7月13日，中国人民志愿军归国部队的炮兵部队受到安东市（今辽宁省丹东市）人民的热烈欢迎。

张玉同　摄（新华）

1953年秋，李思俭以见证人的身份出席在北京召开的国际民主法律工作者协会调查团会议，以严正的事实揭露美军发动的细菌战争。

经此一役，宽甸人民不仅没有被细菌战争所吓倒，还开展起了以除害灭病为中心的爱国卫生运动，并在1953年召开的全国第二届卫生工作会议上，荣获由毛泽东主席亲笔题词的锦旗一面。

时过境迁，当年的细菌撒布地遗址犹在，当年宽甸人民抵抗细菌战的无畏精神亦在。

凯旋门：最可爱的英雄从这里归来

鸭绿江上，碧水滔滔。“中朝友谊桥”静卧其上，凝视着这不舍昼夜的奔腾。

1958年，就在如今悬挂着“中朝友谊桥”青铜匾额的桥头处，曾架起一座象征胜利的“凯旋门”。丹东人民就是从这里，用最热切的心情和最饱满的状态，迎接最可爱的人——中国人民志愿军，归国回家。

时任安东市人民委员会文化科副科长的程源泉曾描绘出凯旋门当年的轮廓：门体使用木结构建造，“凯旋门”三个大字在门的正上方，两边饰有精美图案。门的立柱两侧画有和平鸽，标语上写着，“庆祝抗美援朝斗争的伟大胜利！”“欢迎中国人民志愿军光荣归国！”

1958年3月16日，首列归国志愿军军车从“中朝友谊桥”上驶入丹东。在桥头和车站月台上，丹东市民组成了千人欢迎队伍翘首等待，直到那一声高喊响起，“热烈欢迎我们最可爱的人！”

一时之间，凯旋门下尽欢歌。作家老舍曾为此情此景赋诗——鸭绿江波涌，日照凯旋门。欢呼：欢迎！欢迎！欢迎我们最可爱的人！

王忠云老人是当年第二批撤军回国的志愿军。几十年过去，他仍鲜明记得，当军列轰隆隆驶过雄伟壮观的凯旋门时，他忍不住振臂高呼：“祖国，您的英雄儿女回来了！”

1958年9月26日，中国人民志愿军归国部队乘火车到达安东（今辽宁省丹东市），受到祖国人民的热烈欢迎。

新华社发

“当时其实已经是夜里两点多了，但火车站仍是灯火通明，锣鼓喧天，欢迎的队伍载歌载舞。”在王忠云的记忆里，他们乘坐的专列插满了鲜花和彩旗，就像一条彩色的巨龙，从鸭绿江畔飞驰而入，开往祖国大地。“我们经过的每一座城市，不论白天夜晚，站站都有欢迎队伍。每当那种时刻，都会让人真正感受到，作为一名中国人民志愿军的无上荣光。”

84 岁的许衍珍的荣光则有所不同。当年，仍是小学生的许衍珍在老师的带领下，也来到鸭绿江边欢迎志愿军归国。“我们手上都挥舞着自己用红纸做的小红旗，在江桥边上唱着欢迎的歌，我那会儿还是班里的小指挥呢。”许衍珍如今回忆起当年迎接志愿军时的场景，依然笑容满面。“就是特别高兴，我们高兴，志愿军们也高兴，一直向我们挥手。”

许衍珍当时不曾想到的是，她日后会与一位志愿军战士共结连理，相伴一生。“嫁给他是一件特别光荣的事!”

喜相逢、团圆饭、尽情跳、鱼水情、惜握别……程源泉的女儿程华回忆父亲和她说的场景，当年的欢迎活动前前后后持续了 8 个月，每一趟列车到站都要经过这 5 道欢迎程序。在两百多个日日夜夜里，丹东人民不分昼夜地迎接，一切为了最可爱的人!

大江流日夜，慷慨歌未央。当滔滔江水裹挟着岁月奔涌而过，临江而立的英雄城市在时间洗礼下愈发壮美。

嫦娥五号

探月工程嫦娥五号任务纪实

嫦娥五号回来了！带着月壤回来了！恰似一部追了23天的宇宙大片，人们期待着、盼望着，昼夜不息。

12月17日凌晨，嫦娥五号返回器，如同茫茫草原上的一颗流星划破天际，惊起一团烟云，以百米冲刺的姿态迫不及待回到地球。九天揽月，这一刻，中国航天又创造新的历史。

这是21世纪人类首次月球采样返回任务，标志着中国航天向前迈出一大步。作为中国复杂度最高、技术跨度最大的航天系统工程，嫦娥五号首次实现了中国地外天体采样返回，将为深化人类对月球成因和太阳系演化历史的科学认知作出贡献。

一、嫦娥五号探测器发射成功

11月24日4时30分，中国在文昌航天发射场，用长征五号遥五运载火箭成功发射探月工程嫦娥五号探测器，火箭飞行约2200秒后，顺利将探测器送入预定轨道，开启中国首次地外天体采样返回之旅。

长征五号遥五运载火箭发射升空后，先后实施了助推器分离、整流罩分离、一二级分离以及器箭分离等动作。

国家航天局探月与航天工程中心副主任、嫦娥五号任务新闻发言人裴照宇介绍，嫦娥五号探测器由轨道器、返回器、着陆器、上升器四部分组成，在经历地月转移、近月制动、环月飞行后，着陆器和上升器组合体将与轨道器和返回器组合体分离，轨道器携带返回器留轨运行，着陆器承载上升器择机实施月球正面预选区域软着陆，按计划开展月面自动采样等后续工作。

嫦娥五号任务计划实现三大工程目标：一是突破窄窗口多轨道装订发射、月面自动采样与封装、月面起飞、月球轨道交会对接、月球样品储存等关键技术，提升中国航天技术水平；二是实现中国首次地外天体自动采样返回，推动科技进步；三是完善探月工程体系，为中国未来开展载人登月与深空探测积累重要人才、技术和物质基础。

嫦娥五号任务的科学目标主要是开展着陆点区域形貌探测和地质背景勘察，获取与月球样品相关的现场分析数据，建立现场探测数据与实验室分析数据之间的联系；对月球样品进行系统、长期的实验室研究，分析月壤结构、物理特性、物质组成，深化月球成因和演化历史的研究。

嫦娥五号任务由国家航天局组织实施，具体由工程总体和探测器、运载火箭、发射场、测控与回收、地面应用等五大系统组成。

探月工程自 2004 年 1 月立项并正式启动以来，已连续成功实施嫦娥一号、嫦娥二号、嫦娥三号、再入返回飞行试验和嫦娥四号等五次任务。此次发射任务是长征系列运载火箭的第 353 次飞行。

二、嫦娥五号探测器实施动力下降并成功着陆，在预选区域开展月面采样工作

12 月 1 日，在北京航天飞行控制中心拍摄的嫦娥五号探测器落月瞬间。

金立旺　摄（新华）

12 月 1 日 23 时 11 分，嫦娥五号探测器成功着陆在月球正面西经 51.8 度、北纬 43.1 度附近的预选着陆区，并传回着陆影像图。

12 月 1 日 22 时 57 分，嫦娥五号探测器着陆器和上升器组合体从距离月面 15 公里处开始实施动力下降，7500 牛变推力发动机开机，逐步将探测器相对月球纵向速度从约 1.7 公里/秒降为零。

其间，探测器进行快速姿态调整，逐渐接近月表；此后进行障碍自动检测，选定着陆点后，开始避障下降和缓速垂直下降，平稳着陆在位于月球正面风暴洋的吕姆克山脉以北地区。着陆过程中，着陆器配置的降落相机拍摄了着陆区域影像图。

成功着陆后，着陆器在地面控制下，进行了太阳翼和定向天线展开等状态检查与设置工作，正式开始持续约 2 天的月面工作，采集月球样品。

三、嫦娥五号探测器完成月面自动采样封装，有效载荷工作正常

12 月 2 日 22 时，经过约 19 小时月面工作，探月工程嫦娥五号探测器顺利完成月球表面自动采样，并已按预定形式将样品封装保存在上升器携带的贮存装置中。

12 月 2 日，嫦娥五号探测器在月球表面自动采样。
新华社发（国家航天局供图）

采样和封装过程中，科技人员在地面实验室根据探测器传回数据，仿真采样区地理模型并全程模拟采样，为采样决策和各环节操作提供了重要依据。着陆器配置的月壤结构探测仪等有效载荷正常工作，按计划开展科学探测，并给予采样信息支持。

自动采样是嫦娥五号任务的核心关键环节之一，探测器经受住超过 100 摄氏度的月面高温考验，克服了测控、光照、电源等方面的条件约束，依托全新研制的地外天体样品采集机构，通过机械臂表取和钻具钻取两种方式分别采集月球样品，实现了多点、多样化自动采样。

其中，钻具钻取了月面下的月壤样品，机械臂则在末端采样器支持下，在月表开展多种采样。为确保月球样品在返回地球过程中，保持真空密闭以及不受外界环境影响，探测器在月面对样品进行了密封封装。

嫦娥五号探测器配置了降落相机、全景相机、月壤结构探测仪、月球矿物光谱分析仪等多种有效载荷，能够在月表形貌及矿物组分探测与研究、月球浅层结构探测等科学探测任务中发挥重要作用。探测器钻取采样前，月壤结构探测仪对采样区地下月壤结构进行了分析判断，为采样提供了数据参考。

四、嫦娥五号上升器月面点火，成功实现中国首次地外天体起飞

12 月 3 日 23 时 10 分，嫦娥五号上升器月面点火，3000 牛发动机工作约 6 分钟后，顺利将携带月壤的上升器送入到预定环月轨道，成功实现中国首次实现地外天体起飞。

12 月 3 日，在北京航天飞行控制中心拍摄的嫦娥五号上升器飞行过程。

金立旺　摄（新华）

专家介绍，与地面起飞不同，嫦娥五号上升器月面起飞不具备成熟的发射塔架系统，着陆器相当于上升器的“临时塔架”，上升器起飞存在起飞初始基准与起飞平台姿态不确定、发动机羽流导流空间受限、地月环境差异等问题；此外，由于月球上没有导航星座，上升器起飞后，需在地面测控辅助下，借助自身携带的特殊敏感器实现自主定位、定姿。

点火起飞前，着上组合体实现月面国旗展开以及上升器、着陆器的解锁分离。此次国旗展开是中国在月球表面首次实现国旗的“独立展示”，根据回传影像显示，五星红旗在阳光照耀下，“中国红”格外鲜艳。

点火起飞后，上升器经历垂直上升、姿态调整和轨道射入三个阶段，进入预定环月飞行轨道。随后，上升器与环月等待的轨返组合体交会对接，将月球样品转移到返回器，后者再等待合适的月地入射窗口，做好返回地球的准备。

五、国家航天局公布嫦娥五号月表国旗展示照片

旗开月表，五星闪耀。经过科研团队的数据接收和处理，12 月 4 日下午，国家航天局公布了探月工程嫦娥五号探测器在月球表面国旗展示的照片。这是继嫦娥三号、四号任务后，五星红旗又一次展现在月球表面，同时也是五星红旗第一次月表动态展示。

与嫦娥三号、嫦娥四号以及玉兔月球车上的国旗采用喷涂方式不同，嫦娥五号携带的国旗是一面真正的旗帜，重量仅 12 克，需要在 1 秒钟内完成展示动作。

嫦娥五号着陆器和上升器组合体全景相机拍摄的五星红旗在月面成功展开的画面。

新华社发（国家航天局供图）

一面登上月球的国旗，必然蕴含着十足的科技含量。国旗展示系统技术负责人程昌介绍，科研团队在选材上花费的时间就超过一年，挑选出二三十种纤维材料，然后通过一系列物理试验，最终决定采用一种新型复合材料，既能满足强度要求，又能满足染色性能要求，还能保证国旗卷起时在正负150摄氏度温差环境下不会粘连在一起。

嫦娥五号上的国旗能够在月面实现独立展示，主要依靠国旗展示系统辅助。国旗展示系统布置在嫦娥五号着陆器舱外，环境条件恶劣，来自中国航天科工集团的研制团队十年攻关，从系统设计、材料选用、加工工艺等各个方面进行大胆创新和科学验证，一一攻破国旗月面展开难题，圆满完成了这一光荣的任务。

六、中国首次实现月球轨道交会对接，嫦娥五号完成在轨样品转移

12月6日5时42分，嫦娥五号上升器成功与轨道器返回器组合体交会对接，并于6时12分将月球样品容器安全转移至返回器中。这是我国航天器首次实现月球轨道交会对接。

专家介绍，从上升器进入

环月飞行轨道开始，通过远程导引和近程自主控制，轨道器返回器组合体逐步靠近上升器，以抱爪的方式捕获上升器，完成交会对接。

后续，嫦娥五号轨道器返回器组合体将与上升器分离，择机返回地球。

探月工程总指挥、国家航天局局长张克俭表示，嫦娥五号任务实现了中国首次月面采样与封装、月面起飞、月球轨道交会对接、携带样品再入返回等多项重大突破，其成功实施标志着中国探月工程“绕、落、回”三步走规划如期完成，中国航天向前迈出一大步。

嫦娥五号归来，创造五项“中国首次”

十年磨剑，载誉归来！12 月 17 日 1 时 59 分，嫦娥五号返回器携带月球样品成功着陆。

过去的 23 个日夜，嫦娥五号完成了 1 次对接、6 次分离，两种方式采样、

12 月 17 日凌晨，嫦娥五号返回器携带月球样品，采用半弹道跳跃方式再入返回，在内蒙古四子王旗预定区域安全着陆。

任军川　摄（新华）

5 次样品转移，经历了 11 个重大阶段和关键步骤，环环相连、丝丝入扣。

五项“中国首次”　中国航天实现里程碑式新跨越

11 月 24 日，长征五号准时并成功发射，之后探测器地月转移、近月制动、两两分离、平稳落月、钻表取样、月面起飞、交会对接及样品转移、环月等待、月地转移，12 月 17 日再入返回、安全着陆，整个工程任务现在转入科学研究的新阶段。

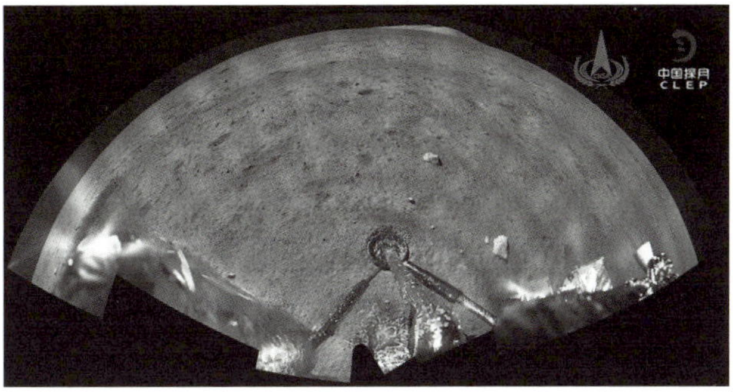

12 月 2 日，嫦娥五号探测器着陆器和上升器组合体着陆后全景相机环拍成像。

新华社发（国家航天局供图）

国家航天局副局长、探月工程副总指挥吴艳华说，嫦娥五号任务创造了五项“中国首次”，一是在地外天体的采样与封装；二是地外天体上的点火起飞、精准入轨；三是月球轨道无人交会对接和样品转移；四是携带月球样品以近第二宇宙速度再入返回；五是建立中国月球样品的存储、分析和研究系统。

“此次任务的成功实施，是中国航天事业发展中里程碑式的新跨越。”吴艳华说，标志着中国具备了地月往返的能力，实现了“绕、落、回”三步走规划完美收官，为中国未来月球与行星探测奠定了坚实基础。

求索寰宇开新篇。以嫦娥五号任务圆满成功为起点，中国探月工程四期和行星探测工程将接续实施。首次火星探测任务“天问一号”正在奔火的征程；嫦娥六号、七号、八号，小行星探测、火星取样返回、木星系探测等工程任务也将按计划陆续实施。

多项创新支撑　带动中国航天科技整体发展

“五个‘中国首次’都是嫦娥五号任务所面临的新挑战。实际上，对整个工程来讲，恐怕还不止这五个方面。”国家航天局探月工程三期总设计师胡浩说，作为探月工程三期的嫦娥五号任务，和前期任务比，技术跨度是比较大的。

新研制的 3000 牛的发动机在到达月球制动和从月面起飞时表现良好；基于视觉的月面采样区快速分析，以及采样、放样、装罐、放罐过程的快速定位，为机械臂快速调整提供支持；对飞行轨道、飞行程序等进行快速设计，支撑任务中可能遇到的天上或者地面的应急情况……

“作为国家重大科技专项，自主创新是我们的目标，也是我们的主旨。”胡浩说，我们设计了整个一套工程体系，建立了深空测控网，使我们深空测控能够达到全球布局，支撑整个任务的完成。从某种意义上来讲，探月工程系统地带动了中国航天科技的整体发展。

吴艳华说，探月工程建设提升了中国深空探测核心能力，培养造就了一支专业化、年轻化、能打硬仗的人才队伍，完善形成了组织实施复杂航天工程的系统方法。

44 年来再获月球样品　鼓励国内外科学家参与研究

伴随着嫦娥五号任务圆满成功，人类 44 年以来再次获得月球样品，此次月球样品的研究备受关注。

12 月 19 日，嫦娥五号任务月球样品正式交接。中国首次地外天体样品储存、分析和研究工作拉开序幕，月球“土特产”将实现最大价值。

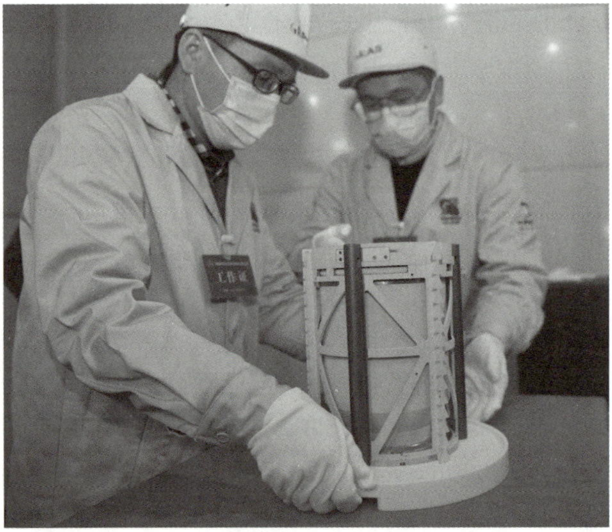

月球“土特产”重 1731 克！中国首次地外天体样品储存、分析和研究拉开序幕。图为 12 月 19 日，工作人员在嫦娥五号月球样品交接仪式上搬运月球样品容器。

岳月伟　摄（新华）

中科院月球与深空探测总体部主任邹永廖介绍，利用返月样品的意义有多种可能，对了解采样区的成分特征（岩石类型、矿物组分、化学成分等），月面物质与太阳风相互作用，月壤的成壤机理等的研究具有重要意义。

中国科学院国家天文台研究员、探月工程三期副总设计师李春来介绍，嫦娥五号的采样点选择了风暴洋东北角的玄武岩区域，这是全新的采样区域，全新的样品研究，对月球表面的风化作用、火山作用和区域地质背景、区域地质演化方面应该能作出很多科研贡献。

“绝大部分样品会用于科学研究，我们会在实验室进行长期的、系统的对月球样品的研究工作，包括它的结构构造、物理特性、化学成分、同位素组成、矿物特点和地质演化方面，希望能够深化我们对月球的起源、演化方面的认识。”李春来说。

月球样品是人类共同的财富。吴艳华说，后续，将依据月球样品及数据管理办法，广泛征集合作方案，鼓励国内外更多科学家参与科学研究，力争获得更多科学成果。

“除了位于北京的中科院国家天文台作为主要存储地点以外，还将在湖南韶山毛主席的故乡进行异地灾备，他提出的‘可上九天揽月’的夙愿实现了。”吴艳华说。

第五编　魅力国情

001. 国办印发意见：全面推进基层政务公开标准化规范化

1月8日，国务院办公厅印发《关于全面推进基层政务公开标准化规范化工作的指导意见》（以下简称《意见》），对全面推进基层政务公开标准化规范化工作作出部署。

《意见》强调，要以习近平新时代中国特色社会主义思想为指导，全面贯彻党的十九大和十九届二中、三中、四中全会精神，深入落实党中央、国务院有关决策部署和政府信息公开条例，坚持以人民为中心的发展思想，按照标准引领、需求导向、依法依规、改革创新的原则，加强基层政务公开标准化规范化建设，为深化“放管服”改革，优化营商环境，加快法治政府和服务型政府建设提供重要支撑。明确到2023年，基本建成全国统一的基层政务公开标准体系，覆盖基层政府行政权力运行全过程和政务服务全流程，基层政府政务公开工作机制、公开平台、专业队伍进一步健全完善。

《意见》就全面推进基层政务公开标准化规范化工作提出八项主要任务。一是基层政府要对照国务院部门制定的26个试点领域基层政务公开标准指引，全面梳理细化相关领域政务公开事项，于2020年底前编制完成本级政务公开事项标准目录，实行政务过程和结果全公开。二是国务院部门要参照试点做法，结合本部门主要职责，确定涉及基层政务公开的其他领域，于2021年底前编制完成相关领域基层政务公开标准指引。三是基层政府要构建发布、解读、回应有序衔接的政务公开工作格局，优化政府信息管理、信息发布、解读回应、依申请公开、公众参与等工作流程。四是基层政府要加强公开平台规范化建设，县级政府门户网站要集中发布本级政府及部门、乡镇（街道）应当主动公开的政府信息，开设统一的互动交流和在线办事入口；政务服务大厅等场所要设立政务公开专区。五是基层政府要完善基层行政决策公众参与机制。六是基层政府要推进办事服务公开标准化，让办事服务更透明，最大限度利企便民。七是基层政府要健全政策解读和回应关切工作机制。八是基层政府要推动基层政务公开标准化规范化向农村和社区延伸。

《意见》要求，加强组织领导，形成推进基层政务公开标准化规范化的工作合力。加强队伍建设，不断提高基层政务公开工作人员能力和水平。加强监督评价，把推进基层政务公开标准化规范化情况列入基层政府绩效考核指标体系。

002. 国家信访局出台新规　强化信访事项实地督查

1 月 17 日，国家信访局出台关于加强和完善信访事项统筹实地督查工作的规定，进一步完善机制、加大力度，更好发挥督查“利剑”作用。

国家信访局于 2013 年建立“信访事项统筹实地督查”工作机制。6 年多来，国家信访局先后聚焦涉农、涉地、涉房等信访突出问题，组织了 15 批实地督查，推动解决了一大批疑难复杂问题，取得良好成效。

此次出台的《国家信访局关于进一步加强和完善信访事项统筹实地督查工作的规定》，吸纳了近年来信访事项统筹实地督查的有益经验，主要包括三方面内容：一是明确信访事项统筹实地督查的督查范围和国家信访局各司室的工作职责；二是对实地督查各环节提出明确的工作要求，包括督查事项筛选、督查方案制定、督查情况报告和督查工作纪律等；三是对实地督查事项后续跟踪工作作出明确规定，包括跟踪责任、跟踪方式和责任追究等。

根据规定，实地督查实行组长负责制，每个督查组都须形成有情况、有结果、有建议的报告。统筹实地督查结束后，由局领导听取督查情况汇报，各督查组可提出重点事项挂牌督办、向相关部门移送问题线索、网上公开督查结果等建议。

规定要求，督查室对统筹实地督查信访事项要建立台账，指导地方及时将实地督查事项的后续整改方案及落实情况录入国家信访信息系统，逐一跟踪督办，督促问题解决到位。对地方整改落实不力，导致问题得不到解决的，按照《信访条例》和《信访工作责任制实施办法》，提出责任追究建议。

“我们将以钉钉子的精神，对每一件督查事项一盯到底，做到问题不解决不撒手、整改不到位不收兵。”国家信访局有关负责人表示。

003. 中宣部、发改委联合发布 2019 年“诚信之星”

1 月 18 日，为深入贯彻习近平总书记关于诚信建设的重要指示精神，贯彻落实《新时代公民道德建设实施纲要》，持续深化诚信宣传教育，发挥诚信典型的示范引领作用，在全社会形成履约践诺、诚实守信的良好风尚，中央宣传部、国家发改委向社会发布了2019年“诚信之星”。

此次发布的10位“诚信之星”是：天津师范大学退休干部王辅成，河北省衡水市冀州区码头李镇退伍军人张志旺，吉林省白山方大集团党委书记、董事长宁凤莲，安徽省滁州市皇甫山林场退休职工高青旺，江西省抚州市金溪县秀谷镇徐坊村理事长徐春华，河南省开封市祥符区电影公司党支部书记、经理郭建华，重庆市黔江区城东街道下坝社区村民程绍光、程祖全父子，四川省乐山市市中区关庙乡苏坪村9组村民罗万森，宁夏回族自治区金瑞食品股份有限公司董事长杨晶岚，新疆维吾尔自治区塔什库尔干塔吉克自治县公安局马尔洋派出所所长丁发根。

发布现场播放了“诚信之星”先进事迹视频短片，中央宣传部、国家发改委负责同志颁发了“诚信之星”证书和奖杯，艺术家诵读了致敬词。“诚信之星”讲述了自己的诚信追求和人生感悟：他们有的不忘初心、牢记使命，自觉以“把一切献给党”作为自己的终生信念；有的几代接力、矢志不渝，用恒久努力让荒山重披绿装；有的以诚立身、以信兴企，赢得“货真价实、童叟无欺”的金字招牌；有的坚忍执着、知难而进，用毕生坚守照亮贫困群众的脱贫之路。他们的感人事迹生动展现了新时代中国人守信践诺、以诚立身的精神风貌，是诚实守信价值理念的坚定守护者，是社会主义核心价值观的模范践行者。

004. 两高一部明确“偷井盖”可构成故意杀人罪

针对近年来时有发生的窨井“吃人、伤人”事件，最高人民法院、最高人民检察院、公安部3月16日联合下发意见，就办理涉窨井盖相关刑事案件作出系统规定，依法惩治涉窨井盖犯罪。

这份关于办理涉窨井盖相关刑事案件的指导意见共有12条。根据意见，盗窃、破坏正在使用中的社会机动车通行道路上的窨井盖，足以使汽车、电车发生倾覆、毁坏危险，尚未造成严重后果的，依照刑法的规定，以破坏交通设施罪定罪处罚；造成严重后果的，依照刑法第一百一十九条第一款的规定处罚。

盗窃、破坏人员密集往来的非机动车道、人行道以及生产生活、人员聚集场所的窨井盖，足以危害公共安全，尚未造成严重后果的，依照刑法的规定，以以危险方法危害公共安全罪定罪处罚；致人重伤、死亡或者使公私财产遭受重大损失的，依照刑法第一百一十五条第一款的规定处罚。

对于以上规定以外的其他场所的窨井盖，明知会造成人员伤亡后果而实施盗窃、破坏行为，致人受伤或者死亡的，依照刑法的规定，分别以故意伤害罪、故意杀人罪定罪处罚。

"偷井盖"的后果　　新华社发　商海春　作

盗窃、破坏公共场所尤其是人流、车流密集场所的窨井盖，其侵犯的法益本质上是公共安全，而不仅仅是公共财物所有权。对于此类犯罪行为，不能简单地以盗窃罪或故意毁坏财物罪来认定，而应当适用危害公共安全方面的罪名追究刑事责任。

窨井"吃人"问题，一方面是由于窨井盖遭盗窃、破坏，另一方面也与窨井盖管理部门疏于管理、怠于履职有重要关系。但长期以来，司法机关更多地打击盗窃、破坏窨井盖等普通刑事犯罪，对窨井盖管理人员失职渎职等职务犯罪打击不力。

为此，意见给相关管理者敲响警钟，明确坚决打击相关职务犯罪，将负有监管职责的国家机关工作人员，依法或者受委托行使行政管理职权的公司、企业、事业单位的工作人员，以及其他公司、企业、事业单位的工作人员均纳入进来，构成玩忽职守罪、滥用职权罪、过失致人重伤罪、过失致人死亡罪的，坚决依法追究刑事责任。

005. "天网2020"行动正式启动

3月30日，中央反腐败协调小组国际追逃追赃工作办公室作出部署，启动"天网2020"行动。

根据"天网2020"行动安排，国家监委牵头开展职务犯罪国际追逃追赃专项行动，最高人民法院牵头开展犯罪嫌疑人、被告人逃匿、死亡案件追赃专项行动，公安部牵头开展“猎狐”专项行动，中国人民银行会同公安部等相关部门开展预防、打击利用离岸公司和地下钱庄向境外转移赃款专项行动，中央组织部会同公安部等开展违规办理和持有因私出国（境）证件治理工作。

正式启动　　新华社发 朱慧卿 作

中央追逃办有关负责人表示，2020 年的追逃追赃工作将深入贯彻党的十九届四中全会精神，落实中央纪委四次全会部署，坚持稳中求进工作总基调，一体推进追逃防逃追赃工作，有力削减存量、有效遏制增量，不断健全追逃追赃制度，巩固和发展反腐败斗争压倒性胜利，推动完善党和国家监督体系，为决胜全面建成小康社会提供坚强保障。

006. 全国各地各族人民深切悼念抗击新冠肺炎疫情斗争牺牲烈士和逝世同胞

国旗半垂，举国同悲。4 月 4 日，庚子年清明节，全国各地各族人民深切悼念抗击新冠肺炎疫情斗争牺牲烈士和逝世同胞。

习近平、李克强、栗战书、汪洋、王沪宁、赵乐际、韩正、王岐山等党和国家领导人在首都北京参加悼念。

新冠肺炎疫情是新中国成立以来在中国发生的传播速度最快、感染范围最广、防控难度最大的一次重大突发公共卫生事件。在抗击疫情的严峻斗争中，一批医务人员、干部职工、社区工作者因公殉职，许多患者不幸罹难。

当天，北京天安门、新华门和全国人大常委会、国务院、全国政协、中央军事委员会、最高人民法院、最高人民检察院所在地，全国和驻外使领馆下半旗志哀，全国停止公共娱乐活动，以表达全国各族人民对抗击新冠肺炎疫情斗争牺牲烈士和逝世同胞的深切哀悼。

中南海怀仁堂前气氛庄严肃穆，门楣上悬挂着黑底白字横幅“深切悼念新冠肺炎疫情牺牲烈士和逝世同胞”。习近平等佩戴白花，来到这里，神情凝重面向国旗肃立。

10 时整，防空警报鸣响，习近平等向新冠肺炎疫情牺牲烈士和逝世同胞默哀。

3 分钟，180 秒，哀思充满心间。

英雄的祖国，英雄的人民，书写了人类历史上可歌可泣的抗疫篇章。

3 分钟，180 秒，警报响彻神州。

这场新冠肺炎疫情防控斗争是中华民族伟大复兴历史征程中又一次前所未有的考验。

这一刻，湖北、武汉和全国各地，人们静立垂首、万分悲痛。汽车、火车、舰船鸣笛声声、久久回荡。

英雄走好！大江南北，长城内外，国家以最高的祭奠向英雄哀悼，人民以最深的怀念为英雄送行。

逝者安息！江水呜咽，山川悲鸣，祖国母亲肝肠寸断，亿万同胞泪飞如雨。

互联网上、朋友圈中，人们自发参与哀悼活动，追思之情绵绵不绝。

举国哀悼，是对逝者的尊重与缅怀，也是对生命的关爱与珍视。

一位武汉市民说，我们不会忘记那些逝去的生命，从悲痛中重振，就是对他们最好的告慰。

一位援鄂医疗队的“90 后”党员说，在磨难中成长、从磨难中奋起，这就是我们从这场战“疫”中汲取的力量。

慎终追远，这庄严肃穆的仪式，寄托着血浓于水的同胞之情，也昭示着慨然前行的奋发之志。

逝者安息、生者奋进！

中共中央政治局委员、中央书记处书记，全国人大常委会副委员长，国务委员，最高人民法院院长，最高人民检察院检察长，全国政协副主席，以及中央军委委员就近在工作地点参加哀悼活动。

全国各地各族干部群众，香港特别行政区同胞、澳门特别行政区同胞、台湾同胞、海外侨胞以不同形式参加悼念活动。

007. 《国歌条例》在香港正式刊宪生效

6 月 12 日，香港特别行政区政府宣布，《国歌条例》当日正式刊宪生效。

特区政府发言人表示，这次立法的核心精神是希望市民大众能尊重作为国家象征和标志的国歌，并就奏唱国歌的标准、礼仪和场合提供指引。至于法例所定的罚则只是为防止和惩治一些不当使用或存心侮辱国歌的行为。只要市民大众没有不当使用国歌或进行公开、故意及有意图侮辱国歌的行为，无须担心误坠法网。

发言人说，特区政府会做好国歌宣传教育工作，已设立专页让市民了解《国歌条例》内容。政府还会推出宣传片，在社交网络平台、政府网页和电子传媒播放。教育局也会更新教学资源，让学生了解国歌的历史和精神，并遵守国歌奏唱礼仪。

《中华人民共和国国歌法》2017 年在内地实施，全国人大常委会其后将国歌法列入香港基本法附件三。根据香港基本法第十八条规定，凡列于基本法附件三之法律，由香港特别行政区在当地公布或立法实施。

6 月 4 日，香港特区立法会三读通过《国歌条例草案》。图为在香港金钟，香港市民庆祝香港特区立法会三读通过《国歌条例草案》。

王申　摄（新华）

特区立法会于 2019 年 1 月和 2020 年 5 月分别完成《国歌条例草案》首读、二读程序，并于 6 月 4 日三读通过该草案。香港特区行政长官林郑月娥 6 月 11 日根据基本法第四十八条第三款签署经特区立法会通过的《国歌条例》。

008. 中国首次实施公海自主休渔

农业农村部发布消息，自 7 月 1 日起，中国首次在西南大西洋公海相关海域试行为期三个月的自主休渔，促进公海渔业资源科学养护和长期可持续利用。

农业农村部有关负责人表示，6 月印发的《关于加强公海鱿鱼资源养护

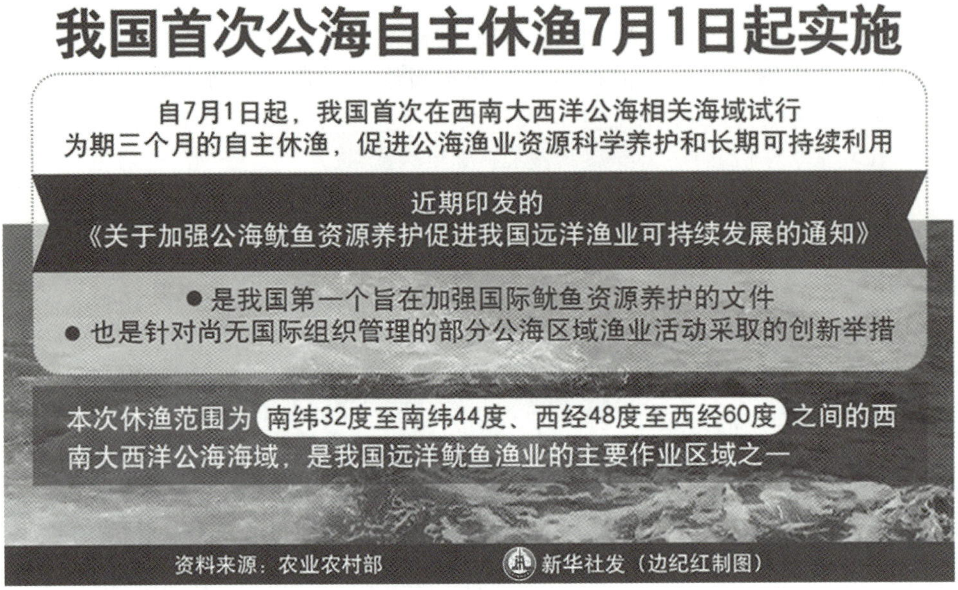

促进我国远洋渔业可持续发展的通知》，是中国第一个旨在加强国际鱿鱼资源养护的文件，也是针对尚无国际组织管理的部分公海区域渔业活动采取的创新举措。

本次休渔范围为南纬 32 度至南纬 44 度、西经 48 度至西经 60 度之间的西南大西洋公海海域，是中国远洋鱿鱼渔业的主要作业区域之一。休渔期间，在西南大西洋公海相应区域作业的所有中国籍远洋渔船停止捕捞作业。农业农村部将会同各地渔业主管部门和相关单位，对休渔期间远洋渔船进行严格管控，对违反休渔规定的远洋渔船和远洋渔业企业，将依法予以处罚。

下一步，农业农村部将组织有关技术单位和专家，建立公海鱿鱼资源数据采集机制，跟踪监测和评价休渔实施效果，为动态调整休渔方案提供科学依据。此外，在东太平洋公海相关海域，中国于 9 月 1 日起实施为期三个月的自主休渔。

009. 互联网法院跨境贸易法庭在杭州挂牌成立

7 月 15 日，杭州互联网法院跨境贸易法庭正式挂牌成立。

杭州互联网法院跨境贸易法庭，设立于中国（杭州）跨境电子商务综合试验区下沙园区，将集中审理跨境贸易相关案件。揭牌后，跨境贸易法庭“第一案”，即新加坡用户起诉某网购平台网络服务合同纠纷案，随即启动在线审理。

杭州跨境数字贸易司法平台也于15日同步启动。该平台依托区块链技术，由杭州互联网法院联合杭州海关、杭州税务局等部门共同建立，实现报关、缴税、支付等信息全流程记录，为构建公正透明的国际营商环境、促进跨境数字贸易健康发展提供有力保障。

2015年3月，跨境电商综合试验区落户杭州，截至2020年7月，该园区业务量全国领先。但与此同时，跨境数字贸易快速发展呼唤建立新型国际商事争端解决机制。

杭州互联网法院院长杜前表示，新设立的跨境贸易法庭将广泛运用互联网司法改革成果，旨在将互联网司法的优势和影响力推向全球，通过集中管辖跨境贸易纠纷，形成相关案件国际管辖规则和裁判规则，平等保护不同国家、地区各类市场主体合法权益。

010. 教育部发文加强高校法治工作

7月29日，教育部首次针对高校法治工作专门发文，强调把法治作为学校治理的基本理念和基本方式，全面推进依法治教、依法办学、依法治校。

教育部政策法规司负责人介绍，《教育部关于进一步加强高等学校法治工作的意见》明确了高校法治工作的重点内容，其中包括构建系统完备的学校规章制度体系，完善学校法人治理结构，完善学校法律风险防控体系，开展以宪法教育为核心的法治教育等。

意见提出，建立健全校内权益救济制度，完善教师、学生申诉的规则与程序。探索建立听证制度，对涉及师生重大利益的处理、处分或申诉，必要时采取听证方式，确保作出处分或申诉决定程序的公平公正。建立校内救济与行政救济、司法救济有效衔接机制，保障教师、学生救济渠道的畅通。探索设立师生法律服务或援助机构，为师生依法维护权益提供咨询和服务。

011. 六部门专项治理未成年人网络环境

为营造良好安全的未成年人网络环境，8月24日，教育部、国家新闻出版署、中央网信办等六部门联合下发通知，启动未成年人网络环境专项治理行动。

本次专项治理行动集中整治未成年人沉迷网络问题，重点对未落实网络游戏用户账号实名注册制度、控制未成年人使用网络游戏时段时长等方面要求的网络游戏企业或平台进行全面整治。

同时，加大对“饭圈”“黑界”“祖安文化”等涉及未成年人不良网络社交行为和现象的治理力度，重点对涉及未成年人网络社交中出现的侮辱谩骂、人身攻击、恶意举报等网络欺凌和暴力行为，以及敲诈勒索、非法获取个人隐私等违法活动予以查处。

对于学习教育类网站平台和其他网站的网课学习等推送网络游戏、低俗小说、娱乐直播等与学习无关的信息等问题，也是此次专项行动治理重点。

012. 中国人民警察警旗式样公布

8 月 26 日，经党中央批准，中国人民警察警旗式样确定。警旗旗面由红蓝两色组成，红色为主色调，长方形，警徽居旗帜左上角。红色体现党对人民警察队伍的绝对领导、全面领导，彰显人民警察队伍绝对忠诚、绝对纯洁、绝对可靠的政治本色；蓝色凸显人民警察的职业特征，代表人民警察对平安的守护。

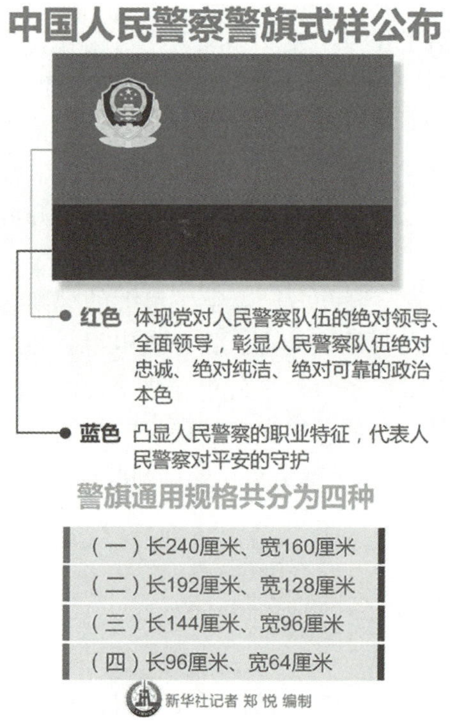

警旗通用规格共分为四种：（一）长 240 厘米、宽 160 厘米；（二）长 192 厘米、宽 128 厘米；（三）长 144 厘米、宽 96 厘米；（四）长 96 厘米、宽 64 厘米。

警旗是人民警察队伍的重要标志，是人民警察荣誉、责任和使命的象征。确定中国人民警察警旗，对于深入推进人民警察队伍革命化正规化专业化职业化建设、激励人民警察忠实履行党和人民赋予的新时代使命任务具有重要意义。

013. 首都功能核心区控制性详细规划正式公布

8 月 30 日，北京市规划和自然资源委员会、东城区人民政府、西城区人民政府联合发布《首都功能核心区控制性详细规划（街区层面）（2018 年—2035 年）》，首都规划体系的“四梁八柱”已初步形成，首都规划建设从此进入新的历史阶段。

首都功能核心区控规文本共五章 76 条，主要内容涵盖落实城市战略定位、打造优良的中央政务环境、建设弘扬中华文明的典范地区、建设人居环境一流的首善之区、保障规划有序有效实施五个方面。

首都功能核心区控规提出建设政务环境优良、文化魅力彰显和人居环境一流的首善之区的发展目标，对新版北京城市总体规划提出的发展目标进行了细化，提出将建设纲维有序、运行高效的国家中枢，古今辉映、礼乐交融的千年古都，舒朗庄重、蓝绿环抱的文化名城，功能融合、内外联动的宜居城区，和谐宁静、雅韵东方的人居画卷。

首都功能核心区总面积约 92.5 平方公里，包括东城区和西城区两个行政区。在城市空间结构上，规划以“两轴（长安街和中轴线）、一城（北京老城）、一环（沿二环路的文化景观环线）”作为首都功能核心区骨架，提出加强空间秩序管控与特色风貌塑造，延续古都历史格局，推动老城内外和谐发展，融汇历史人文景观和现代城市风貌，塑造平缓开阔、壮美有序、古今交融、庄重大气的城市形象。

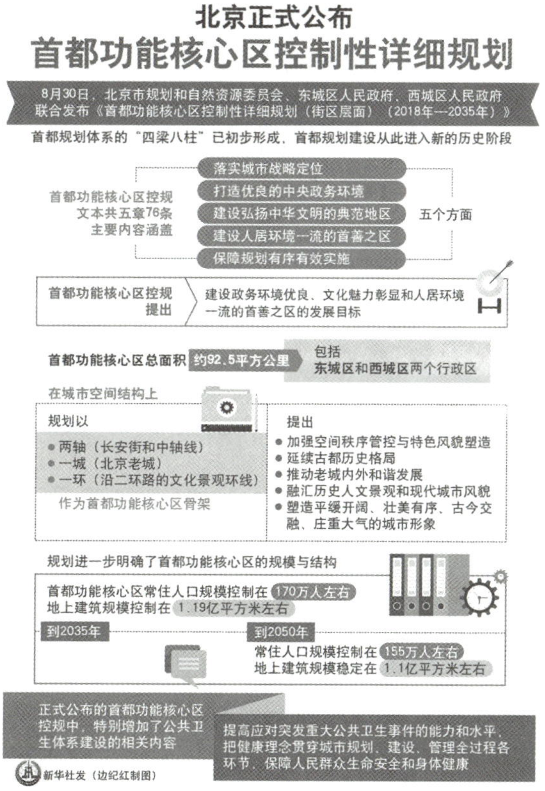

规划进一步明确了首都功能核心区的规模与结构。到2035年，首都功能核心区常住人口规模控制在170万人左右，地上建筑规模控制在1.19亿平方米左右。到2050年，常住人口规模控制在155万人左右，地上建筑规模稳定在1.1亿平方米左右。

“编制核心区控规在首都规划建设史上是第一次，是落实新版北京城市总体规划的重要内容，意义重大，影响深远。”首都规划建设委员会办公室主任、北京市规划自然资源委主任张维说，核心区控规编制中，将突出政治中心和突出人民群众这两条最重要的要求有机统一，充分把握了千年古都保护更新的特点，在规划理念、组织方式、实施机制等方面都进行了创新。

此外，相比公示草案，正式公布的首都功能核心区控规中，特别增加了公共卫生体系建设的相关内容，提高应对突发重大公共卫生事件的能力和水平，把健康理念贯穿城市规划、建设、管理全过程各环节，保障人民群众生命安全和身体健康。

首都功能核心区控规的编制工作历时近3年，由首都规划建设委员会专家、京津冀协同发展专咨委专家、北京历史文化名城保护委员会专家领衔，北京市城市规划设计研究院等21家设计单位共同参与，北京市、区各部门也从规划实施角度参与到规划编制中。吴良镛、徐匡迪等49位不同领域专家学者提出近300条意见建议，2019年年末公示1个月后，社会各界共提出1269条意见，编制组对所有意见进行逐条整理、研究，并积极采纳。

014. 中国首个工业互联网推进委员会正式成立

9月5日，在北京举办的2020年中国国际服务贸易交易会“工业互联网高峰论坛”上发布成立了中国首个工业互联网推进委员会。该委员会旨在加速推进工业互联网发展顶层设计与生态建设，引导形成跨界协作、开放共享、安全可控的创新体系，为中国工业互联网持续、健康发展奠定坚实基础。

工业互联网推进委员会是在工业和信息化部指导下，由中国工业互联网研究院发起，联合国内工业互联网领域有影响力的企事业单位、行业协会的专家和企业家，共同组建的国家工业互联网推进联合体。

9 月 5 日，2020 年服贸会“工业互联网高峰论坛”在北京国家会议中心举行。

鞠焕宗 摄（新华）

下一步，工业互联网推进委员会将重点围绕工业互联网的战略研究、标准体系、行业解决方案等关键方向开展工作，面向安全生产、能源、煤炭、医疗、建筑、钢铁、石化、汽车、卫星、工控安全等领域开展创新应用推广，同时加强对工业互联网大数据的汇聚、共享和价值发掘，促进工业互联网平台建设，推动工业化与信息化在更广范围、更深程度、更高水平上实现融合发展。

015. 首部长江流域生态环境司法保护白皮书发布

9 月 25 日，最高人民法院发布《长江流域生态环境司法保护状况》白皮书，这是中国法院首部关于流域司法保护的白皮书。

白皮书显示，2016 年 1 月以来，长江流域各级人民法院贯彻落实最严格制度、最严密法治要求，依法审理各类环境资源刑事案件 80356 件，民事案件 287119 件，行政案件 122215 件，公益诉讼案件 4944 件以及生态环境损害赔偿诉讼案件 91 件。

最高法副院长陶凯元介绍，人民法院依法审理水污染防治、水生态保护、水资源开发利用案件，着力打好碧水保卫战。依法审理大气污染、土壤污染、林木草原资源保护案件，实现山水林田湖草全要素一体化保护。依法审理涉国家公园、自然保护区、湖泊库区及江湖岸线等重点区域生态系统保护案件，实现生态、经济和社会效益的统一，使母亲河永葆生机活力。

白皮书同时显示，人民法院持续推进环境司法专门机构和归口审理机制建设。截至 2020 年 6 月，长江流域各级人民法院因地制宜设立环境资源审判庭 483 个、合议庭（团队）468 个，人民法庭（巡回法庭）252 个，实现了对

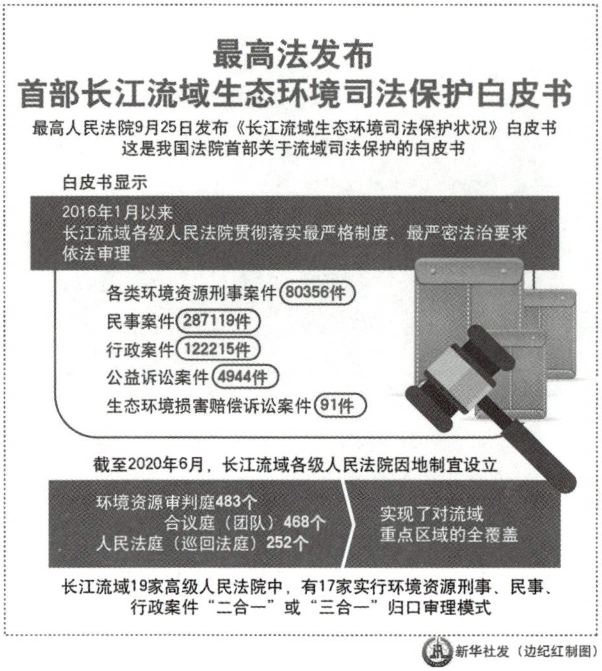

流域重点区域的全覆盖。长江流域 19 家高级人民法院中，有 17 家实行环境资源刑事、民事、行政案件“二合一”或“三合一”归口审理模式。

“深化环境司法理论研究，积极探索符合流域生态环境特点和环境司法规律的审判执行方式，注重发挥禁止令的作用，满足不同环境要素的修复需求。”陶凯元说，人民法院将充分发挥审判职能作用，加强生态环境司法保护，为长江流域生态文明建设与绿色发展提供更加有力的司法服务和保障。

最高法同时发布了 10 个长江流域水生态司法保护典型案例，包括刑事案件 2 件、刑事附带民事公益诉讼案件 6 件，以及在刑事公诉之外另行提起的环境民事公益诉讼和生态环境损害赔偿诉讼案件各 1 件，依法推进长江流域重点水域禁捕相关工作，保护长江流域水生态安全。

016. 未成年人保护法最新修订

10 月 17 日，新修订的未成年人保护法经十三届全国人大常委会第二十二次会议表决通过，自 2021 年 6 月 1 日起施行。

给孩子们一个更安全、更温馨的成长环境，是全社会的共同心愿。新修订的未成年人保护法有哪些亮点？将如何进一步织密法治之网、筑牢法律基石，提升未成年人保护法治化水平？

亮点一：关爱呵护“留守儿童”　细化监护人监护职责

新修订的未成年人保护法对监护人的监护职责作出全面规定，未成年人的父母或者其他监护人应当为未成年人提供生活、健康、安全等方面的保障，关注未成年人的生理、心理状况和情感需求，保障未成年人休息、娱乐和体育锻炼的时间等。

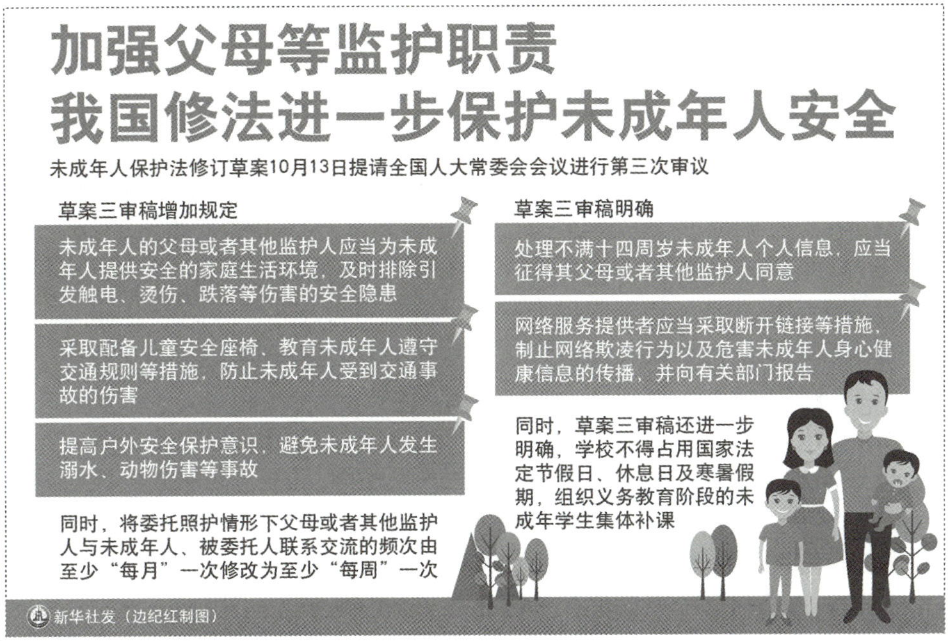

随着人口流动速度的加快，“留守儿童”群体规模也在不断加大。新修订的未成年人保护法对父母或者其他监护人因外出务工等原因在一定期限内不能完全履行监护职责的，要求其委托具有照护能力的完全民事行为能力人代为照护；无正当理由的，不得委托他人代为照护。

监护人将未成年人“一托了之”怎么办？新修订的未成年人保护法明确，确定被委托人时要“听取有表达意愿能力未成年人的意见”，并规定未成年人的父母或其他监护人要与未成年人、被委托人至少每周联系和交流一次，了解未成年人的生活、学习、心理等情况，并给予未成年人亲情关爱。

亮点二：筑牢网络安全“防火墙”　加强监管防止沉迷

伴随着互联网的高速发展，孩子们在尽情遨游互联网海洋的同时，也面临着越来越多的网络安全风险。网络沉迷、网络欺凌、网络色情等问题频发，如何保障和引导未成年人安全、合理使用网络？

新修订的未成年人保护法专门增设“网络保护”一章。针对未成年人沉迷网络等问题，新修订的未成年人保护法作出规定：网络产品和服务提供者不得向未成年人提供诱导其沉迷的产品和服务。网络游戏、网络直播、网络音视频、网络社交等网络服务提供者应当针对未成年人使用其服务设置相应的时间管理、权限管理、消费管理等功能。

在应对网络欺凌方面，新修订的未成年人保护法作出规定，遭受网络欺凌的未成年人及其父母或者其他监护人有权通知网络服务提供者采取删除、屏蔽、断开链接等措施。网络服务提供者接到通知后，应当及时采取必要的措施制止网络欺凌行为，防止信息扩散。

亮点三：不做“沉默的羔羊”　强化各方报告义务

现实生活中，一些未成年人合法权益受到侵害，但出于恐惧等原因不敢报告。

新修订的未成年人保护法明确了相关组织和个人的报告义务，规定任何组织或者个人发现不利于未成年人身心健康或者侵犯未成年人合法权益的情形，都有权劝阻、制止或者向公安、民政、教育等有关部门提出检举、控告。

新修订的未成年人保护法在社会保护方面的另一大亮点，是强化了住宿经营者保护未成年人的责任，要求旅馆、宾馆、酒店等住宿经营者接待未成年人入住，或者接待未成年人和成年人共同入住时，应当询问父母或者其他监护人的联系方式、入住人员的身份关系等有关情况；发现有违法犯罪嫌疑的，应当立即向公安机关报告，并及时联系未成年人的父母或者其他监护人。

亮点四：强化学校“防线”　向性侵和欺凌说不

针对未成年人性侵害及性骚扰案件，新修订的未成年人保护法明确，对性侵害、性骚扰未成年人等违法犯罪行为，学校、幼儿园不得隐瞒，应当及时向公安机关、教育行政部门报告，并配合相关部门依法处理。

此外，新修订的未成年人保护法还要求密切接触未成年人的单位招聘工作人员时，应当向公安机关、人民检察院查询应聘者是否具有性侵害、虐待、拐卖、暴力伤害等违法犯罪记录；发现其具有前述行为记录的，不得录用。

在防治校园欺凌问题上，新修订的未成年人保护法明确，学校应当建立学生欺凌防控工作制度，对教职员工、学生等开展防治学生欺凌的教育和培训。学校对学生欺凌行为应当立即制止，通知实施欺凌和被欺凌未成年学生的父母或者其他监护人参与欺凌行为的认定和处理。

017. 首批从高中招收的舰载战斗机飞行员成功完成航母资质认证

11 月 6 日，调整姿态、放下尾钩、对正跑道……随着最后一架次歼 -15

舰载战斗机降落在辽宁舰甲板上，海军首批从高中招收的飞行学员顺利通过昼间航母资质认证，成为舰载战斗机飞行员。

航母资质认证，是舰载战斗机飞行员获得航母起降资格的重要指标。飞行员需经过陆基起降、触舰复飞、阻拦着舰、滑跃起飞等数十个架次飞行课目考核合格后，才能获得航母资质认证，加入被誉为“尾钩俱乐部”的舰载战斗机飞行员序列。

首位驾驶歼－15舰载战斗机在辽宁舰成功阻拦着舰的飞行学员接受祝贺（资料照片）。

杨皓　摄（新华）

从高中毕业生中直接培养舰载战斗机飞行员，是海军探索检验生长培养模式的一次成功尝试。他们克服学员飞行时间短、空中经验少、安全风险高等困难，实现了单批认证人数最多、平均年龄最小、飞行时间最少、认证周期最短的历史性突破，标志着舰载战斗机飞行员生长培养链路全面贯通，也意味着海军舰载机飞行人才培养从单一的“改装模式”向“改装模式”和“生长模式”双轨并行培养模式的转变，对航母体系作战能力建设具有重大意义。从此次考核认证情况看，这种生长路径培养既缩短了人才培养周期，又提高了训练质效，对航母舰载机飞行人才培养进行了有效探索。

两年多来，海军坚决贯彻中央军委决策部署，始终把舰载机飞行人才培养作为推进海军转型建设的紧要大事，先后制定出台舰载机飞行人才培养一揽子方案措施，细化上百项任务清单，全面调整优化与生长模式相适应的教学、训练和保障体系，逐步构建起舰载战斗机、特种机、直升机、空中战勤和无人机“五位一体”整体推进以及改装、生长“双轨并行”的人才培养体系。

018. 首届全国职业技能大赛举行

12月10日至13日，中华人民共和国第一届职业技能大赛在广州举行。首届大赛以“新时代　新技能　新梦想”为主题，设86个比赛项目，共有

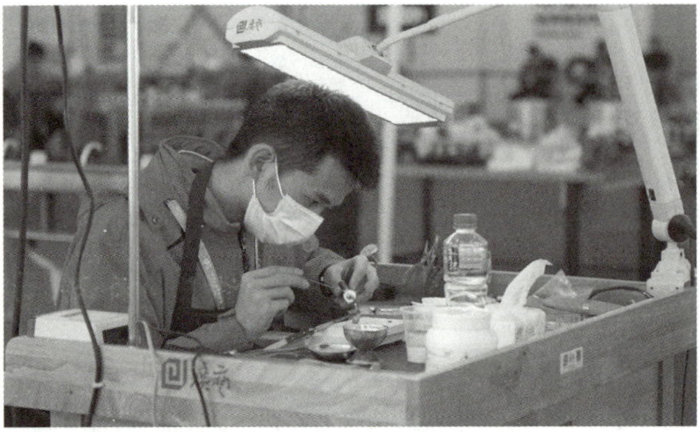

12 月 10 日，中华人民共和国第一届职业技能大赛在广州开幕。图为选手在比赛中加工珠宝。

卢汉欣　摄（新华）

2500 多名选手、2300 多名裁判人员参赛，是新中国成立以来规格最高、项目最多、规模最大、水平最高的综合性国家职业技能赛事。

经过 3 天激烈角逐，一批技能“高手”脱颖而出，来自广东省等多个省份的 97 名选手荣获 86 个项目的金牌。

本次大赛选拔出 630 多名选手入围第 46 届世界技能大赛中国集训队。他们将通过进一步的集训考核，最终每个项目将遴选 1 名（队）选手走进 2022 年将在上海举办的第 46 届世界技能大赛赛场，与全球顶尖选手们同台竞技、再攀高峰。

从数控车、工业机械、飞机维修等先进制造业，到工业 4.0、移动机器人、云计算、新能源汽车智能化技术等战略性新兴产业，再到美容、美发、烘焙、餐厅服务等现代服务业项目……大赛广泛覆盖国民经济行业大类，为各行各业的劳动者成才创造条件、提供平台。

刀砌砖垒、一气呵成，200 多块砖砌成的多孔拱桥与图纸难差分毫；手指翻飞、精雕细琢，“魔法”般变出的各色面包和糖艺造型；只用 17 个小时，近 3 米高水泥钢筋房拔地而起，精度达到毫米级……选手们大展身手，充分展现劳动之美、技能之光。

仅凭手的触摸就能测量和加工零件的蒙眼配钥匙，操纵飞速旋转的电钻在薄薄蛋壳上钻洞，快到让人眼花缭乱的花式调酒……比赛同期展示的 20 项“中华绝技”令人叹为观止，更提升了人们对技能人才、对工匠精神的尊重与崇尚。

本届技能大赛焊接项目裁判长、中国工程建设焊接协会常务副会长刘景凤欣慰地说：“可以明显感受到，与以往竞赛相比，这次参赛选手覆盖地区更广，操作更加规范。”

这次参赛选手平均年龄不到 22 岁。青春的气息、自信的面庞，青年“小匠”们在赛场上传承技能，撑起技能人才队伍的未来。

019. 中国新冠病毒疫苗上市并向全民免费提供

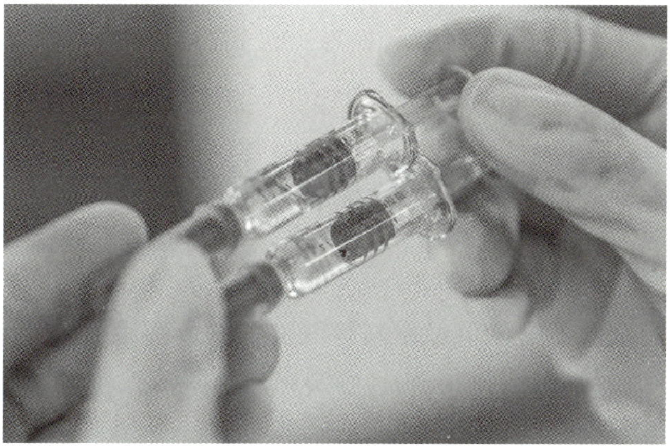

12 月 25 日，工作人员在国药集团中国生物北京生物制品研究所的新冠病毒灭活疫苗分包装车间内检查产品包装质量。

张玉薇 摄（新华）

12 月 31 日，国务院联防联控机制发布，国药集团中国生物新冠灭活疫苗已获得国家药监局批准附条件上市并向全民免费提供，已有数据显示，疫苗保护率为 79.34%，实现安全性、有效性、可及性、可负担性的统一，达到世界卫生组织及国家药监局相关标准要求。后续，疫苗免疫的持久性和保护效果还需持续观察。这一成果来之不易，中国疫苗上市为全球战胜疫情注入信心，也为疫苗成为全球公共产品提供有力支撑。

020. 2020 年中国十大新闻

一、全国抗疫斗争取得重大战略成果

面对突如其来的新冠肺炎疫情，以习近平同志为核心的党中央坚持人民至上、生命至上，以坚定果敢的勇气和坚忍不拔的决心，带领全党全军全国各族人民，迅速打响疫情防控的人民战争、总体战、阻击战，用 1 个多月的时间初步遏制疫情蔓延势头，用 2 个月左右的时间将本土每日新增病例控制在个位数以内，用 3 个月左右的时间取得武汉保卫战、湖北保卫战的决定性成果，进而又接连打了几场局部地区聚集性疫情歼灭战，夺取了全国抗疫斗争重大战略成果，充分展现了中国精神、中国力量、中国担当。

二、民法典诞生更好保障人民权益

5 月 28 日，十三届全国人大三次会议表决通过《中华人民共和国民法典》，自 2021 年 1 月 1 日起施行。民法典系统整合新中国成立 70 多年来长期实践形成的民事法律规范，借鉴人类法治文明建设有益成果，是新中国历史上首个以“法典”命名的法律，具有中国特色，体现时代特点，反映人民意愿，回应经济社会生活新情况、新问题，有利于全面加强对人民群众各项民事权利的保护，助推中国特色社会主义法律体系更加成熟完善。

三、在更高起点上推进改革开放

6 月 1 日，中共中央、国务院印发的《海南自由贸易港建设总体方案》对外公布，中国特色自由贸易港启航。10 月 14 日和 11 月 12 日，习近平总书记分别出席深圳经济特区建立 40 周年庆祝大会、浦东开发开放 30 周年庆祝大会并发表重要讲话，表明在更高起点上推进改革开放的坚定决心。一年来，从构建更加完善的要素市场化配置体制机制、加快完善社会主义市场经济体制到自贸试验区扩容、区域全面经济伙伴关系协定签署，中国改革开放实现新的重要突破。

四、香港维护国家安全法通过并实施

6 月 30 日，十三届全国人大常委会第二十次会议表决通过《中华人民共和国香港特别行政区维护国家安全法》，国家主席习近平签署主席令予以公布，自公布之日起施行。这部法律对香港维护国家安全制度机制作出了法律化、规范化、明晰化的具体安排，为维护国家安全和香港长治久安、长期繁荣发展，保障香港居民依法享有的权利和自由，保护外国人在香港的合法权益，增强外国投资者对香港的信心，确保“一国两制”事业行稳致远，提供了法律支撑和根本保障。

五、中国经济率先实现正增长

2020 年以来，面对严峻复杂的国际形势、艰巨繁重的国内改革发展稳定任务特别是新冠肺炎疫情的严重冲击，以习近平同志为核心的党中央保持战略定力，准确判断形势，精心谋划部署，果断采取行动，全国人民付出艰苦努力，中国经济在一季度同比下降 6.8% 的情况下，二季度由负转正、同比增长 3.2%，三季度增速加快至 4.9%，前三季度累计同比增长 0.7%，成为全球唯一实现经济正增长的主要经济体。

六、纪念抗美援朝出国作战 70 周年

10 月 23 日，纪念中国人民志愿军抗美援朝出国作战 70 周年大会隆重举行，习近平总书记发表重要讲话，全面回顾总结抗美援朝战争的伟大胜利和巨大贡献，深刻阐述伟大抗美援朝精神的历史意义和时代价值，精辟揭示抗美援朝战争的历史启示，郑重宣示捍卫国家领土主权和统一、维护地区和世界和平稳定、推动构建人类命运共同体的坚定立场和决心，凝聚起团结奋进新征程的磅礴力量。

七、五中全会擘画现代化建设新蓝图

10月26日至29日，党的十九届五中全会召开。全会审议通过的《中共中央关于制定国民经济和社会发展第十四个五年规划和二〇三五年远景目标的建议》，深入分析中国发展面临的国际国内形势，提出了到2035年基本实现社会主义现代化远景目标，明确了"十四五"时期中国发展的指导方针、主要目标、重点任务、重大举措，是开启全面建设社会主义现代化国家新征程、向第二个百年奋斗目标进军的纲领性文件。

八、中国元首云外交引领世界前进方向

11月，国家主席习近平以视频方式接连出席上海合作组织、金砖国家、亚太经合组织、二十国集团等多场重要多边会议并发表重要讲话，继9月底10月初出席联合国成立75周年系列高级别会议后，又一次在全球多边舞台上发出时代强音，提出中国方案。一年来，中国开启元首"云外交"新模式，同国际社会密切互动，有力促进全球抗疫合作，引领世界前进方向，推动构建人类命运共同体，展现中国作为负责任大国的世界胸怀和历史担当。

九、中国绝对贫困人口实现全部脱贫

11月23日，贵州省宣布剩余9个未摘帽贫困县全部出列。一年来，脱贫攻坚聚焦"三区三州"等深度贫困地区，瞄准突出问题和短板弱项狠抓政策落实，实施挂牌督战，剩余的551万农村贫困人口实现脱贫、52个贫困县摘帽。经过8年持续奋斗，中国绝对贫困人口全部脱贫，贫困县全部摘帽，脱贫攻坚取得重大胜利，为实现第一个百年奋斗目标、开启全面建设社会主义现代化国家新征程打下坚实基础。

十、众多领域科技创新取得重大进展

12月17日，嫦娥五号返回器携带月球样品安全着陆，中国探月工程"绕、落、回"三步走规划如期完成，这是发挥新型举国体制优势攻坚克难取得的又一重大成就，标志着中国航天向前迈出一大步。一年来，从首次火星探测任务"天问一号"探测器成功发射到北斗三号全球卫星导航系统正式开通，从"奋斗者"号全海深载人潜水器成功完成万米海试并胜利返航到"九章"量子计算原型机全球领先，中国坚持科技自立自强，科技创新取得重大进展。

经济篇

021. 外商投资法实施首日上海颁发首张执照

2020 年 1 月 1 日是外商投资法实施的第一天。上海尊蕴咨询管理有限公司副总经理徐进和他的美国朋友一起设立了外商投资企业，从市场监管局拿到了营业执照，成为新法实施后上海第一个参与外商企业投资的中国自然人。

积极促进外商投资是新法的主旨之一。涉及准入等市场监管领域，法律为外商投资企业提供了多重便利：公司设立上，明确了中国自然人作为中方投资者的合格主体身份，为充分释放民间投资热情，促进市场活力创造了有利的条件；变更上，从逐案审批（备案）制到信息报告制；企业类型上，只区分有限公司、股份有限公司和合伙企业，不再有“中外合资”“中外合作”的概念。

上海市场监管部门已通过抖音、漫画等多种形式，为新法进行了精准解读，同时也利用“一网通办”等上海政务服务品牌，对外商投资企业的“全周期服务”进行了优化。从 2020 年 1 月 1 日开始，外商投资企业新设变更，无须再通过商务部门审批备案，可直接通过中国上海“一网通办”平台在线提交初始报告、变更报告，并通过国家企业信用信息公示系统在线提交年度报告，实现了市场监管、商务、外汇年报的“多报合一”，流程简化，办事方便。

022. 央行降准、释放资金支持实体经济发展，降低社会融资实际成本

1 月 1 日，为支持实体经济发展，降低社会融资实际成本，中国人民银行对外宣布，决定于 2020 年 1 月 6 日下调金融机构存款准备金率 0.5 个百分点（不含财务公司、金融租赁公司和汽车金融公司）。

人民银行有关负责人表示，此次降准是全面降准，体现了逆周期调节，释放长期资金 8000 多亿元，有效增加金融机构支持实体经济的稳定资金来源，降低金融机构支持实体经济的资金成本，直接支持实体经济。

业内人士表示，此次降准保持流动性合理充裕，有利于实现货币信贷、社

会融资规模增长同经济发展相适应，为高质量发展和供给侧结构性改革营造适宜的货币金融环境，并且用市场化改革办法疏通货币政策传导，有利于激发市场主体活力，进一步发挥市场在资源配置中的决定性作用，支持实体经济发展。

降准可以增加金融机构的资金来源。人民银行有关负责人表示，在此次全面降准中，仅在省级行政区域内经营的城市商业银行、服务县域的农村商业银行、农村合作银行、农村信用合作社和村镇银行等中小银行便获得长期资金1200多亿元，有利于增强立足当地、回归本源的中小银行服务小微、民营企业的资金实力。同时，此次降准可每年降低银行资金成本约150亿元，通过银行传导可降低社会融资实际成本，特别是降低小微、民营企业融资成本。

人民银行有关负责人强调，此次降准与春节前的现金投放形成对冲，银行体系流动性总量仍将保持基本稳定，保持灵活适度，并非大水漫灌，体现了科学稳健把握货币政策逆周期调节力度，稳健货币政策取向没有改变。

023. 央企违规经营者“一企受限、企企受限”

1月1日，国务院国资委出台一项监管新规，今后国资委和中央企业根据有关规定，对违规经营投资责任人作出在一定时期内不得担任中央企业董事、监事、高级管理人员的处理后，相关责任人信息将被纳入禁入限制人员信息管理系统，初步实现在央企范围内“一企受限、企企受限”。

国资委印发的这份名为《中央企业禁入限制人员信息管理办法（试行）》的文件，旨在进一步强化国资监管，完善违规经营投资责任追究工作制度。

所谓禁入限制，是指国资委和央企依规对违规经营投资责任人作出在一定时期内不得担任中央企业董事、监事、高级管理人员的处理。其中高级管理人员包括企业的经理、副经理、财务负责人、董事会秘书和公司章程规定的其他人员。

办法明确，国资委和中央企业根据有关规定作出禁入限制处理，按照“谁处理、谁负责”的原则，对禁入限制人员信息的合法性、真实性、准确性负责；强调国资委、中央企业在任命董事、监事、高级管理人员时，应将查询拟任人员禁入限制情况作为前置程序。

办法提出，国资委和中央企业有关人员存在未按规定录入或审查，应查未查、故意隐匿、伪造，违规向无关方提供禁入限制人员信息以及泄露国家秘密、商业秘密或个人隐私等情形，造成严重不良后果的，依法依规追究相应责任。

办法自 2020 年 1 月 1 日起施行。国资委将总结办法施行中的经验做法，逐步推进禁入限制人员信息在全国国资监管系统以及全社会的综合利用。

024. 2020 年中央一号文件发布

2 月 5 日，《中共中央 国务院关于抓好“三农”领域重点工作确保如期实现全面小康的意见》发布，全文共 5 个部分，包括：坚决打赢脱贫攻坚战；对标全面建成小康社会加快补上农村基础设施和公共服务短板；保障重要农产品有效供给和促进农民持续增收；加强农村基层治理；强化农村补短板保障措施。

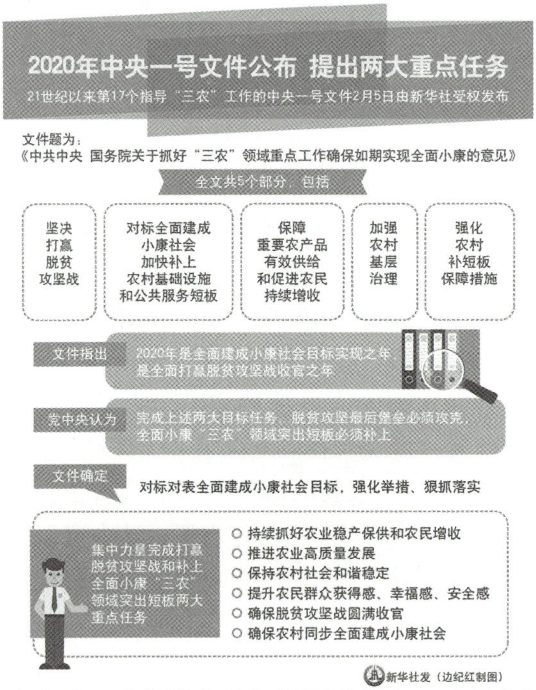

文件指出，2020 年是全面建成小康社会目标实现之年，是全面打赢脱贫攻坚战收官之年。党中央认为，完成上述两大目标任务，脱贫攻坚最后堡垒必须攻克，全面小康“三农”领域突出短板必须补上。

文件确定，对标对表全面建成小康社会目标，强化举措、狠抓落实，集中力量完成打赢脱贫攻坚战和补上全面小康“三农”领域突出短板两大重点任务，持续抓好农业稳产保供和农民增收，推进农业高质量发展，保持农村社会和谐稳定，提升农民群众获得感、幸福感、安全感，确保脱贫攻坚战圆满收官，确保农村同步全面建成小康社会。

中央农村工作领导小组办公室有关负责人表示，完成这两大目标任务，脱贫攻坚还有一些最后的堡垒必须攻克，全面小康“三农”领域还有一些突出短板必须补上。面对国内外风险挑战明显上升、经济下行压力加大的复杂局面，稳住农业基本盘、发挥“三农”压舱石作用至关重要，政策措施必须逐项抓好落实，确保如期完成任务。

在浙江省长兴县林城镇农业基地的水果陆续成熟上市之际，当地党员志愿者积极组织帮扶小分队，帮助低收入果农采收水果，并通过“云直播”“云销售”的方式进行推销。图为4月25日，青年志愿者在帮助果农采摘枇杷。

徐昱　摄（新华）

西藏那曲市尼玛县文部乡北村的春耕从4月底开始到6月初结束，以牧业为主的村民们，会在当穹错旁播种下青稞、土豆、萝卜等种子。图为4月30日，在春耕仪式上，村民带着耕牛犁地。

田金文　摄（新华）

近年来，天津市武清区梅厂镇着力发展都市型现代农业，打造葡萄种植示范基地，将葡萄新品种和葡萄种植新技术推广到周边乡村进行设施化生产。图为2020年6月11日，天津农学院教授田淑芬（中）在“金锅生态园”向果农介绍新技术。

马平　摄（新华）

2020年，面对疫情冲击和复杂严峻的国内外环境，中国经济依然稳住高质量发展“加速度”，粮食生产实现“十七连丰”。图为9月2日，贵州省天柱县高酿镇上花村的农民在收获水稻。

杨文斌　摄（新华）

近年来，湖州市南浔区通过开展乡村土地全域整治、推广实施果蔬数字化设施化栽培、对旅游资源丰富的村庄进行景区化打造、构建电商平台等一系列举措，助力乡村产业的转型和高质量发展。图为2020年11月16日，在荻港村的一个网络直播间内，主播（左）与村民一同销售当地的糕点小吃。

江汉　摄（新华）

6月1日，中共中央、国务院印发的《海南自由贸易港建设总体方案》对外公布，中国特色自由贸易港启航。图为10月4日，消费者在海口日月广场免税店选购商品。

蒲晓旭　摄（新华）

印度尼西亚雅万高铁项目是中国高铁全系统、全要素、全生产链走出国门的“第一单”，也是“一带一路”倡议的标志性工程和印尼国家战略项目。图为5月10日，雅万高铁首个多跨连续梁合龙现场。

杜宇　摄（新华）

2020年，从构建更加完善的要素市场化配置体制机制、加快完善社会主义市场经济体制到自贸试验区扩容、区域全面经济伙伴关系协定签署，中国改革开放实现新的重要突破。图为11月2日拍摄的进博会场馆——国家会展中心（上海）南广场。

丁汀　摄（新华）

11月5日，上海市青浦区市场监管局服务保障进博会企业服务区为新西兰外资企业上海奥净贸易有限公司颁发第三届中国国际进口博览会参展商首张营业执照和食品经营许可证，这意味着该企业当日即可在中国市场投入运营。图为公司代表展示刚领取的营业执照和食品经营许可证。

方喆　摄（新华）

中国—上海合作组织地方经贸合作示范区青岛多式联运中心启用两年多来，已成为上合组织国家与日、韩经贸联系的重要纽带。图为11月9日，运送集装箱的货车准备进入青岛多式联运中心。

李紫恒　摄（新华）

11月27日，在广西南宁国际会展中心，消费者在第17届中国—东盟博览会“一带一路”国际展区选购商品。

张爱林　摄（新华）

2020年8月26日是深圳经济特区成立40周年纪念日。图为10月12日拍摄的深圳市民中心广场。

梁旭　摄（新华）

9月15日拍摄的中国（广东）自由贸易试验区深圳前海蛇口片区。

陈晔华　摄（新华）

10月12日拍摄的深圳深南大道的“拓荒牛”雕像，承载着特区人埋头苦干、顽强奋进的精神特质。

梁旭　摄（新华）

9月17日无人机拍摄的深圳市南山区后海片区。

陈晔华　摄（新华）

6月15日，第127届广交会拉开帷幕。这是中国首次将广交会整体性 “搬上云端”。图为在青岛营上电器有限公司营销人员通过广交会直播平台推介出口海外市场的冰箱。

梁孝鹏　摄（新华）

8月24日，创业板注册制首批18家首发企业上市交易。被誉为“活力之板”的创业板站上了新的历史起点，一系列“升级”的市场制度开始运转。图为在深圳证券交易所举行的创业板改革并试点注册制首批企业上市仪式上拍摄的敲钟仪式。

毛思倩　摄（新华）

2020年，以一系列新业态新模式为代表的数字经济迅速发展，展现出中国经济的强大活力和韧性，为世界经济复苏注入更多动力。图为9月22日，参观者在福建省福州市一家高新技术企业了解最新移动互联无线产品。

宋为伟　摄（新华）

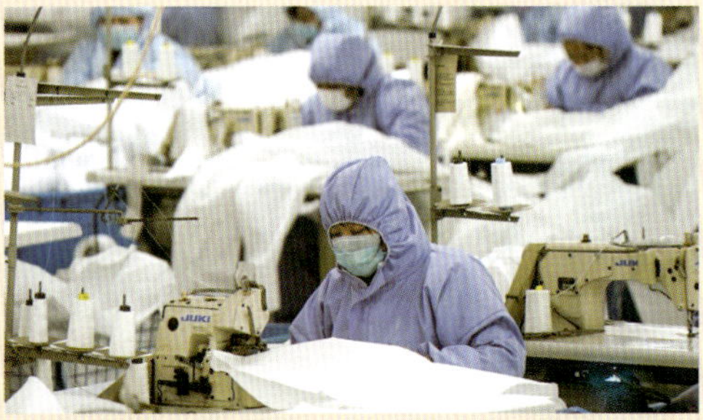

2020年，中国分阶段、有节奏、有针对性地推出一系列政策举措，助力广大市场主体复工复产、复商复市，率先在全球主要经济体中恢复经济正增长，成为全球经济阴霾下的一抹亮色。图为2月8日，工作人员在江苏红豆集团一般性防护服生产线上作业。

李博　摄（新华）

2020年，中国以国内大循环为主体、国内国际双循环相互促进，正在构建新发展格局，为世界经济复苏注入更多动力。图为11月19日无人机拍摄的繁忙的钦州港码头。

张爱林　摄（新华）

京津冀一体化使天津、河北港口从无序竞争走向竞合。图为11月4日，在天津港东突堤码头，集装箱货轮在港口内停泊。

孙凡越　摄（新华）

11月26日，2020世界5G大会在广州开幕。全球信息通信领域科学家、知名5G服务提供商和5G行业应用商围绕5G领域的前沿技术、产业趋势、创新应用等方面开展交流与讨论。图为参观者体验5G网络支持下的无人驾驶。

邓华　摄　（新华）

杭州城市大脑是为城市生活打造的数字化界面，包括公共交通、城市管理、卫生健康、基层治理等11大系统48个应用场景，日均协同数据1.2亿条。图为4月13日，参观者在杭州城市大脑运营指挥中心了解杭州推进数字治理的情况。

黄宗治　摄（新华）

11月1日，第七次全国人口普查开启现场登记。图为当日，安徽省合肥市肥西县紫蓬镇普查员、普查指导员在居民家中进行登记。

刘军喜　摄（新华）

12月27日，北京至雄安新区城际铁路大兴机场至雄安新区段开通运营，京雄城际铁路实现全线贯通，雄安站同步投入使用。图为从雄安开往北京西的首发列车停靠在雄安站站台。

牟宇　摄（新华）

6月23日，中国北斗三号全球卫星导航系统最后一颗组网卫星在西昌卫星发射中心发射，成功布阵太空，中国提前半年全面完成北斗全球卫星导航系统星座部署。

江宏景　摄（新华）

7月23日12时41分，中国在海南岛东北海岸文昌航天发射场，用长征五号遥四运载火箭将中国首次火星探测任务“天问一号”探测器发射升空，成功将探测器送入预定轨道，开启火星探测之旅，迈出了中国自主开展行星探测的第一步。

胡喆　摄（新华）

8月19日12时，三峡水库入库流量涨至72000立方米每秒，超过建库以来最大值。图为当日，长江三峡水利枢纽工程开启泄洪深孔泄洪。

肖艺九　摄（新华）

7月12日，国内首台10兆瓦海上风电机组在三峡集团福建福清兴化湾二期海上风电场成功并网发电，这是目前中国自主研发的单机容量亚太地区最大、全球第二大的海上风电机组，刷新了中国海上风电单机容量新纪录。图为6月12日无人机拍摄的海上风电机组。

林善传　摄（新华）

9月4日至9日，2020年中国国际服务贸易交易会在北京举行。图为9月7日，观众在会场5G通信服务专题展区参观。

鲁鹏　摄（新华）

11月27日0时41分，中国自主三代核电“华龙一号”全球首堆——中核集团福清核电5号机组首次并网成功。图为11月26日拍摄的“华龙一号”全球首堆福清核电5号机组常规岛厂房。

林善传　摄（新华）

9月15日至19日，第22届中国国际工业博览会在国家会展中心（上海）举行。图为开幕当日拍摄的“海斗一号”全海深自主遥控潜水器模型。

张建松　摄（新华）

11月28日，在马里亚纳海沟结束科考任务的“探索一号”科考船在海南三亚南山港码头靠泊下锚，成功实现10909米坐底纪录的“奋斗者”号也随船胜利返航。图为“探索一号”科考船的科考人员下船。

陈凯姿　摄（新华）

11月24日4时30分，中国在文昌航天发射场，用长征五号遥五运载火箭成功发射探月工程嫦娥五号探测器，顺利将探测器送入预定轨道，开启中国首次地外天体采样返回之旅。图为长征五号遥五运载火箭发射。

金立旺　摄（新华）

12月4日，中国科学技术大学宣布该校潘建伟等人成功构建76个光子的量子计算原型机“九章”，求解数学算法高斯玻色取样只需200秒。这一突破使中国成为全球第二个实现“量子优越性”的国家。图为光量子干涉实物图。

刘军喜　摄（新华）

12月27日，乌东德电站送电广东广西特高压多端柔性直流示范工程全面投产。图为6月9日无人机拍摄的工程云南送端昆北换流站。

李品　摄（新华）

2020年新冠肺炎疫情发生后，江苏南京很多社区都是封闭管理，来来往往最多的就是外卖小哥和快递员。图为3月3日，外卖小哥陈凯（右）和同事在工作间隙交流配送情况。

李博　摄（新华）

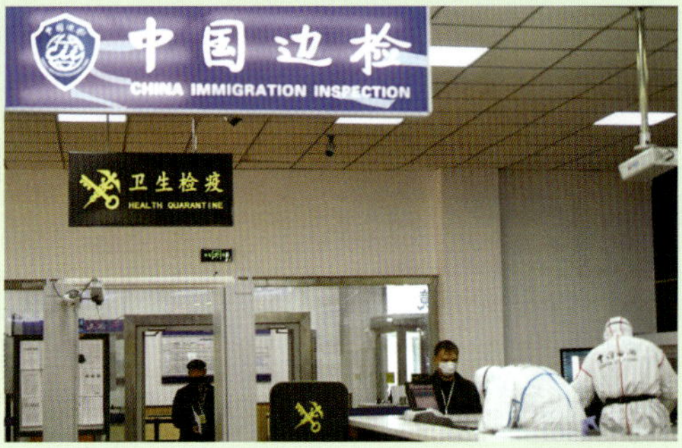

阿拉山口公路口岸是中欧班列向西出境的主要通道。面对疫情在境外的蔓延，当地海关、边检等多部门对入境车辆人员信息共享，精准研判风险信息，严防境外疫情输入。图为4月11日，工作人员依规检查哈萨克斯坦货车司机证件。

阿依努尔　摄（新华）

4月18日，为支持各类用人单位复工复产、帮助劳动者实现就业，“战疫情·促就业”大型综合性招聘会在海南省海口市京华城举行。图为用人单位与求职者现场交流。

郭程　摄（新华）

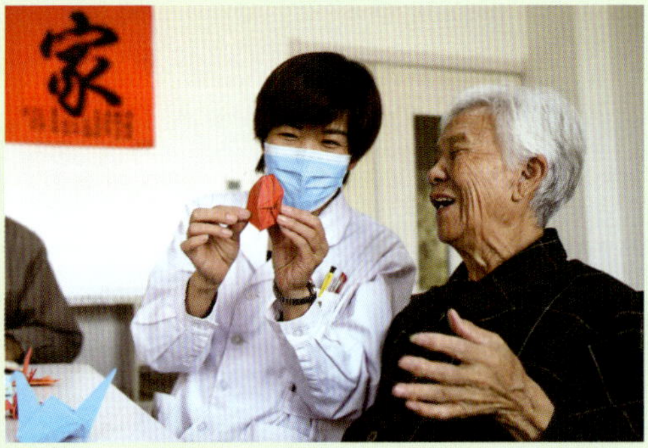

近年来，河北沧州积极探索医养结合发展模式，构建老年健康服务体系。图为2020年11月6日，省级医养结合试点单位河北沧州青县康泰养老护理中心护理人员与老年人一起折纸。

王民　摄（新华）

四川广安华蓥市的企业通过开设“季节工”和“钟点工”岗位，吸纳当地冬闲的农民和返乡农民工务工，缓解年末订单多、用工难的问题，同时让农民可以在家门口就业增收。图为12月16日，一家机械加工厂的工人在查看产品生产工艺。

邱海鹰　摄（新华）

025. 江西内陆开放型经济试验区获批

4 月 13 日，国务院发布《关于同意设立江西内陆开放型经济试验区的批复》(以下简称《批复》)。《批复》提出，江西内陆开放型经济试验区建设要挖掘区域合作潜力，推动资源要素自由高效流动，加快构建内外并举、全域统筹、量质双高的开放格局，努力走出一条内陆省份双向高水平开放，以开放促改革、促发展、促创新的新路子。

《批复》要求，江西省人民政府要切实加强对试验区建设的组织领导，完善工作机制，落实工作责任，抓紧编制并落实好具体实施方案，有力有序推进试验区发展。涉及的重要政策和重大建设项目要按程序报批。

内陆开放试验区是鼓励中西部地区培育自身优势，实现后发赶超的重要举措。试验区重点通过体制机制创新，促进要素市场化配置和流动，带动产业梯度转移，加快形成现代产业体系，促进开放式扶贫工作，着力打造内陆开放型经济新高地。这也是中国对外开放从东部沿海向中西部内陆地区延伸，推动对外开放向纵深推进，逐步形成全方位开放格局的重要举措。

经过一段时期发展，部分中西部省份已经逐步探索出适合内陆地区发展的成功经验，具有较强的内生发展动力，继续扩大推广开放型经济试验区的条件也逐步成熟。

未来有望看到更多地区申办并获准设立相关试验区，这有助于进一步促进内陆地区双向高水平开放，促进省内经济统筹发展，加速与周边开放型经济高地融合发展，实现以开放带动发展、改革和创新，促进经济规模和质量共同提升。

026. 四川盆地发现一条富含天然气新区带

5 月 4 日，中国石油西南油气田公司发现了一条富含天然气的新区带，预计潜在资源量超万亿立方米。这意味着四川盆地中部将开辟出一个新的天然气规模接替区。西南油气田公司的蓬探 1 井在地下 6376 米的震旦系灯影组地层获测试日产天然气 121.98 万立方米。这是盆地内灯影组产量最大的直井，勘探工作取得重要突破。

蓬探 1 井位于四川省大英县天保镇，是中国石油部署在德阳—安岳裂陷槽东侧勘探新区的一口风险探井，目的是持续深化四川盆地下古生界—震旦系油气富集规律研究，为油气田持续上产寻找新的接替区块。

川中高石梯—磨溪地区下古生界—震旦系，目前已探明万亿立方米储量，建成年生产能力 150 亿立方米的特大型气田，是西南油气田的上产“压舱石”。

西南油气田公司矿权范围内天然气总资源量达 30 万亿立方米，承担着向西南地区千余家大中型工业企业、超过 2000 万户居民家庭以及约 1 万户公用事业单位供气的任务。2020 年，西南油气田将建成 300 亿立方米产量的战略大气区。

027. 雄安新区等 46 个城市地区获批跨境电商综试区

5 月 6 日，国务院发布《关于同意在雄安新区等 46 个城市和地区设立跨境电子商务综合试验区的批复》（以下简称《批复》），同意在雄安新区、大同市、满洲里市等 46 个城市和地区设立跨境电子商务综合试验区。批复指出，综合试验区建设要复制推广前四批综合试验区成熟经验做法，推动产业转型升级，开展品牌建设，引导跨境电子商务全面发展，全力以赴稳住外贸外资基本盘，推进贸易高质量发展。

《批复》指出，综合试验区建设要按照鼓励创新、包容审慎的原则，坚持问题导向，加强协调配合，着力在跨境电子商务企业对企业（B2B）方式相关环节的技术标准、业务流程、监管模式和信息化建设等方面探索创新，研究出台更多支持举措，为综合试验区发展营造良好的环境，更好地促进和规范跨境电子商务产业发展壮大。

《批复》明确，要进一步完善跨境电子商务统计体系，实行对综合试验区内跨境电子商务零售出口货物按规定免征增值税和消费税、企业所得税核定征收等支持政策，研究将具备条件的综合试验区所在城市纳入跨境电子商务零售进口试点范围，支持企业共建共享海外仓。

中国正在酝酿更多支持举措推进跨境电商综合试验区进一步发展。4 月 7 日的国务院常务会议指出，近年来中国跨境电商进出口规模持续快速增长，成为外贸发展新亮点。当前传统外贸受到疫情较大冲击，必须更大发挥跨境电商独特优势，以新业态助力外贸克难前行。会议决定，在已设立 59 个跨境电商综合试验区基础上，再新设 46 个跨境电商综合试验区。

028. 全国唯一的特殊综合保税区来了

30 年前，中国第一个保税区在上海浦东的外高桥区域设立。5 月 16 日，位于上海自贸区临港新片区的洋山特殊综合保税区正式揭牌，成为中国 151 个海关特殊监管区域中唯一的特殊综合保税区。

自带开放基因

开放是上海的最大优势。保税区、综合保税区、特殊综合保税区一路走来，见证着上海开放的不断升级。

1990 年，外高桥保税区诞生，成为浦东开发开放的“同龄人”；2013 年，中国（上海）自由贸易试验区正式挂牌成立；2020 年 5 月 16 日，洋山特殊综合保税区正式揭牌，成为中国唯一的特殊综合保税区。

5 月 28 日拍摄的上海洋山港四期自动化码头。

张玉薇　摄（新华）

外高桥保税区、上海自贸区在中国的对外开放进程中起到了非常重要的带头作用，为洋山特殊综合保税区的发展提供了经验，打下了基础。洋山特殊综合保税区的挂牌既是一种传承，也是一种创新。

洋山特殊综合保税区由芦潮港区域、小洋山岛区域、浦东机场南部区域等三个部分组成，规划面积25.31平方公里，一期围网面积14.27平方公里，已经通过验收并封关运行。

除空间载体资源较为丰富外，洋山特殊综合保税区区位条件优越，处于中国大陆海岸线中心与长江入海口的枢纽位置，依托全球集装箱第一大港和航空货运全球第三大机场，具备高度便利的空运、海运、水路、铁路、公路条件，是全球同类区域中综合运输条件最好的。

产业功能方面，这片区域具备较高的发展起点和产业基础，特别是自贸试验区建设以来，已经形成了面向国际的分拨配送和大宗商品交易、面向国内的进口贸易和跨境电商，以及航空、海运等航运产业功能。

创新监管方式

洋山特殊综合保税区的“特”，到底体现在哪里？

特殊综合保税区主要以划定区域、物理围网的方式实现，真正实现了“境内关外”。相对于其他的保税港区、综合保税区，特殊综保区具有“一线放开，二线管住”的特点。所谓“一线”即国境线，“二线”即与非特殊综合保税区的连接线。

海关总署副署长李国说：“以‘守住安全、高效管住’为底线，取消不必要的贸易监管、许可和程序要求，最大限度简化‘一线’申报制度，突出区内经营自由。严格‘二线’监管，改革海关统计方法，更加便利开展国际中转集拼等业务发展。”

具体来看，在申报模式上，除法律法规要求必须进行申报的外，“一线”对于不涉证、不涉检的货物，采用径行提货、发货模式。“二线”由以往区内外企业双侧申报制度改为区外企业单侧申报制度。

在贸易管制上，除涉及国际公约、条约、协定或涉及安全准入管理的货物，确需在“一线”验核监管证件外，其余在“二线”验核；对依法实施检疫的货物，原则上在口岸完成；对入境检验的货物，原则上在“二线”实施。

在区内管理方面，海关取消账册管理，不要求区内企业单独设立海关账册，免于手册核销、单耗管理等海关常规监管，对区内企业实行企业自律管理，海关不干预企业正常经营活动。

在统计制度、信息化管理、协同管理方面，海关总署也都对标国际，结合上海实际，进一步创新监管制度，助力洋山特殊综合保税区实施更高水平的贸易自由化便利化政策和制度。

打开想象空间

在特殊综保区内，出口货物可以进行拼箱业务。以前，来自不同国家的集装箱送到这里，只能将集装箱整体发货，不能开箱。现在则可以打开集装箱，甚至打开包装，将箱内货物进行重新组合，发往不同目的地国家，其中蕴含的商机不言而喻。

在洋山特殊综保区的揭牌仪式上，宝武原料采购服务、马士基亚太分拨中心项目等 18 个新入驻项目集中签约。特殊综保区的特殊政策，有助于企业更好地应对全球疫情带来的不利影响。

洋山特殊综保区全部封关运行后，将有效提升上海水运和航空口岸的融合度。目前洋山特殊综保区一期已实现了洋山岛域和陆域区港一体化运作。未来二期浦东机场南侧区域封关验收后，通过一体化信息管理服务平台，将实现全球集装箱第一大海港和第三大空港间的货物便捷转运。

与此同时，特殊综保区还可以推进贸易领域产业、投资和科技的联动发展。

区内企业可以充分用好海关总署的“一线放开、区内自由”的监管便利，在区内设立全球的分拨中心，为区外企业提供全球供应链服务。

洋山特殊综合保税区将加快与高水平国际投资贸易协定相关通行规则衔接，实施更具国际市场竞争力的开放政策和制度，努力建设成为具有全球示范意义的国际投资、贸易、服务自由化、便利化、一体化的最佳实践区，成为引领全国高水平开放和高质量发展的重要功能区。

029. 中国迎来首个“国际茶日”

2020 年 5 月 21 日是联合国确定的首个“国际茶日”。主题为“茶和世界共品共享”的首个“国际茶日”浙江杭州主场活动在中国茶叶博物馆启动。

此次活动由农业农村部、浙江省人民政府、联合国粮农组织（FAO）主办。活动当天，现场发布了“国际茶日”LOGO、第三期“中国茶产业杭州指数”和浙江十大茶旅精品线路。

“国际茶日”系列活动包含茶扶贫、茶文化、茶体验、茶消费、茶旅游等。活动邀请中国工程院院士陈宗懋等有关专家线上讲授茶科学、茶文化，同时依托阿里巴巴平台举办开展涉茶创业就业技能线上培训，组织陕西平利等 18 个贫困地区茶叶主产县县长直播带货，上线茶生态观光景点，开通品牌茶馆线上门店直播。

国际茶日　　新华社发　曹一　作

农业农村部部长韩长赋在视频致辞中说，中国是茶的故乡，也是茶文化发祥地。当前经济全球化、社会信息化、文化多样化深入发展，全球茶产业发展面临大好时机。农业农村部将深入贯彻习近平主席重要指示精神，与各国同仁紧密合作，更好地为茶农谋利、为饮者造福。

浙江省是茶叶的重要发源地，茶历史源远流长，茶文化底蕴深厚，茶产业蓬勃发展。西湖龙井、余杭径山茶、安吉白茶、开化龙顶、景宁惠明茶等享誉中外。浙江 11 市 90 县（市、区）中，有 10 市 74 县（市、区）产茶。

2017 年，首届中国国际茶叶博览会在杭州举行，并宣布永久落户杭州。举办两届以来，茶博会积极推进国际茶业技术创新大合作，提高茶叶生产的规模化、集约化、标准化、绿色化水平，推动全球茶产业转型升级的同时为海内外茶商搭建茶产品营销推介大平台，促进生产、流通、消费有效衔接，“让中国好茶走向世界，让世界好茶走进中国”。

而为了赞美茶叶对经济、社会和文化的价值，2019 年 12 月，第 74 届联合国大会通过决议，将每年 5 月 21 日定为“国际茶日”。这是以中国为主的产茶国家首次成功推动设立的农业领域国际性节日。

浙江省省长袁家军说，希望以此次“国际茶日”活动为契机，充分发挥中国国际茶叶博览会永久举办地的优势，大力推进浙江茶产业高质量发展，为深化国际茶文化交流合作、茶产业互利共赢贡献浙江力量。

030.《海南自由贸易港建设总体方案》印发

6 月 1 日，《海南自由贸易港建设总体方案》公布，中国特色自由贸易港建设迈出关键一步。

对标世界最高水平开放形态

作为海南自由贸易港建设的纲领性文件，方案为中国特色自由贸易港擘画“总蓝图”——

对标国际高水平经贸规则，解放思想、大胆创新，聚焦贸易投资自由化便利化，建立与高水平自由贸易港相适应的政策制度体系，建设具有国际竞争力和影响力的海关监管特殊区域，将海南自由贸易港打造成为引领中国新时代对外开放的鲜明旗帜和重要开放门户。

在海南建设自由贸易港，是习近平总书记亲自谋划、亲自部署、亲自推动的改革开放重大举措。

2018 年 4 月 13 日，习近平总书记在庆祝海南建省办经济特区 30 周年大会上发表重要讲话时指出，党中央决定支持海南全岛建设自由贸易试验区，支持海南逐步探索、稳步推进中国特色自由贸易港建设，分步骤、分阶段建立自由贸易港政策和制度体系。

——明确基本原则，中国特色自由贸易港定位更为精准。

借鉴国际经验，体现中国特色，符合海南定位，突出改革创新，坚持底线思维。

——勾勒“时间表”“路线图”，分步骤、分阶段建设稳扎稳打。

海南自由贸易港的实施范围为海南岛全岛，到 2025 年将初步建立以贸易自由便利和投资自由便利为重点的自由贸易港政策制度体系，到 2035 年成为中国开放型经济新高地，到 21 世纪中叶全面建成具有较强国际影响力的高水平自由贸易港。

——一系列具体安排力度大、红利多。

在 2025 年前，放宽离岛免税购物额度至每年每人 10 万元，扩大免税商品种类；允许外国人以商贸、访问、探亲、就医、会展、体育竞技等事由申请免签入境海南；举办中国国际消费品博览会；允许境外理

12 月 30 日，三亚海旅免税城、中免集团三亚凤凰机场免税店和中服三亚国际免税购物公园等三家离岛免税店正式开业，海南国际旅游消费中心再度升级。图为消费者在中免集团三亚凤凰机场免税店选购商品。

赵颖全　摄（新华）

工农医类高水平大学、职业院校在海南自由贸易港独立办学……

把制度集成创新摆在突出位置

制度集成创新，是海南自由贸易港政策制度体系最鲜明的特点。

方案指出，以贸易投资自由化便利化为重点，以各类生产要素跨境自由有序安全便捷流动和现代产业体系为支撑，以特殊的税收制度安排、高效的社会治理体系和完备的法治体系为保障，在明确分工和机制措施、守住不发生系统性风险底线的前提下，构建海南自由贸易港政策制度体系。

方案作出一系列制度安排——

贸易自由便利方面，在实现有效监管的前提下，建设全岛封关运作的海关监管特殊区域。对货物贸易，实行以“零关税”为基本特征的自由化便利化制度安排。对服务贸易，实行以“既准入又准营”为基本特征的自由化便利化政策举措。

投资自由便利方面，实施市场准入承诺即入制，强化产权保护，保障公平竞争。

在跨境资金流动自由便利方面，分阶段开放资本项目，有序推进海南自由贸易港与境外资金自由便利流动。

在人员进出自由便利方面，实行更加开放的人才和停居留政策，在有效防控涉外安全风险隐患的前提下，实行更加便利的出入境管理政策。

在运输来往自由便利方面，建立更加自由开放的航运制度，推动建设西部陆海新通道国际航运枢纽和航空枢纽。

在数据安全有序流动方面，在确保数据流动安全可控的前提下，扩大数据领域开放。

根据方案，在海南自由贸易港与中华人民共和国关境外其他国家和地区之间设立“一线”，在海南自由贸易港与中华人民共和国关境内的其他地区之间设立“二线”。实行“一线”放开、“二线”管住、岛内自由。

海关将打造简化“一线申报”、突出岛内经营自由、严格“二线”监管的监管模式，先在洋浦保税港区等海关特殊监管区域试行后推广到全岛实施，建设高标准国际贸易“单一窗口”。

形成特色鲜明、具有较强竞争力的优势产业

建设中国特色自由贸易港，必须把准产业发展方向，这是高质量发展的题中之义。

国家发改委有关负责人说，在海南建设自由贸易港，就是要推动海南将生态优势和开放优势相融合，积极引进国际先进技术、高端人才和创新经验，打造包括资本、知识、技术、管理、数据在内的全球优质生产要素集聚区，形成特色鲜明、具有较强竞争力的优势产业，为全国高质量发展提供典型示范。

方案提出，大力发展旅游业、现代服务业和高新技术产业，不断夯实实体经济基础，增强产业竞争力。“这是基于海南自身条件和国家战略需要作出的精准定位。”中国国际经济交流中心产业规划部副部长李金波说。

在旅游业方面，围绕国际旅游消费中心建设，推动旅游与文化体育、健康医疗、养老养生等深度融合。加快三亚向国际邮轮母港发展，设立游艇产业改革发展创新试验区。

在现代服务业方面，集聚全球创新要素，吸引跨国公司设立区域总部。打造国际航运枢纽，构建具有国际竞争力的海洋服务体系。

在高新技术产业方面，以物联网、人工智能、区块链、数字贸易等为重点发展信息产业，培育深海深空产业，壮大先进制造业，建设全球热带农业中心和全球动植物种质资源引进中转基地。

在统筹推进疫情防控和经济社会发展的条件下，2020 年 1 至 4 月，海南实际使用外资同比增长 252. 3%，展现独特魅力。

建立更加灵活高效的监管模式和管理体制

对标世界最高水平开放形态，海南自由贸易港建设，要有与之相适应的税收制度、治理体系、法治体系和风险防控体系。

在众多制度设计中，税收制度备受关注。

方案提出，按照零关税、低税率、简税制、强法治、分阶段的原则，逐步建立与高水平自由贸易港相适应的税收制度。

从方案发布之日起，对注册在海南自由贸易港并实质性运营的鼓励类产业企业，减按 15% 征收企业所得税。对在海南自由贸易港工作的高端人才和紧缺人才，其个人所得税实际税负超过 15% 的部分，予以免征……

方案明确，构建系统完备、科学规范、运行有效的自由贸易港治理体系。建立以海南自由贸易港法为基础，以地方性法规和商事纠纷解决机制为重要组成的自由贸易港法治体系。

海南自由贸易港具有面积大、开放程度高等特点，处理好“放得开”和“管得住”的关系极为重要。

方案明确了风险防控体系的内涵，强调制定实施有效措施，有针对性防范化解贸易、投资、金融、数据流动、生态和公共卫生等领域重大风险。

031.《证券投资基金托管业务管理办法》发布

7 月 11 日，中国证监会和中国银保监会联合修订发布了《证券投资基金托管业务管理办法》。

托管办法修订内容主要涉及四个方面：一是按照国家金融业对外开放的统一安排，允许外国银行在华分行申请证券投资基金托管业务资格，净资产等财务指标可按境外总行计算，并明确境外总行应承担的责任，强化配套风险管控安排。执行中，外国银行在华子行一体适用。

二是结合监管实践完善监管要求，适当调整基金托管人净资产准入标准，强化基金托管业务集中统一管理，完善基金托管人持续合规要求，进一步丰富行政监管措施，强化实施有效监管。

三是持续推进简政放权，简化申请材料，优化审批程序，实行“先批后筹”。

四是统一商业银行及其他金融机构的准入标准与监管要求，将非银行金融机构开展基金托管业务有关规定整合并入托管办法。

032. 中国力推 15 种新业态新模式

7 月 15 日，国家发展改革委等 13 个部门公布《关于支持新业态新模式健康发展　激活消费市场带动扩大就业的意见》，提出支持 15 种新业态新模式发展，提速数字经济，激活消费新市场、培育壮大新动能，为经济高质量发展蓄势助力。

15 种新业态新模式包括在线教育、互联网医疗、线上办公、数字化治理、产业平台化发展、传统企业数字化转型、“虚拟”产业园和产业集群、“无人经济”、培育新个体经济支持自主就业、发展微经济鼓励“副业创新”、探索多点执业、共享生活、共享生产、生产资料共享及数据要素流通。

抗击新冠肺炎疫情中，中国数字经济展现强大活力和韧性，大量新业态新模式快速涌现，在助力疫情防控、保障人民生活、对冲行业压力、带动经济复苏、支撑稳定就业等方面发挥不可替代的作用。

根据意见，在线上服务方面，重点是健全完善与线上服务新业态新模式相适应的制度规则，打造线上线下有机融合的新业态，激活消费新市场。

在推进产业数字化转型方面，重点是提升数字化转型公共服务能力和平台“赋能”水平，降低转型门槛，壮大实体经济新动能。

在鼓励发展新个体经济方面，重点是完善保障制度，适应基于互联网平台的新型就业形态和模式发展，完善自主就业、灵活就业、“副业创新”、多点执业政策，激发市场主体创新创业内生动力。

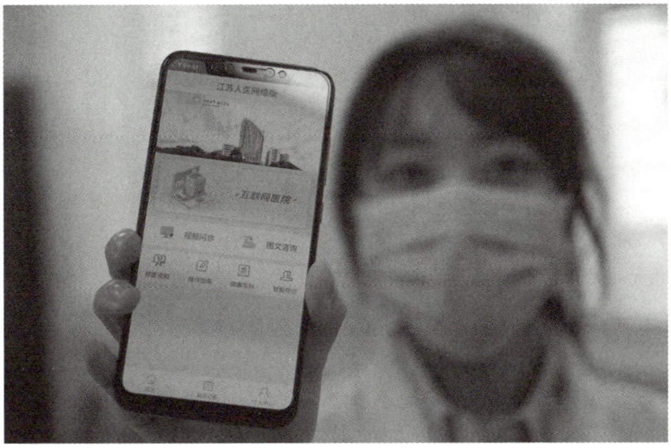

2 月 7 日，在江苏省人民医院互联网医院办公室，信息处的工作人员展示手机端的互联网医院平台。

季春鹏　摄（新华）

在培育发展共享经济新业态方面，重点是发展多种消费形态，探索深化所有权和使用权分离改革，以物质生产资料数字化支撑共享共用。促进数据要素流通，拓展生产资料供给，创造生产要素供给新方式。

国家发展改革委有关负责人说，中国已进入互联网、大数据、人工智能和实体经济深度融合阶段，引导新业态新模式健康发展，要破除惯性思维，推动制度供给改革，打造发展新优势和新机遇。

033. 首批 5 家全国示范步行街名单公布

7 月 22 日，南京夫子庙步行街、杭州湖滨步行街、重庆解放碑步行街、成都宽窄巷子步行街和西安大唐不夜城步行街被商务部确认为首批全国示范步行街。

在商务部当天举行的专题新闻发布会上，商务部副部长王炳南说，从 2018 年年底起，商务部在 11 个城市开展首批步行街改造提升试点工作，累计改造商业体 80 多万平方米，引进知名品牌 900 多个，新增旗舰店、首店 80 余家，11 条步行街均实现 5G 信号覆盖。同时，创新“众管共治”的街区管理机制，实施“小额争议先行赔付”“无理由退货”等举措，步行街营商环境和消费环境不断优化。2019 年，11 条步行街总客流量和营业额同比分别增长 22.6% 和 17%。

王炳南表示，改造提升步行街就是要顺应消费升级的趋势，优化环境，完善设施，增加优质商品供给，满足居民多层次、多样化的消费需求。要发挥消费引领生产的作用，推广中国制造、中国服务，发展新业态、新模式，以消费升级带动产业升级。

034. 财险业高质量发展三年行动方案出炉

8 月 5 日，银保监会发布《推动财产保险业高质量发展三年行动方案（2020—2022 年）》，这是银保监会成立以来首次对财险业发展和监管出台规划，具有重要指导意义。

近年来财险市场由高速增长向高质量发展转变，财险监管工作从功能监管向机构、功能监管并重转型，对财险市场发展加强顶层设计与整体规划、对监管工作进行谋篇布局更为必要和迫切。

方案明确，到 2022 年，财险业保持平稳较快增长，保障水平、服务能力和资本实力进一步增强，基本实现财险公司偿付能力充足率均达标、风险综合评级均在 B 类以上，推动形成结构合理、功能完备、治理科学、竞争有序的财险市场体系。

方案要求，推动行业向精细化、科技化、现代化转型发展，改进业态模式，深耕细分市场，推动服务创新，提升数字科技水平，完善公司治理体系。增强保险服务国民经济和社会民生能力，引导保险公司服务国家重大战略实施，支持社会治理体系建设，保障国民经济产业发展。

方案提出，提升行业对外开放水平和国际影响力，落实金融业对外开放重大举措，支持财险公司“走出去”，加快再保险市场发展。

下一步，银保监会将指导各银保监局、财险公司结合实际，研究制定配套措施，明确责任分工和时间安排，确保各项工作落实到位。

035. 海南国际知识产权交易中心正式开业

8 月 28 日，海南国际知识产权交易中心正式开业，标志着海南自贸港在建设国际化知识产权交易场所、探索规范知识产权证券化等方面，迈出了重要一步。

海南省地方金融监督管理局副主任林继军表示，海南国际知识产权交易中心正式开业，对于推动自贸港知识产权运营服务体系建设、构建自贸港国际一流的营商环境有着积极的意义。海南国际知识产权交易中心可以利用好国际化定位，结合自贸港外汇管理制度改革，在知识产权跨境贸易投融资证券化等业务上面进行产品和模式创新。

8 月 29 日拍摄的位于海口的海南国际知识产权交易中心。

蒲晓旭　摄（新华）

“海南国际知识产权交易中心的成立恰逢其时，能够在多方面与仲裁工作实现有效的对接。”海南国际仲裁院理事长王雪林说，海南国际仲裁院将搭建高效便捷的知识产权争议化解平台，提供优质、公正、高效的法律服务与支持。

海南国知中心总经理赵军介绍说，海南国知中心积极推动建设知识产权交易生态体系，与国内外多家企业、机构，围绕知识产权运营、保护、第三方服务、数据服务、证券化探索等方面，已签署了 60 余份战略合作协议；海南国知中心将创新知识产权单位许可权模式，通过标准化条款和公开交易，降低交易成本，提高交易效率，在地理标志产品、戏剧与电子竞技版权、通信等领域，优先进行标准化授权，助力“三农”、通信科技，服务文化艺术市场；积极探索区块链技术在知识产权存证、交易中的落地应用，已建成的多链社区可实现知识产权上链、存证，并将继续搭建“IP 多链联盟”。

截至 2020 年 8 月，海南国知中心已引入超过 1000 项专利、商标、版权等国内外知识产权在平台挂牌，并达成了超过 20 笔成交案例。

036. 首届全国消费扶贫月活动启动

9 月 1 日，首届全国消费扶贫月活动在北京拉开帷幕。本次活动以“万企参与，亿人同行”为主题，活动时间为 9 月 1 日至 9 月 30 日。

在全国消费扶贫月启动仪式上，国务院扶贫办、国家发展改革委、中央宣传部、中央网信办、教育部、财政部、农业农村部、商务部、国务院国资委、中华全国供销合作总社、全国工商联作为全国消费扶贫月活动的共同主办单位，联合有关单位发起了消费扶贫行动倡议书，引导和动员全社会购买

9月4日，市民在天津市河西区文化中心广场消费扶贫企业展台参观选购。

孙凡越　摄（新华）

和帮助销售扶贫产品。

国务院扶贫办有关负责人介绍，全国消费扶贫月活动以促进优质特色扶贫产品销售、保障城市“米袋子”“菜篮子”“果盘子”有效供给、构建社会扶贫长效机制为目标，以社会扶贫网为信息服务平台，将采取政府引导与社会参与相结合、政策支持与市场运作相结合、线上平台与线下渠道相结合、集中发动与持续推动相结合等方式，统筹各方面资源购买和帮助销售扶贫产品，拉动贫困地区扶贫产品消费，持续巩固脱贫攻坚成果。

2020年全国消费扶贫月活动主要包括消费扶贫专柜专项推进活动、消费扶贫专馆专项推进活动、消费扶贫专区专项推进活动、“扶贫832”销售平台专项推进活动和中国农民丰收节金秋消费季活动共5个专项活动。通过系列专项活动，组织动员各方面资源购买和帮助销售扶贫产品，推动扶贫产业融入全国大市场，引导贫困群众通过劳动稳定增收。

037. 中欧班列跨境电商B2B出口专列成功开行

9月1日上午10时，随着一声汽笛长鸣，中欧班列（渝新欧）跨境电商B2B出口专列缓缓驶出重庆团结村车站，标志着全国首班中欧班列跨境电商B2B出口专列成功开行，为外贸货物出口开辟了新路径。

这趟班列满载着来自全国各地的43个集装箱跨境电商商品，主要包括服装鞋帽、生活家居、日用百货等，将发往德国、波兰等欧洲国家。

重庆跨境电商产业的集聚效应是专列开行的前提条件。作为跨境电商试点城市、跨境电商综合试验区之一，重庆已汇聚500多家跨境电商企业。中欧班列（渝新欧）积极利用这一优势条件，成功开行全国首班跨境电商B2B出口专列。

跨境电商B2B出口专列的成功开行，也得益于利好政策的密集出台。重庆海关相关负责人说，9月1日起，海关总署增加重庆等12个直属海关开展跨境电商 B2B 出口监管试点，跨境电商 B2B 出口企业可享受优先查验、简化申报等便利政策，通关时效大幅提升，通关成本有效降低，进一步提升了中欧班列（渝新欧）跨境电商出口货物的物流配送能力。

9 月 1 日，全国首趟中欧班列（渝新欧）跨境电商 B2B 出口专列驶出重庆团结村车站。

唐奕　摄（新华）

另外，《进一步发挥中欧班列作用应对新冠肺炎疫情做好稳外贸稳外资促消费工作的通知》和《关于当前更好服务稳外贸工作的通知》，都明确提出鼓励中欧班列运营企业与跨境电商企业开展商业合作。7 月初，国家发展改革委宣布，支持重庆在内的 5 个城市开展中欧班列集结中心示范工程建设，并进一步鼓励中欧班列运营企业与跨境电商企业开展合作。

“跨境电商 B2B 出口专列的成功开行，为外贸企业货物出口开辟新路径。外贸企业通过这一路径，将更容易、更有效地进入全球市场，从而成为稳外贸的重要保障。”重庆市口岸物流办相关负责人表示。

038. 中国首个自营深水油田群建成投产

9 月 20 日，中国海洋石油集团有限公司公布，中国首个自营深水油田群——流花 16－2 油田群顺利建成投产。

流花 16－2 油田群高峰年产量可达 350 万吨，可满足 400 多万辆家用汽车一年的汽油消耗。

中海油有关负责人表示，流花 16－2 油田群处于南海深水区。中海油开展了多个工程方案的论证研究，先后攻克了深水钻井、水下智能完井、深水流动安全保障等难题，并首次自主完成了油气田水下生产系统开发模式的总体设计和安装工作。

流花 16－2 油田群水下生产系统主要包括水下采油树、生产管汇、海底电缆、脐带缆及远程控制系统、海管与柔性立管等，大多数水下生产设施都是国内首次应用。

这位负责人表示，流花 16－2 油田群的建成投产进一步完善了中国具有自主知识产权的深水油气开发工程技术体系。

039. 全国首条“超级电容＋钛酸锂电池”有轨电车工程完工

9 月 26 日，由中铁二十二局集团承建的国内首条采用“超级电容＋钛酸锂电池”储能供电装置的有轨电车工程——广州黄埔区有轨电车 1 号线完工。

中铁二十二局集团该项目负责人胡文涛介绍，黄埔区有轨电车 1 号线全长约 14.4 公里。该项目采用的有轨电车长 37 米，宽 2.65 米，高 3.68 米，为 100% 低地板有轨电车线路，方便乘客上下车。

这条线路在全国首次采用“超级电容＋钛酸锂电池”混合储能供电装置技术。车辆到达站点时，在乘客上下车间隙，车辆就自动完成充电，用时不到 30 秒，实现车辆能耗和补给动态平衡。同时，车辆配置的钛酸锂电池可在紧急状态下为车辆补偿供电，提升了车辆运行的应急能力。

040. 中兰客专最长黄土隧道顺利贯通

10 月 7 日，从中国铁建股份有限公司获悉，新建中（卫）兰（州）客专最长黄土隧道盘岘山隧道安全贯通，标志着中国“八纵八横”高速铁路网京兰通道的重要组成部分中兰客专取得突破性进展。

盘岘山隧道位于兰州新区中川镇境内，隧道全长 2829 米，最大埋深 111.83 米。该条隧道是全线唯一一座黄土隧道，工点范围内主要为黄土陷穴、浅层溜塌和粉砂层，特殊岩土主要为黄土和松软土，具有湿陷性、承载力低、物理力学性质差的显著特点。特别是黄土与粉细砂地层在开挖时常常会引发坍塌、滑移、流土流砂灾害；浅埋段开挖时，地表沉陷量大，容易产生直通地表的裂缝，形成滑移弱面和地表水渗透通道，威胁施工安全，是全线施工难度最大的重点控制性工程。

为确保施工安全和工程进度，兰州铁路局兰州工程建设指挥部会同甘肃铁投集团中兰客专公司多次组织各方专家进行现场踏勘研究，按照“管超前、短进尺、强支护、快封闭、早成环、严注浆、勤量测”的施工原则，最终提出了“大锁脚锚固桩+超前水平旋喷桩+三台阶临时仰拱+竖向支撑”的施工工艺，并同步增加了1处斜井和1条支洞，工作面由2个增加至5个，为隧道建设高效推进提供了可靠保障。

链　接

中兰客专北起宁夏回族自治区中卫市，向南经甘肃省白银市、兰州市，引入中川城际树屏线路所，其中甘肃省境内173.458公里，宁夏境内46.249公里，全线设中卫南站、北滩站、平川站、靖远北站、白银南站、兰州新区南站等6座车站，设计时速250公里，是中国“八纵八横”铁路网京兰通道的重要组成部分。

041. 电子商务进农村实现832个贫困县全覆盖

10月24日，2020年全国网络扶贫暨数字乡村发展工作现场推进会在贵州省贵阳市召开，此次会议由中央网信办、国家发展改革委、国务院扶贫办、工业和信息化部和贵州省委、省政府共同主办，旨在扎实推进深度贫困地区网络扶贫，接续推进数字乡村建设。

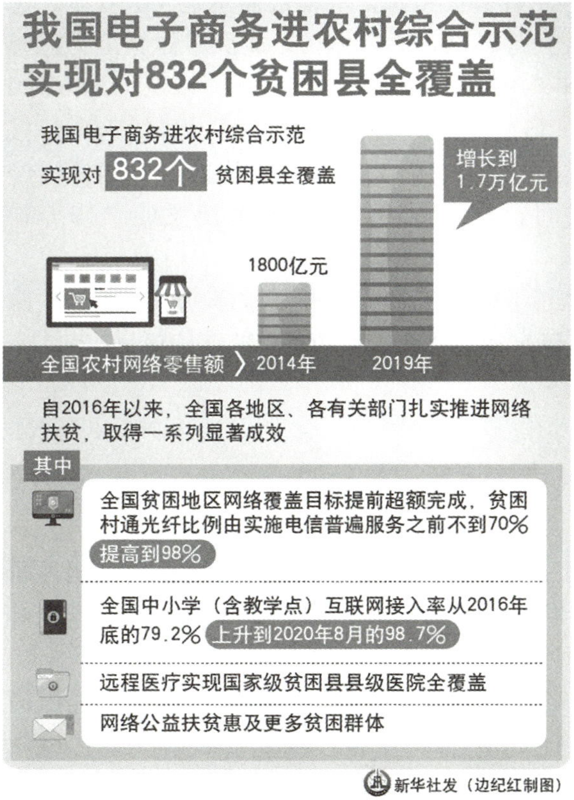

新华社发（边纪红制图）

会议指出，自2016年以来，全国各地区、各有关部门扎实推进网络扶贫，取得一系列显著成效。中国电子商务进农村综合示范实现对832个贫困县全覆盖，全国农村网络零售额由2014年的1800亿元，增长到2019年的1.7万亿元。

其中，全国贫困地区网络覆盖目标提前超额完成，贫困村通光纤比例由实施电信普遍服务之前不到70%提高到98%；全国中小学（含教学点）互联网接入率从2016年底的79.2%上升到2020年8月的98.7%；远程医疗实现国家级贫困县县级医院全覆盖；网络公益扶贫惠及更多贫困群体。

会议期间，中国移动、阿里巴巴、中国互联网发展基金会等38家企业、社会组织与42个未摘帽贫困县达成77个网络扶贫结对帮扶项目，涉及网络覆盖、农特产品在线销售、远程教育、电商培训、智慧出行等方面，将持续增强贫困地区发展的内生动力。

042. 中国最大跨度钢箱梁转体桥成功转体

11月4日，由中铁十四局承建的中国最大跨度钢箱梁转体桥顺利完成转体施工，为青岛新机场高速连接线工程的全线贯通打下坚实基础。

中铁十四局施工现场负责人张子杰介绍，青岛新机场高速连接线转体桥设计结构为240米T构钢箱梁，左右错幅布置，双幅桥面总宽49.16米，总重量达1.9万吨，是目前中国最大跨度钢箱梁转体桥。此次转体施工为双幅同步逆时针转体，历时90分钟平转90度后精准就位。

与普通桥梁相比，青岛新机场高速连接线转体桥采用了耐候钢全焊接免涂装技术，可以实现一百年全寿命周期内免涂装，有效避免后期桥梁经常性维修养护对铁路运营造成的影响，同时大大降低了桥梁的维修养护成本。

青岛新机场高速连接线转体桥上跨胶济客专、青荣城际等六条既有铁路和一条城市主干道，是青岛新机场高速连接线工程的重点控制性项目。

043. 中国又探明一大气田

11月12日，从中石化获悉，中石化西南石油局川西气田新增探明储量830亿立方米。至此，川西气田累计探明储量达1140亿立方米，相当于亿吨级当量大油田，将成为国家能源发展战略的重要支撑。

川西气田地处四川盆地西缘，主力气藏埋深在6000米左右，气田面积约138平方公里，属大型酸性气田。2018年，西南石油局在该区域先期部署的彭州1井等探井相继获高产工业气流，由此发现川西气田。2019

年以来，西南石油局又陆续部署开发井 11 口，已完钻的 7 口井均获良好产量。

中石化有关负责人表示，当前，西南石油局正在优化川西气田开发方案，全力推进气田开发建设。

044. 世界最大自贸区诞生

11 月 15 日，区域全面经济伙伴关系协定（RCEP）在东亚合作领导人系列会议期间正式签署，世界上人口数量最多、成员结构最多元、发展潜力最大的自贸区就此诞生。这是东亚区域经济一体化进程的重大里程碑，为推动区域乃至世界经济复苏注入了新的动力。

当前，国际形势正在发生深刻复杂变化，经济全球化遭遇逆流，单边主义、保护主义愈演愈烈，新冠肺炎疫情给包括东亚国家在内的世界各国带来严重冲击。在这一背景下，15 个成员国保持密切磋商，如期签署 RCEP，一个涵盖 30 多亿人口、占全世界三分之一 GDP 总量、全球最大的自贸区应运而生。该协定的签署是地区国家以实际行动维护多边贸易体制、

11 月 15 日，在越南首都河内拍摄的区域全面经济伙伴关系协定（RCEP）签署仪式现场。

新华社/越通社

建设开放型世界经济的重要一步，对深化区域经济一体化、稳定全球经济具有标志性意义。

在新冠疫情全球蔓延的困难时刻，东亚国家选择了开放合作。正如马来西亚国际贸易和工业部部长阿兹明·阿里所言，签署 RCEP 意味着东盟及其对话伙伴对自由贸易说“是”，向保护主义说“不”。

在各方共同努力下，东亚地区疫情防控形势总体趋稳向好，各国正在疫情防控常态化背景下有序复工复产，经济社会发展稳定恢复。在东亚努力走出新冠疫情影响的关键节点，RCEP 的签署给区域经济复苏注入了新动能。RCEP 将进一步促进东亚地区的贸易投资往来，加强区域产业链供应链合作，实现地区国家优势互补、互惠互利。

作为东亚经济增长的主要引擎，中国率先控制疫情并实现经济复苏，助力地区国家对冲疫情冲击。2020 年前三季度，中国与东盟经贸投资合作逆势上扬，持续为推动东亚区域经济复苏作出贡献。

中国贯彻新发展理念，推动高质量发展，加快构建新发展格局，在坚持扩大内需的同时，推进高水平对外开放。如期举办的第三届进博会，再次展现中国市场的巨大潜力，彰显中国支持贸易自由化、主动向世界开放市场的大国担当。

中国一直积极参与 RCEP 谈判，发挥了不可或缺的作用。中方将一如既往支持东盟发挥主导作用，同各方合作做好 RCEP 实施工作，使成果更早惠及地区企业和民众。随着 RCEP 的签署，东盟方面普遍期待进一步分享中国发展和开放的红利，地区国家也期盼加强共建“一带一路”合作，促进区域互联互通，释放经 RCEP 整合后的东亚市场的潜力。

045. 三峡工程创单座水电站年发电量世界纪录

11 月 18 日，中国长江三峡集团有限公司发布消息称，在充分发挥防洪、航运、水资源利用等综合效益的情况下，三峡工程 2020 年发电量已于 11 月 15 日 8 时 20 分达到 1031 亿千瓦时，打破了此前南美洲伊泰普水电站于 2016 年创造并保持的 1030.98 亿千瓦时的单座水电站年发电量世界纪录。

2020 年汛期，长江流域共发生 5 次编号洪水，最大洪峰达到 75000 立方米每秒，为历史罕见。在水利部长江水利委员会、国家电网、南方电网等单位的大力支持与帮助下，三峡集团全面落实汛期三峡工程各项风险管控措施，

11 月 1 日，游客在三峡大坝截流纪念园自拍。
肖艺九　摄（新华）

优化三峡电站机组运行工况，提升流域水雨情精准预报能力和梯级电站联合调度能力。三峡工程始终处于安全稳定状态，机组设备可控。

作为世界上最大的水利水电枢纽，三峡工程共安装有 32 台 70 万千瓦和 2 台 5 万千瓦的水轮发电机组，总装机容量为 2250 万千瓦，年设计发电量 882 亿千瓦时，是中国“西电东送”和“南北互供”的骨干电源点。

046. 新型“复兴号”动车组投入运营

12 月 24 日，由 CR300BF 型“复兴号”动车组担当的 C3887 次列车从南京南站出发驶向江苏连云港，标志这款中国拥有完全自主知识产权的“复兴号”动车组正式投入运营。

12 月 24 日，由 CR300BF 型“复兴号”动车组担当的 C3887 次列车驶出南京南站。
李博　摄（新华）

作为中国“复兴号”动车组家族的新成员，CR300BF 型“复兴号”动车组设计最高时速 250 公里，因车身采用“海空蓝”颜色涂装，该车型也被称作“蓝暖男”。与既有时速 250 公里的“和谐号”动车组相比，CR300BF 型“复兴号”动车组软硬件全部由中国自主设计、制造或选型，拥有完全自主知识产权。同时，车体设计有效降低了运行阻力，提高了列车牵引效率，实现了百公里人均能耗降低约 12%。

CR300BF 型“复兴号”动车组车厢内采用了结构隔声和减振设计，安装了高敏温度传感器控制智能空调，乘坐空间更安静、温度更适宜。同时，全系座椅比 CRH380B“和谐号”动车组座椅更宽，舒适感有了提升。车内还增设了车载无线系统，分布在每节车厢的 WiFi 天线可为旅客上网提供便利。未来，还将有 27 列该类型动车组承担南京开往深圳、汉口、赣州、威海等地的列车运营任务，该类型动车组将逐步在全国更大范围内投入使用。

047. 京雄城际铁路全线开通

12 月 27 日，北京至雄安新区城际铁路（以下简称京雄城际）大兴机场至雄安新区段开通运营，至此京雄城际实现全线开通运营。京雄城际全线开通运营后，北京西站至雄安新区最快旅行时间 50 分钟，大兴机场至雄安新区最快 19 分钟可达。同日，雄安站也同步投入使用。

12 月 27 日，从雄安开往北京西首发列车工作人员在岗位上。

牟宇　摄（新华）

京雄城际自北京西站引出，经过既有京九铁路至李营站，接入新建高速铁路线路，向南途经北京大兴区、河北省廊坊市、霸州市至雄安新区，线路全长 91 公里，最高设计时速 350 公里，其中北京西至大兴机场段已于 2019 年 9 月 26 日开通运营。此次开通的大兴机场至雄安新区段长 59 公里，设大兴机场、固安东、霸州北、雄安 4 座车站。

26 号下午 1 点，京雄城际铁路全线车票开始发售，共有三档票价：商务座票价分别为 143 元、184 元、204 元；一等座票价分别为 76 元、98 元、109

元；二等座票价分别为 48 元、61 元、68 元。其中，早上 6 点 56 分和晚上 9 点 46 分从北京西始发至雄安站的两趟列车，商务座、一等座、二等座这三种座席的票价均为最低档。而全程旅行时间最快的 C2771 次，50 分钟即可从北京西站抵达雄安站，三种座席票价均为最高档。

京雄城际铁路大兴机场至雄安新区段开通运营后，铁路部门将安排开行动车组列车 16 对，初期最高运营时速 300 公里。2021 年 1 月 20 日全国铁路运行图调整时，将按照日常线、高峰线安排列车开行，每日开行动车组列车最高达 17 对。至于与京雄城际同步投入运营的雄安站，未来将成为京港（台）高速铁路、京雄城际铁路、天津至雄安新区城际铁路、雄安新区至忻州高速铁路的交会枢纽。

京雄城际是中国建设的又一条智能高铁，在多项智能关键技术上取得了新突破。在智能装备方面，运用先进的列车控制系统，采用智能控制、大数据、云计算等技术，广泛应用新一代移动通信、牵引供电等设备。在智能运营方面，建设智能高铁车站，能够实现旅客精准定位、路径规划、位置搜索等智能服务；高铁设备采用电子标签管理，实现智能运维；运用地震预警、综合视频一体化等智能技术，提升高铁防灾能力。

048. 中国首座公铁两用跨海大桥正式开通运营

12 月 30 日，平潭海峡公铁大桥公路桥正式通车。这标志着中国首座公铁两用跨海大桥的公路、铁路全部正式开通运营。

平潭海峡公铁大桥全长 16.34 公里，其中跨海段超过 11 公里，2013 年开始建设。大桥上层为双向六车道高速公路，设计时速 100 公里，已于 2020 年 10 月开通试运营；下层为双线铁路，设计时速 200 公里，已于 12 月 26 日与福平铁路（福州至平潭铁路）同步投入使用。

福建福平铁路有限责任公司工程管理部部长钱立军介绍，平潭海峡公铁大桥所处位置是世界三大风暴潮海域之一，风大浪高水深涌急，海底地质条件复杂，有效作业时间少，工程建设面临的技术挑战和施工风险远超国内已建或在建的其他跨海桥梁。

“在非台风情况下，这里的阵风都有可能达到 10 级或以上。我们通过安装风屏障，桥面上的风力可有效削减 3 级。”中铁大桥局平潭海峡公铁两用大桥项目常务副经理肖世波介绍，面对恶劣自然环境影响，大桥建设者反复研

12 月 26 日，列车经过福平铁路平潭海峡公铁大桥（无人机照片）。

林善传　摄（新华）

究实践，通过研发新设备、改进施工工艺等方法，逐个攻克施工难题。

“在架梁阶段，我们改变过去钢桁梁现场安装的方式，改为在工厂整体制造总拼钢桁梁，现场进行海上浮吊整孔架设。”中铁大桥局平潭海峡公铁两用大桥项目总工王东辉介绍，由于海上吊装受风浪影响摆动大，精确就位难度也很大，中铁大桥局又历时 3 年、耗资数亿元打造了国内起重量最大、起升高度最高的双臂架起重船——“大桥海鸥号”。

049. 2020 年中国十大经济新闻

一、中国人均 GDP 突破 1 万美元

国家统计局 1 月 17 日发布数据，2019 年我国国内生产总值（GDP）接近 100 万亿元大关。按年平均汇率折算，人均 GDP 达 10276 美元，跨上 1 万美元台阶。一个拥有 14 亿人口的大国，实现人均 GDP 过万美元，是人类发展史上的奇迹。

二、新证券法正式实施　创业板注册制改革落地

修订后的证券法 3 月 1 日起施行，中国资本市场进入新证券法时代。“升级版”证券法标志着中国资本市场在市场化、法治化的道路上又迈出至关重

要的一步。8 月 24 日，创业板注册制正式迎来首批 18 家企业集中上市。创业板注册制的正式落地，标志着创业板市场进入了新的历史阶段，同时也为 A 股全市场的注册制改革进一步积累了经验。

三、海南自由贸易港建设迈出关键一步

6 月 1 日，中共中央、国务院印发的《海南自由贸易港建设总体方案》对外公布，敲定了海南自由贸易港的建设蓝图。海南自由贸易港的实施范围为海南岛全岛，到 2025 年将初步建立以贸易自由便利和投资自由便利为重点的自由贸易港政策制度体系，到 2035 年成为中国开放型经济新高地，到 21 世纪中叶全面建成具有较强国际影响力的高水平自由贸易港。

四、促进“双循环”中央提出构建新发展格局

5 月 14 日，中央政治局常务委员会会议提出，“充分发挥我国超大规模市场优势和内需潜力，构建国内国际双循环相互促进的新发展格局”；7 月 21 日，习近平总书记在主持召开的企业家座谈会上强调，要“逐步形成以国内大循环为主体、国内国际双循环相互促进的新发展格局”；7 月 30 日，中央政治局会议释放出“加快形成以国内大循环为主体、国内国际双循环相互促进的新发展格局”的信号。

五、中央推出一揽子政策助力企业战疫情渡难关

2020 年以来，面对疫情挑战，中央推出了一揽子政策扶持实体经济，帮助企业渡过难关。中国人民银行决定于 2020 年 4 月对中小银行定向降准，并下调金融机构在央行超额存款准备金利率。同时，中国人民银行又创设了两个直达实体经济的货币政策工具，分别是普惠小微企业贷款延期支持工具和普惠小微企业信用贷款支持计划。疫情期间，财政赤字规模增加 1 万亿元、抗疫特别国债发行 1 万亿元，两个“1 万亿元”直达基层，惠企利民。

六、中央深改委审议通过国企改革三年行动方案

6 月 30 日，中央全面深化改革委员会第十四次会议审议通过了《国企改革三年行动方案（2020—2022 年）》。会议指出，今后 3 年是国企改革关键阶段，要坚持和加强党对国有企业的全面领导，坚持和完善基本经济制度，坚持社会主义市场经济改革方向，抓重点、补短板、强弱项，推进国有经济布局优化和结构调整，增强国有经济竞争力、创新力、控制力、影响力、抗风险能力。

七、中国成为全球唯一实现经济正增长的主要经济体

突如其来的新冠肺炎疫情对中国经济造成严重冲击，一季度 GDP 同比回落 6.8%。但二季度以来，随着中国做好常态化疫情防控，复工复产，复商复市，经济逐渐恢复增长。面对严峻复杂的国际形势、艰巨繁重的国内改革发展稳定任务特别是新冠肺炎疫情的严重冲击，中国保持战略定力，准确判断形势，精心谋划部署，果断采取行动，付出艰苦努力，交出了一份人民满意、世界瞩目、可以载入史册的答卷。中国成为全球唯一实现经济正增长的主要经济体。

八、十九届五中全会描绘“十四五”发展蓝图　提出 2035 年远景目标

中国共产党第十九届中央委员会第五次全体会议，于 2020 年 10 月 26 日至 29 日在北京举行。全会审议通过了《中共中央关于制定国民经济和社会发展第十四个五年规划和二〇三五年远景目标的建议》。《建议》是开启全面建设社会主义现代化国家新征程、向第二个百年奋斗目标进军的纲领性文件，是今后 5 年乃至更长时期我国经济社会发展的行动指南。

九、中国绝对贫困人口实现全部脱贫

中共中央政治局常务委员会 12 月 3 日召开会议，听取脱贫攻坚总结评估汇报。经过 8 年持续奋斗，如期完成了新时代脱贫攻坚目标任务，现行标准下农村贫困人口全部脱贫，贫困县全部摘帽，消除了绝对贫困和区域性整体贫困，近 1 亿贫困人口实现脱贫，取得了令全世界刮目相看的重大胜利。

十、美国不断挑起经贸摩擦　中国进出口创历史同期新高

从发布行政命令封禁 TikTok 和 Wechat，到动用国家力量企图切断华为芯片供应链，2020 年以来，美国不断挑起经贸摩擦。12 月 8 日，商务部外贸司表示，1 月至 11 月，中国进出口总额 29.04 万亿元人民币，增长 1.8%，规模创历史同期新高。其中，外贸新业态新模式快速发展，跨境电商、市场采购贸易方式出口快速增长。

050. 武术成为青奥会正式比赛项目

1 月 8 日，在瑞士洛桑举行的国际奥委会执委会会议见证了武术项目发展的历史性一刻，会议通过将武术列入第四届青年奥林匹克运动会正式比赛项目，这是武术首次成为奥林匹克系列运动会正式比赛项目。

根据赛事安排，届时来自世界有关国家/地区的 48 名运动员将参加武术项目男女长拳全能和男女太极拳全能 4 个小项的比赛，其中长拳全能包括长拳和棍术项目，太极拳全能包括太极拳和太极扇项目。

此次武术进入青奥会，为实现《体育强国建设纲要》中提出的“力争武术项目早日进入奥运会”的战略任务迈出了坚实步伐，具有历史性意义，将对提升中国体育影响力、推动东西方文明交流交融、拓宽中华文化传播渠道、提升中国文化软实力发挥重要作用。

武术运动深受青年喜爱，全世界约有 1.2 亿人从事武术运动。多年来，中国武术协会和国际武术联合会大力开展武术推广工作，努力提升武术国际影响力，使武术在普及程度、组织建设、竞赛规则、比赛数量等方面基本满足奥运要求。国际武术联合会曾分别于 2001、2008 和 2011 年 3 次向国际奥委会提交入奥申请，并于第三次入围 2020 年东京奥运会 8 个备选项目，但最终均无缘入选。北京奥运会和南京青奥会期间，作为文化教育项目，中国曾举办“北京 2008 武术比赛”和“南京 2014 青少年武术比赛”。

第四届青奥会将于 2022 年 10 月在塞内加尔首都达喀尔举行。2019 年 12 月举行的国际奥委会执委会会议曾通过了该届赛会的项目设置，街舞、滑板、攀岩、冲浪、空手道 5 个项目被列入正式比赛项目。此次武术与五人制棒球一同列入本届青奥会，使增设项目达到 7 个，运动会共设 35 个大项。

051. 中国劳动教育有了“硬指标”

3 月 20 日，《中共中央　国务院关于全面加强新时代大中小学劳动教育的意见》印发，近年来被淡化、弱化的劳动教育有了“硬指标”。

“硬指标”　　新华社发　朱慧卿　作

意见规定，根据各学段特点，在大中小学设立劳动教育必修课程，系统加强劳动教育。中小学劳动教育课每周不少于 1 课时，学校要对学生每天课外校外劳动时间作出规定。职业院校以实习实训课为主要载体开展劳动教育，其中劳动精神、劳模精神、工匠精神专题教育不少于 16 学时。普通高等学校要明确劳动教育主要依托课程，其中本科阶段不少于 32 学时。

为将劳动教育落到实处，意见提出，将劳动素养纳入学生综合素质评价体系，制定评价标准，建立激励机制，组织开展劳动技能和劳动成果展示、劳动竞赛等活动，全面客观记录课内外劳动过程和结果，加强实际劳动技能和价值体认情况的考核。建立公示、审核制度，确保记录真实可靠。把劳动素养评价结果作为衡量学生全面发展情况的重要内容，作为评优评先的重要参考和毕业依据，作为高一级学校录取的重要参考或依据。

意见还特别指出，家庭要发挥在劳动教育中的基础作用。注重抓住衣食住行等日常生活中的劳动实践机会，鼓励孩子自觉参与、自己动手，随时随地、坚持不懈进行劳动，掌握洗衣做饭等必要的家务劳动技能，每年有针对性地学会 1 至 2 项生活技能。

“将劳动教育与智育区别开，防止用文化课的学习取代劳动教育。”教育部有关负责人说，实施劳动教育的重点是在系统的文化知识学习之外，有目的、有计划地组织学生参加日常生活劳动、生产劳动和服务性劳动，让学生动手实践，出力流汗，接受锻炼，磨炼意志。

052. 教育部 10 问 10 答详解 2020 年高考延期后有哪些新安排

3 月 31 日，教育部发布公告，明确 2020 年全国高考延期一个月举行，考试时间为 7 月 7 日至 8 日。教育部有关负责人就高考安排及相关工作回答了记者提问。

1. 今年高考延期一个月举行的主要考虑是什么？

答：2020 年全国高考报名人数为 1071 万。党中央、国务院高度重视新冠肺炎疫情对今年高考工作的影响，要求稳妥做好 2020 年高考工作。教育部在广泛听取意见的基础上，综合研判、审慎研究，经党中央、国务院同意，今年全国高考延期一个月举行。

高考延期　　新华社发 徐骏 作

一是坚持“健康第一”，切实保障广大考生和涉考工作人员的生命安全。当前全国本土疫情传播已基本阻断，但零星散发病例和局部暴发疫情的风险仍然存在，境外疫情呈加速扩散蔓延态势，我国疫情输入压力持续加大。卫生防疫专家认为高考延期一个月举行疫情防控风险相对更小。高考是涉及千万考生的大规模选拔性考试，必须坚持“健康第一”，采取最稳妥、风险最小的方案，切实保障广大考生和涉考工作人员的生命安全和身体健康。

二是坚持“公平第一”，切实把疫情对广大考生特别是农村和贫困地区考生复习备考的影响降到最低。疫情发生后，各地延期开学并安排高三学生居家学习，学生复习备考普遍受到影响。特别是由于城乡网络学习条件等差异，部分农村和贫困地区学生的复习备考受到的影响更大。高考的基本价值取向是确保公平公正。高考延期一个月举行，可使考生有更多时间按教学计划在校集中学习，从而最大限度地保障教育公平。

2. 目前部分省份的高三年级已开学，下一步教育部对于各地开学和学生复习备考有什么指导意见？

答：教育部高度重视疫情影响下的中小学教育教学工作。近日，教育部办公厅印发了《关于做好 2020 年春季学期中小学教育教学工作的通知》。一是指导各地各校在当地党委政府的领导下，统筹处理好疫情防控与教育教学的关系，按照省域同步原则安排高三毕业班学生先返校。二是做好同延期开学期间居家学习的衔接，优化调整高三年级教学计划和复习备考安排，增强针对性实效性，有序安排好高考前的各项教育教学活动。要突出人性化关怀和个性化安排，特别是加强对特殊学生群体的关爱帮扶，返校后要通过专门的“一对一”辅导，帮助学生跟上教学进程。三是注重对学生的心理疏导，缓解备考焦虑情绪，合理安排作息时间，保证学生的身心健康。四是加强有关工作安排的宣传解读工作，做好学生考试和升学的指导。

3. 教育部对今年高考的命题工作有什么考虑？

答：2020 年高考命题将以立德树人为鲜明导向，充分体现德智体美劳全面发展要求，着力加强关键能力考查，并综合考虑疫情因素和考生复习备考的实际情况，在保持命题总体稳定的前提下，优化试题情境设计，增强基础性、综合性、应用性、创新性，引导中学遵循教育规律，发展素质教育，助力学生健康成长、全面发展。

4. 今年高考的考试组织工作跟往年相比会有哪些变化？对考生有哪些影响？

答：2020 年高考工作面临疫情防控和时间推迟等复杂形势，教育部将指导各地重点加强三方面的工作。一是加强防疫措施。在今年疫情防控的特殊形势下，各省级招委会要协调卫生健康部门深入研判 7 月初疫情情况，详细制定疫情防控工作标准，切实加强考试组织各环节的防疫措施，全力为广大考生创造安全的考试环境。二是加强考试组织管理。严格规范执行考务工作规定，落实命题、制卷、试卷保管、分发、施考、阅卷等各环节的安全措施，确保考试组织万无一失。三是加强应急准备。针对高考期间部分地区可能发生高温天气和自然灾害，各地要切实做好防暑降温工作和各项预案准备，并组织开展灾害天气应急演练，全力保障高考安全平稳顺利举行。

确保公正安全　　新华社发　徐骏　作

我们将指导各地教

育部门优化相关措施和流程，为考生提供规范化、人性化的考试服务。同时，也请广大考生理解和配合，按照所在地区考点的统一要求参加考试。

5. 其他相关考试和高考体检工作，将如何安排？

答：一是关于高考综合改革省份的有关考试。北京、天津、上海、浙江、山东、海南的普通高中学业水平选择性考试时间由相关省级教育行政部门确定。

二是关于艺术类专业招生考试。前期教育部已进行专门部署，有关高校要在科学研究论证后，对于确需举行现场校考的，要在高考后组织，并尽可能减少参加校考的考生规模。

三是关于体育类招生考试。高校运动训练专业单独招生考试和高水平运动队统测项目，按国家体育总局有关通知安排举行。体育类专业考试由各省级招生委员会根据本地疫情防控要求安排。高水平运动队非统测项目由相关高校按各地疫情防控要求安排。

四是关于“强基计划”。有关工作时间节点较原定时间顺延一个月，学校考核仍安排在高考成绩发布后进行。

五是关于部分高校保送生和高水平艺术团招生考试。由相关高校按各地疫情防控要求安排。

六是关于高职分类招生考试等各省（区、市）统一组织的考试。由省级招生委员会根据疫情防控要求安排。

七是关于高考体检工作。由各省级招生委员会协调当地卫生健康部门，稳妥有序安排。

6. 今年高校的录取工作安排以及高校秋季开学会有哪些变化？

答：总体上，今年高考后填报志愿和录取时间将较往年整体推迟一个月左右，本科录取预计在 8 月底结束，专科录取预计在 9 月中旬结束。高校秋季开学时间也将相应顺延，预计本科高校 9 月初至中旬陆续开学，高职院校一般在 10 月初开学。

7. 对湖北省、北京市的高考会有哪些考虑和安排？

答：考虑湖北省、北京市的特殊情况，两地可根据疫情防控情况，研究提出本地区高考时间安排的意见，商教育部同意后及时向社会发布。同时，教育部也将会同国家卫生健康委员会、公安部等部门共同保障两地高考组织工作。

8. 这次高考延期与历史上“非典”疫情时期和汶川地震时期有什么不同？

答：今年高考与 2003 年我国发生“非典”疫情、2008 年发生汶川地震后的高考不能简单类比，包括疫情灾情波及范围、学生复习备考受影响等情况都有很大不同。2003 年我国发生“非典”疫情时，各省（区、市）中学高三年级已经正常开学，只有北京等少数疫情较重省份的学生在学期中短暂停课，全国中学高三下学期的教学活动是基本完整的，因此当时决定全国高考如期举行。2008 年发生汶川地震时，四川、甘肃部分地区教学设施损坏严重，不具备组织考试的基本条件，全国其他地方受影响较小，对高三学生复习备考影响不大，因此当时决定四川、甘肃的部分地区考生高考推迟到 7 月 3 日至 5 日举行，全国其他地方高考如期举行。

9. 目前，各省高三年级的开学时间不同，是否会影响高考公平？

答：我国高考以省（区、市）为单位组织考试和录取。前期，教育部已对各地开学复课工作进行了专门部署，要求原则上高三年级实行省域内同步复课。因此，不同省份高三年级开学时间不同，不会对高考公平产生影响。

10. 教育部对各地中考有什么指导意见？

答：中考一般由各地根据实际情况确定考试时间，以往各地中考基本上是安排在高考之后进行。考虑到今年疫情防控和延期开学等特殊情况，教育部将指导各地加强省级统筹，根据本省实际情况确定中考时间，原则上还是安排在高考之后进行。

教育部将积极指导各地统筹做好中考命题、考试组织和教育教学等相关工作，加强初三毕业年级指导，按照义务教育课程方案开齐开足规定课程，合理安排复习时间，保证学生体育锻炼和休息时间，同时加强学生心理健康教育和防疫一线人员子女、随迁子女、农村留守儿童等特殊群体关爱帮扶工作。

053. 教育部进一步严格国际学生进入中国高校本专科学习申请资格

6 月 10 日，为维护中国高等教育公平，教育部修订出台《关于规范我高等学校接受国际学生有关工作的通知》，进一步严格国际学生进入中国高等学校本专科阶段学习的申请资格。

教育部国际合作与交流司负责人介绍，近几年，出现了部分学生父母双方或一方为中国公民、本人出生即具有外国国籍，在中国境内接受基础教育，以国际学生身份申请进入高等学校本专科阶段学习的情况，受到社会关注。

对父母双方或一方为中国公民、本人出生即具有外国国籍的学生以国际学生身份进入高等学校本专科阶段学习的，通知中明确，除符合学校的其他报名资格外，申请者还须满足最近4年之内有在外国实际居住2年以上的记录。对移民并获得外国国籍后申请作为国际学生进入中国高等学校本专科阶段学习的，除符合学校的其他报名资格外，仍须持有有效的外国护照或国籍证明文件4年（含）以上，且最近4年之内有在外国实际居住2年以上的记录。

通知还明确，高等学校可在此通知的基础上，制定本校的规定，对国际学生申请入学的身份资格作出进一步要求。

054. 中小学生校外培训服务合同杜绝“霸王条款”

6月17日，为规范校外培训机构服务行为，推动化解校外培训收退费纠纷，教育部和市场监管总局联合印发《中小学生校外培训服务合同（示范文本）》。

《中小学生校外培训服务合同（示范文本）》为该行业首个全国性示范文本，共十一条，充分考虑了中小学生在参加校外培训过程中，各环节必须明确的当事人双方责、权、利关系，涵盖了培训项目、培训要求、争议处理等内容，尤其对培训收退费及违约责任作出了详细规定，旨在有效规范培训合同当事人签约、履约行为，从根本上保障当事人的合法权益。

杜绝“霸王条款” 新华社发 郭德鑫 作

从家长及学生的角度来看，这次示范文本的制定及发布，有利于防止部分培训机构利用格式合同免除自身责任、加重学员责任、排除学员主要权利、损害学员合法权益等情况发生。示范文本相关条款明确，培训机构应当明示收费项目、收费标准、办学事项、退费办法，重申线下机构不得一次性收取或变相收取时间跨度超过 3 个月的费用，同时还为家长及学生申请提前退学提供了多种退费选择方案。这些约定，有效杜绝了以往培训合同存在的“霸王条款”。从培训机构的角度来看，这次示范文本的制定及发布，也反映并维护了培训机构的应有权利，真正体现了契约精神的平等与理性。

055. 中国新增湖南湘西、甘肃张掖两个世界地质公园

7 月 7 日，在法国巴黎召开的联合国教科文组织执行局第 209 次会议上，中国推荐申报的湖南湘西、甘肃张掖两处地质公园正式获批“联合国教科文组织世界地质公园”称号。至此，中国世界地质公园数量升至 41 处，超过全球 161 处的四分之一，居世界首位。

国家林业和草原局有关负责人介绍说，湘西世界地质公园位于湖南省湘西土家族苗族自治州的武陵山脉腹地，拥有 160 处旧石器和新石器时代的文化遗址。该地区的地质记录了扬子地台的形成以及这一前陆盆地所经历的多期次的构造演化。

张掖世界地质公园位于甘肃省张掖市。该地质公园最显著的特征是有由色彩斑斓的褶皱泥岩和砂岩组成的彩色丘陵，同时还拥有自然侵蚀在山体上形成的“窗棂状”“宫殿式”丹霞地貌和古代洋壳残余九个泉蛇绿岩套。

7 月 26 日拍摄的张掖世界地质公园七彩丹霞景区景观。
范培珅　摄（新华）

该负责人表示，为积极响应联合国教

科文组织倡议，中国自2003年起开始创建世界地质公园。经过多年实践与探索，中国世界地质公园高效高质发展，在地质遗迹与生态环境保护、地方经济发展与解决群众就业、科学研究与知识普及、展示国家形象与促进国际交流等方面显现出突出的综合效益，为生态文明建设和中华文化传承作出了贡献。

056. 北京冬奥会倒计时装置、冬奥艺术系列展亮相北京冬奥组委

7月13日，北京2022年冬奥会倒计时装置和冬奥艺术系列展首展在北京冬奥组委首钢办公区亮相。

倒计时装置上显示着“距北京2022年冬奥会开幕571天”。这是继2019年5月10日在北京奥林匹克公园设置北京冬奥会倒计时装置后，北京冬奥组委设置启动的又一组倒计时装置。冬奥艺术系列展首展《飞翔的梦·情系冬奥》也于同一时间在北京冬奥组委办公区开幕。

7月13日，北京冬奥组委专职副主席、秘书长韩子荣（左）与冰壶世界冠军、运动员代表王冰玉为北京冬奥会倒计时装置揭幕。

鞠焕宗　摄（新华）

北京冬奥组委专职副主席、秘书长韩子荣，冰壶世界冠军、运动员代表王冰玉为北京冬奥会倒计时装置揭幕。显示屏幕为白色背景，屏幕上方北京冬奥会会徽格外醒目，下侧的红色数字标示着倒计时天数，装置将运行至北京冬奥会正式开幕。倒计时装置景观设计融入了北京冬奥会会徽等元素，突出了冰雪运动的特点，

传递奥运精神，展示北京冬奥会的愿景和理念。

2020年以来，由于受到新冠肺炎疫情的影响，国际奥委会做出东京奥运会延期至2021年的决定，给北京冬奥会筹办工作带来一定的不利影响。此时将倒计时装置设立在北京冬奥组委首钢办公区，既向全世界展示了冬奥筹办工作成果，也显示出成功举办北京冬奥会的坚定信心。

《飞翔的梦·情系冬奥》——章华雕塑作品展作为冬奥艺术系列展的首展，在冬奥组委办公园区展出了40件以讴歌奥运精神、展现冰雪运动为主题的雕塑作品，这些作品是雕塑家章华礼赞冬奥会的最新成果，以雕塑的艺术形式诠释奥林匹克精神，为北京冬奥会增添文化底色，也是为疫情后的冬奥会筹办工作的稳步推进加油助力。北京冬奥组委将结合北京冬奥会筹办工作的重要时间节点，邀请业内知名艺术家、文化机构等在冬奥组委办公区陆续举办系列展览和主题艺术活动。

057. 三星堆周边发现重要遗址

7月28日，四川省文物考古研究院公布，在三星堆周边发现重要遗址——联合遗址。专家认为，此遗址应该是三星堆古城遗址周边一重要聚落，涵盖了近5000年来连续不间断的区域发展史。此发现拉开了对三星堆周边区域研究的序幕。

联合遗址位于四川省广汉市南丰镇联合村1组，南距三星堆古城遗址约8公里。

从2019年10月开始，四川省文物考古研究院、德阳市文物考古研究所和广汉市文物管理所对联合遗址进行抢救性考古发掘，计划发掘面积7000平方米。截至2020年6月底，已完成发掘面积4500平方米，发现了极其丰富的新石器、商周、秦汉、魏晋、唐宋和明清时期的遗存，揭露各个时期的灰坑、墓葬、窑址等遗迹数以千计，同时出土了大量的陶器、瓷器、石器等，目前发掘工作仍在进行中。

“联合遗址涵盖了桂圆桥、宝墩、三星堆、十二桥4个文化因素，是三星堆周边首次发现有着完整古蜀文明序列的遗址，其中三星堆主体文化因素在联合遗址最为丰富，出土了大量和三星堆类似的文物。”四川省文物考古研究院副研究员辛中华介绍。

联合遗址出土和复原了大量的高柄豆、镂空圈足豆（盘）、小平底罐等。

出土的阴线刻龙凤组合纹陶器年代为晚商时期，是目前中国发现最早的有“龙凤呈祥”图案的陶器。

辛中华认为，联合遗址的发现，对研究古蜀文明的起源、发展和演变有重要意义。

058. 澳门成为世界遗产城市组织会员城市

8 月 7 日，“澳门特别行政区加入世界遗产城市组织授牌仪式”在澳门以视频会议形式举行。

会上，世界遗产城市组织向澳门特别行政区颁授世界遗产城市组织的证书，澳门特别行政区政府社会文化司司长欧阳瑜代表接受。澳门成为中国继苏州及都江堰后，世界遗产城市组织的第三个正式会员城市。

欧阳瑜对澳门正式加入世界遗产城市组织会员城市表示欣喜。她表示，“澳门历史城区”不仅是澳门历史发展的见证，更是重要的文化资源、未来发展的养分和文化根基，期盼日后与世界遗产城市组织加强交流合作，做好澳门的文化遗产保育工作。

澳门文化遗产委员会委员梁颂衍在会上发言表示，“澳门历史城区”是杰出的文化共融案例，在过去的十五年，澳门的城市保护意识日渐增强，特别是年青一代的积极参与，使澳门文化保育工作世代相传。

世界遗产城市组织（OWHC）是国际性的非营利和非政府组织，于 1993 年成立，旨为促进《保护世界文化和自然遗产公约》的实施，鼓励各遗产城市在文化遗产保护和管理方面的经验交流，进一步加强各遗产城市间在世界遗产保护方面的合作。

“澳门历史城区”于 2005 年正式列入《世界遗产名录》，澳门特区政府一直积极履行《保护世界文化和自然遗产公约》，加强与其他城市在世界遗产保护上的交流。2020 年适逢“澳门历史城区”申遗成功十五周年，澳门特区政府文化局通过举办系列庆祝活动，传递“文化遗产，共护共享”的保护理念。

059. 文旅部发布新规促进在线旅游规范经营

8 月 31 日，文化和旅游部发布《在线旅游经营服务管理暂行规定》，于

10月1日起正式施行，重点规范在线旅游平台不合理低价游、大数据“杀熟”等不良经营行为。

此规定适用范围涵盖中国境内通过互联网为游客提供包价旅游服务及交通、住宿、餐饮、游览、娱乐等服务的经营者。

文化和旅游部相关负责人介绍，此规定坚持问题导向，回应了近年来社会反映的热点、市场监管的难点、行业发展的痛点，填补了在线旅游领域行政规范的空白。

根据规定，在线旅游平台经营者应当对上传至平台的文字、图片、音视频等内容加强审核，确保信息内容安全；还应当对平台内经营者的身份、行政许可、质量标准等级、信用等级等信息进行真实性核验、登记，并定期核验更新。

在线旅游经营者应保障游客的正当评价权，不得擅自屏蔽、删除游客对其产品和服务的评价，不得误导、替代或强制游客评价。游客的评价应得到保存并向社会公开。

此外，在线旅游经营者应保护游客个人信息安全，不得滥用大数据等技术手段，基于消费记录、旅游偏好等设置不公平交易条件，侵犯旅游者合法权益。

在线旅游经营者违反此规定，为不合理低价游活动提供交易机会的，由县级以上文旅主管部门责令改正，可并处三万元以下罚款。

此规定还增加了助力复工复产的条文，提出进一步发挥在线旅游经营者在目的地推广、景区门票预约和流量控制等方面的积极作用。

060. 北京冬奥会特许商品“冬奥五环珐琅尊”发布

9月9日，主题为“大美非遗，京彩冬奥”的北京冬奥会特许商品“冬奥五环珐琅尊”在北京发布。

“冬奥五环珐琅尊”由中国工艺美术大师组成的设计团队精心策划推出。珐琅尊总高43厘米，采用景泰蓝、琉璃和錾刻三大非遗技艺制作而成。

其造型设计灵感源于奥运五环标志，五种底色分别取自奥运五环的五种颜色；器形似竹，有“节节高”之意，预祝在北京冬奥会上，中国奥运军团再创佳绩，为国争光；盖纽取自中国传统如意造型，祝福北京冬奥会圆满成功；盖子一周呈现的“冬奥图卷”，采用20克纯银镀金而成，以北京冬奥会开闭幕式场馆“鸟巢”、竞赛场馆“冰立方”、北京的天坛，以及张家口的大境门作为创意元素设计；尊身饰以五种中国传统吉祥纹“忍冬纹”，象征着冬奥会运动员坚韧不拔的意志；底足以商代虎形为尊足，象征北京冬奥会在 2022 年中国农历虎年举办，祝愿参加北京冬奥会的奥运健儿虎虎生威，旗开得胜。

9 月 9 日拍摄的“冬奥五环珐琅尊”。

任超　摄（新华）

中国工艺美术大师、国家非物质文化遗产景泰蓝技艺代表性传承人钟连盛作为主创人员在现场介绍，中国历来讲究“器以载道，物以传情”，“冬奥五环珐琅尊”设计灵感融入中国传统吉祥纹饰，再创新性结合景泰蓝、錾刻和琉璃三大非遗技艺，通过冬奥会舞台，展示具有中国特色的冬奥文化作品。

北京冬奥组委市场开发部部长朴学东在发布仪式上表示，景泰蓝是北京的城市名片，又是国家非遗技艺，通过这样一件具有奥运文化特色的非遗艺术品，可以很好地展示具有中国风格的北京冬奥会，宣传承办城市文化，展示承办城市的人文特征和城市特质。

061. 曾伯克父青铜器群追索回国后在湖北展出

9 月 12 日，位于武汉东湖之畔的湖北省博物馆迎来疫后恢复开放的第一个大型文物特展——“华章重现——曾世家文物特展”。2019 年从日本成功追索回国的曾伯克父青铜组器首次“回家”在湖北参展，丰富精美的出土文物，揭示了未为史书所载的曾国 700 余年的历史，让观众更好地领略荆楚文化的独特魅力。

“华章重现——曾世家文物特展”精选了湖北叶家山、苏家垄、文峰塔等重要曾国遗址出土青铜器，共分“始封江汉”“汉东大国”“左右楚王”“华章重

9 月 12 日拍摄的“华章重现——曾世家文物特展”上的展品。

喻珮　摄（新华）

现”四个单元，共计 62 件组文物集中呈现西周早期到战国中期的曾国青铜文化面貌。

在文化和旅游部、国家文物局的支持下，此次展览借展了 2019 年中国政府从日本追索回国的曾伯克父青铜器群。这是中国在国际文物市场成功制止非法交易、通过跨国追索回归祖国的价值最高的一批文物。

湖北省博物馆馆长方勤介绍说，曾伯克父青铜组器共计 8 件，器上均有器主名及“甗”“盨”“霝”等器物的自名，十分珍贵。组器的形制、纹饰和铭文等特征契合西周晚期至春秋早期青铜器的时代风格，据推测可能出自湖北随枣走廊一带的曾国墓葬。“这组文物组合完整、制作精美、铭文丰富，既填补了湖北出土曾国文物的重要缺环，又彰显了我国追索流失海外文物的决心和能力。”方勤说。

国家文物局局长刘玉珠说，此次曾伯克父青铜组器借展湖北省博物馆，是国家文物局助力湖北疫后重振、支持湖北文物工作的重要举措。本次展览遴选汇集了曾国遗址近 10 年来出土的精美文物，能够完整地反映曾国历史文化，为广大观众和游客呈现高水平的文化大餐。同时，也使海内外观众更加广泛地关注流失海外文物追索，为以后更多的成功追索凝聚社会共识和有生力量。

062. 祁连山最东端首次拍到雪豹

10 月 7 日，中科院的雪豹科研团队收获惊喜：在位于祁连山东端的青海省海东市互助土族自治县北山林场首次拍摄到雪豹母子玩耍嬉戏的影像。该团队负责人表示，此发现意义重大。

中科院西北高原生物研究所副研究员连新明博士介绍，2020 年 7 月，高生所和互助县北山林场共同启动北山林场野生动物红外相机调查工作，共布设24部红外相机。10月1日，他的团队在互助北山国家森林公园浪士当景区山谷内，例行更换红外相机存储卡和电池时，意外发现：该红外相机于9月4日记录到雪豹母子影像。“这真是个惊喜的发现！”连新明说，这里位于祁连山的最东端，距互助县城33公里，距青海省会西宁城区仅55公里（直线距离）。此发现意味着将雪豹的分布区延伸到了祁连山最东端，丰富了雪豹分布区记录，也是青海东部首次记录到雪豹实体影像，意义重大。

9月4日，在祁连山东端的青海省海东市互助土族自治县北山林场拍摄到的雪豹母子玩耍嬉戏的影像。

李琳海　摄（新华）

工作人员介绍，这里过去曾疑似有过雪豹，但是从来没有被证实过。雪豹，位于高山生态系统食物链顶端，因其常在亚洲腹地的高山雪线附近活动，善于攀岩，行踪隐秘，被誉为“雪山之王”。连新明团队提供的视频画面显示，一只大雪豹带着一只小雪豹在镜头前“秀亲昵”，看上去长得浑圆浑圆，是一对母子在玩耍。惊喜的发现不仅是雪豹，此次调查还记录到国家一级保护动物梅花鹿（野化的自然种群）、马麝以及斑尾榛鸡和红喉雉鹑，国家二级保护动物马鹿、石貂、荒漠猫、蓝马鸡，另有青海省保护动物赤狐、西伯利亚狍等。专家分析，从物种多样性角度讲，天保工程实施后，互助林场的森林面积在增加，浪士当景区下部是森林，上部有草原草甸，还有高山流石滩。正因生态系统类型丰富，所以孕育了丰富的物种多样性。

063. 青岛胶州湾水下考古发现1处一战时期大型沉舰遗址

10月22日，从青岛市文化和旅游局了解到，考古人员在青岛胶州湾外围海域发现1处一战时期大型沉舰遗址，采集到100余件文物。

大型沉舰遗址是在大公岛南部海域发现的。考古人员共采集到武器弹药、扇叶、水管阀门、皮革鞋垫、煤块等文物100余件，其中可复原文物45件，带有文字的文物2件。出水文物及相关文献记载等为遗址的性质判断提供了重要佐证。

考古人员表示，此处大型沉舰遗址的发现对研究第一次世界大战中日本与德国在胶州湾发生的海战提供了重要实证资料，对进一步丰富中国水下文化遗产当中的沉舰类型、深入研究一战时期军事文化水平等具有积极意义。

2020年8月5日至9月23日，国家文物局水下文化遗产保护中心、山东省水下考古研究中心、青岛市文物保护考古研究所联合组织实施了青岛胶州湾外围海域水下考古调查工作。

此次调查工作50余天，主要采取物理探测与潜水探摸相结合的方式对前期掌握的水下遗存线索进行调查，物理探测面积50平方公里，探测距离达566公里。考古人员在胶州湾内、竹岔岛周边、大公岛南部海域开展水下考古工作，累计潜水89次，潜水时长3127分钟。

除大型沉舰遗址，考古人员还在胶州湾内新发现3处水下文化遗产疑点，并在其中1处采集到铁锚、煤块、铁质凝结物等遗物。

064. 陕西发现首例考古发掘出土的颜真卿书丹墓志铭

11月13日，陕西省考古研究院在位于汉哀帝义陵以南约1.6公里、秦咸阳城遗址保护区以西约2.7公里处发掘出大量隋唐时期墓葬。其间，考古工作者在清理元氏家族墓葬时，发现三合由唐玄宗之侄、让皇帝李宪之子、汝阳王李琎撰文的墓志，而其中一合墓志的书写者为时任长安县尉的颜真卿。

参与发掘的陕西省考古研究院助理研究员张杨力铮介绍，元大谦夫妇二人墓志撰文者均为汝阳王李琎，志文内李琎自称外侄孙。据《新唐书》记载，李琎为让皇帝李宪之子，李宪之妃为元氏。“结合墓志内容可知元大谦的侄女即李宪之妃、李琎之母。李琎所撰墓志的内容填补了李宪妻族的相关情况，有益于唐代正史、文学史的研究。”

值得一提的是，罗婉顺墓志书丹者为颜真卿，文内自称为长安县尉。据史料记载，天宝五载，颜真卿由醴泉县尉升任长安县尉，与墓志时间相合。

颜真卿现存世书迹以传世碑刻为主，以现藏于西安碑林博物馆的《多宝塔碑》等为代表，共十余件，多以其风格成熟期作品为主，而本次发现为其早期书迹真品，尚带有模仿前朝书家的痕迹。西安碑林博物馆研究员陈根远说：“颜真卿一改王羲之以来书法追求精雅的方向，展现出士大夫的阳刚正大之气。甚至可以说从颜真卿开始，唐人开始逐渐确立属于自身的书法风格。”新出土的罗婉顺墓志对探讨其本人及我国中古时代书法艺术具有重要意义。

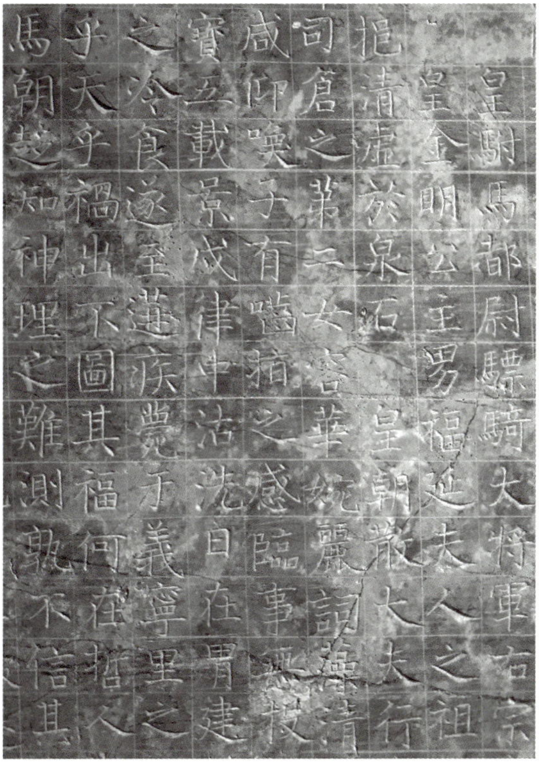

10 月 24 日拍摄的考古发掘出土的罗婉顺墓志局部。

李一博　摄（新华）

“本次考古发现的墓志，不仅是新见的唐代皇室成员文学作品，更是目前国内唯一经由科学考古发掘出土的颜真卿早年书迹真品，再次体现了考古工作对展示与构建中华民族历史的重要意义。”主持发掘的陕西省考古研究院研究员许卫红说。

065. 中国成功追索 68 件流失英国文物

11 月 18 日，从国家文物局举行的新闻发布会获悉，2020 年 1 月以来，国家文物局与外交、海关等部门紧密合作，在中国驻英国使馆大力支持下，克服疫情的不利影响，近期成功将流失英国 25 年的 68 件走私文物追索回国。

国家文物局副局长关强表示，此次 68 件中国流失文物顺利回归，为中国政府持之以恒 25 年不间断的走私文物跨国追索行动画上圆满句号，是中英两国在“1970 年公约”框架下，合作打击文物走私、促进文物追索返还的成功范例，既彰显了中国政府打击文物走私、追索流失文物的坚定意志，也是多年来

10 月 16 日，在英国伦敦，工作人员协助中国驻英国大使馆文化处清点文物。

韩岩　摄（新华）

中国政府积极参与文物追索返还领域国际规则改革完善、促进国际法秩序朝有利于文物返还的方向发展的重要成果。

关强说，经国家文物局组织鉴定，整批文物器型较为丰富，品相较好，精品较多，一些文物具有重要历史、艺术和科学价值。

国家文物局文物返还办公室主任邓超介绍说，国家文物局在官方网站开设了专题网页，将此次追索回国的文物、追索过程在线展示，为广大社会公众献上文物回归后的“首秀”。

066. 新疆通天洞遗址发现 5000 年前青铜器

12 月 4—5 日，2019—2020 年新疆文物考古成果汇报会召开，会上指出，考古工作者在通天洞遗址发掘到距今 5000 多年的青铜器，这是新疆境内发现的年代最早的青铜器。

7 月 12 日，考古工作者在新疆通天洞遗址筛选文物。

张晓龙　摄（新疆文物考古研究所供图）

2020 年 6 月至 9 月，考古工作者对通天洞遗址二号洞穴外的 T0118 探方进行了发掘。“清理到探方下第 7 个文化层时，发现了 3 个灶坑，并在灶坑内发现了一件铜管残件。”通天洞遗址考古工作队队长、新疆文物考古研究所研究员于建军表示，初步检测显示，此残件的成分是铜锡合金，即青铜。

2016 年至 2017 年，考古工作者曾在 T0118 探方第 6 至第 7 个文化层浮选出碳化麦粒用来测年。于建军说："结合与青铜器同层位的小麦碳十四测年数据，我们认为青铜器的年代不晚于公元前 3000 年，这是目前新疆发现的最早的青铜器，在国内也是较早的。这一发现对研究欧亚草原冶金术的早期传播有重要意义。"

通天洞遗址位于新疆吉木乃县草原石城景区，是新疆境内发现的第一个旧石器时代洞穴遗址，对了解新疆地区 4 万多年以来古人类演化过程、确立区域文化发展的编年框架有重要意义。2018 年，该遗址入选"2017 年度全国十大考古新发现"。

067. 西藏阿里首现青藏高原木俑

12 月 5 日，一项最新考古研究表明，西藏阿里桑达隆果墓地出土大量遗物，其中首现青藏高原木俑。这一墓地的考古发现，为探索西藏西部早期社会结构、生活模式，以及西藏与喜马拉雅山脉南麓、新疆、中原等的交往提供了新材料。

西藏自治区文物保护研究所副研究员何伟指出，桑达隆果墓地位于阿里地区札达县，桑达隆果即藏语"桑达沟口"。这一墓地墓葬分布密集，出土遗物包括陶器、铜器、扣器、石器、纺织物、料珠、木棺等，其中"出土的木俑是青藏高原首次发现，其形制特征与新疆吐鲁番一带墓葬出土的木俑形制相同"。

图为桑达隆果墓地出土的木俑（资料照片）。

春拉　摄（新华）

2017 年 12 月，札达县实施基础建设工程期间，首次发现这一墓地。随后，桑达隆果墓地考古发掘被国家文物局纳入"考古中国"项目，并予以重点文物保护专项资金支持。经过西藏自治区文物保护研究所、札达县文物局四个年度（2017—2020）考古发掘，目前该项目已取得阶段性重要成果。

从2017年至2020年间，桑达隆果墓地3座墓葬中累计出土7份（6件）金、银面饰，面饰形制与其临近的曲踏墓地、古如甲墓地，以及印度西北部马拉里墓地、尼泊尔北部桑宗墓地出土的金、银面饰形制相同或相近。此外，出土的两件青铜无足匜，则与四川、湖北一带形制相似。出土的单耳鸭嘴流寰底壶，与西藏中部拉萨曲贡遗址的陶器形制相似。

何伟说：“从约公元前300余年开始，人群在此地出现大规模聚集，其间经历了政治实体萌芽，生产生活大力发展，来自其周围包括新疆、尼泊尔北部、印度北部、西藏拉萨、山南腹地以及汉地的文化在这里交融汇合。公元600年以后，桑达隆果墓地不再被使用，结束了人群在此地的活动。”

068. 太极拳申遗成功

北京时间12月17日晚，中国单独申报的“太极拳”经联合国教科文组织保护非物质文化遗产政府间委员会评审通过，被列入联合国教科文组织人类非物质文化遗产代表作名录。

联合国教科文组织保护非物质文化遗产政府间委员会第15届常会于12月14日至19日在线上召开。本届常会共评审57个国家和地区申报的50个非物质文化遗产项目。

太极拳自17世纪中叶形成以来，世代传承，习练者遍布全国各地，并在海外有着广泛传播和传承。太极拳对于习练者的性别、年龄、体质、职业、民族没有限制，通过习练太极拳，人们在修身养性、强身健体的同时，也传承着中华民族的文化基因。

“学拳明理”，太极拳所蕴含的

阴阳循环、天人合一的中国传统哲学思想和养生观念，丰富着人们对宇宙、自然和人体运行规律的认知；其松柔圆活与立身中正的基本要求，尊师重道、学拳不可不敬、不可狂、不可满等价值观念，潜移默化地涵养着人们平和、包容、友善的心性。在提升人民群众健康意识、促进身心健康、推动人与人和谐共处、增强社会凝聚力等方面，太极拳发挥着重要作用。

069. 2020 年中国十大体育新闻

一、16 家足球俱乐部出局

5 月 23 日，中国足协发布两份公告，在公布旗下三级联赛参赛俱乐部名单的同时，宣布 16 家足球俱乐部出局。16 家俱乐部中 11 家被取消注册资格，5 家主动申请退出。

二、方舱变身　赛事重启

6 月 20 日，2019—2020 赛季中国男篮职业联赛（CBA）在东莞和青岛以空场赛会制方式复赛，开启疫情防控阻击战后体育赛事复赛序幕。作为曾经的方舱医院，武汉体育中心也变回运动馆，在 10 月 4 日举办了姚基金慈善赛。

三、刘国梁出任世界乒乓球职业大联盟理事会主席

6 月 29 日，世界乒乓球职业大联盟（WTT）宣布，中国乒乓球协会主席刘国梁担任新成立的 WTT 理事会主席。刘国梁曾获得奥运会和世锦赛金牌，退役后又先后担任中国乒乓球队总教练和中国乒乓球协会主席。

四、林丹退出国家队

7 月 4 日，37 岁的林丹宣布结束 20 年国家队生涯。林丹曾两夺奥运会男单冠军、5 次问鼎世界羽毛球锦标赛男单冠军，并帮助中国队夺得了 6 届汤姆斯杯冠军、5 届苏迪曼杯冠军，其拥有的 20 个世界冠军头衔迄今无人能及。

五、北京冬奥会筹办扎实进行

北京冬奥会所有竞赛场馆年内完工，并同步完成基础设施建设。线上公开征集奖牌、火炬和制服装备的视觉外观设计方案，发布《北京 2022 年冬奥会和冬残奥会可持续性计划》，冬奥会吉祥物等展示品完成月球之旅后返回。赛会志愿者全球报名人数约 100 万，赞助企业总数达到 38 家。

六、工人体育场启动复建

8 月，北京工人体育场正式启动保护性改造复建，将由综合性体育场转变为具有国际一流水准的专业足球场。新北京工人体育场计划于 2022 年 12 月交付使用。北京工人体育场是新中国成立十周年时建成的重要建筑，是第一届全国运动会等大型体育赛事的举办地。

七、学校体育、体教融合发力推进

9 月，国家体育总局和教育部联合印发《关于深化体教融合 促进青少年健康发展的意见》。10 月，中共中央办公厅、国务院办公厅印发《关于全面加强和改进新时代学校体育工作的意见》。学校体育、体教融合工作进一步得到强化。

八、全军专业体育力量调整改革

10 月 20 日，全军唯一的专业体育单位中央军委训练管理部军事体育训练中心调整改革动员部署大会在北京举行，"八一"军体队伍在职能定位、规模结构、参赛方式等方面都将发生重大变化。军队不再参加全国综合性体育运动会和单项赛事。

九、亚洲杯足球赛中国组委会成立

10 月 22 日，2023 年亚足联亚洲杯中国组委会在北京成立。亚洲杯是亚足联主办的亚洲水平最高、影响力最大的足球赛事。亚洲杯中国组委会的成立，标志着亚洲杯筹办工作进入新阶段。

十、15 年后建成体育强国、健康中国

10 月 29 日，中国共产党第十九届中央委员会第五次全体会议审议通过《中共中央关于制定国民经济和社会发展第十四个五年规划和二〇三五年远景目标的建议》，明确到 2035 年建成体育强国、健康中国。

070. 天通卫星移动通信系统宣布商用

1 月 10 日，依赖于中国自主建设的第一个卫星移动通信系统，中国电信天通卫星业务宣布商用。自此，一张由天上卫星、地上光纤、空中无线纵横织就的立体网络在对我国领土、领空、领海实现了全覆盖后，中国民用卫星移动通信业务也开始步入规模化应用阶段。

自 2018 年 3 月面向国家应急用户和部分行业客户试商用后，天通卫星移动通信系统已参与了中华人民共和国成立 70 周年庆祝活动、第二届“一带一路”高峰论坛、北京世界园艺博览会、第七届世界军人运动会等诸多重大活动通信保障。

国产大飞机将装载天通卫星通信系统，农业农村部也将颁布相关“渔业船舶船载天通业务终端的技术规范”，为中国智慧海洋提供基础支撑能力的同时，对区域海上救助手段标准规范也将产生积极影响。

天通一号卫星移动通信系统让中国摆脱了长期对国外卫星移动通信服务的依赖。此前，中国应急通信全部使用国外卫星，信息安全不可控，通信资源没有保障，2008 年汶川地震救灾中这一问题变得非常突出。

天通一号和北斗都是国之重器，简单地说，北斗用来定位，天通一号用来打电话、发短信、上网。

后续，天通一号还将发射其他卫星，围绕地球组成一个完整的、覆盖全部地面范围的卫星系统，理论上可为全球用户提供无死角移动通信服务。

071. 临床治疗胶质瘤或有药物新疗法

胶质瘤是一种恶性程度很高的脑部肿瘤，现有治疗手段单一且易复发。中国科学院合肥肿瘤医院方志友、陈学冉科研团队筛选并实验发现，药物“金转停”可控制这种恶性脑瘤的发展，延长患者生命，有望成为临床治疗胶质瘤的新手段。1 月，国际知名医学学术期刊《治疗诊断学》以封面文章的形式发表了该成果。

作为一种恶性脑瘤，多形性胶质母细胞瘤的发病率较高，治疗药物匮乏，而且术后复发率高。由于人脑天然具备一种“血脑屏障”保护机制，很多药物难以穿透，无法对肿瘤部位进行治疗。同样由于这种保护机制，国际医学界新兴的细胞与免疫抗癌疗法也很难获得期望的疗效。

探索胶质瘤的发病机理，寻找治疗的“靶点”，是近年来国际神经肿瘤研究领域的重要挑战和热点。经研究发现，人脑中的两种蛋白复合物“ZDHHC17”与“MAP2K4”对记忆、学习等功能有重要作用，但当两者相遇，将会产生“致癌”的活性，最终导致胶质瘤出现及恶性发展。

针对这一现象，中科院合肥肿瘤医院研究员方志友、副研究员陈学冉等人分析了这两种蛋白复合物的结构特征，并利用“丝裂原活化蛋白激酶抑制剂”化合物库，筛选发现“金转停”这种药物对胶质瘤有治疗效果。

“金转停”原为一种提高人体免疫力、治疗类风湿的药物，研究人员发现它不仅能有效抑制“ZDHHC17”与“MAP2K4”的结合以及相互间的信号传递，还可以显著地阻断胶质瘤细胞的增殖与侵袭等恶性行为的发展。同时，动物学实验也显示，通过这种药物治疗，被移植胶质瘤的动物生存期明显延长。

这项研究揭示了胶质瘤发生的根源，还为治疗胶质瘤、预防复发提供了新思路。研究人员表示，下一步有望开展相关临床试验，期待可以提升胶质瘤的临床治疗效果。

072. 中国率先实现水平井钻采深海“可燃冰”

3月26日，自然资源部宣布，由中国地质调查局组织实施的中国海域天然气水合物第二轮试采取得成功并超额完成目标任务。在水深1225米的南海神狐海域，试采创造了产气总量86.14万立方米、日均产气量2.87万立方米两项新的世界纪录，实现从探索性试采向试验性试采的重大跨越，天然气水合物产业化进程取得重大标志性成果。

本轮试采1个月产气总量86.14万立方米、日均产气量2.87万立方米，是第一轮60天产气总量的2.8倍。试采攻克了深海浅软地层水平井钻采核心关键技术，实现产气规模大幅提升，为生产性试采、商业开采奠定了坚实的技术基础，中国也成为全球首个采用水平井钻采技术试采海域天然气水合物的国家。

中国通过自主研发关键技术装备体系，大大提高了深海探测开发能力，形成六大类 32 项关键技术，其中 6 项领先优势明显；研发了 12 项核心装备，其中控制井口稳定的装置吸力锚打破国外垄断。这些技术装备在海洋资源开发、涉海工程等领域具有广阔应用前景，将带动形成新的深海技术装备产业链，增强中国“深海进入、深海探测、深海开发”能力。中国创建的环境保护和监测体系，进一步证实天然气水合物绿色开发的可行性。中国自主创新的环境风险防控技术体系，构建了大气、水体、海底、井下“四位一体”环境监测体系，确保了试采过程甲烷无泄漏、未发生地质灾害。

实现天然气水合物产业化，大致可分为理论研究与模拟试验、探索性试采、试验性试采、生产性试采、商业开采 5 个阶段。本试采成功实现从第二阶段向第三阶段的跨越，迈出天然气水合物产业化进程极其关键的一步。

073. 长征五号 B 运载火箭首飞成功

5 月 5 日，为中国载人空间站工程研制的长征五号 B 运载火箭在海南文昌首飞成功，正式拉开中国载人航天工程“第三步”任务的序幕。

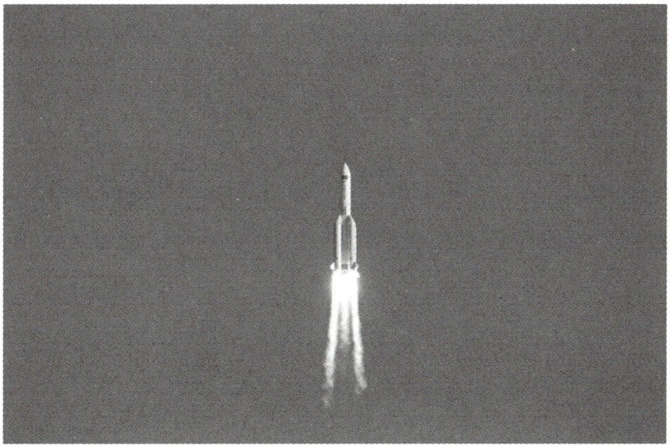

5 月 5 日，长征五号 B 运载火箭在海南文昌首飞成功，正式拉开中国载人航天工程“第三步”任务的序幕。
屠海超　摄（新华）

5 日 18 时 0 分，长征五号 B 搭载新一代载人飞船试验船和柔性充气式货物返回舱试验舱，从文昌航天发射场点火升空。约 488 秒后，载荷组合体与火箭成功分离进入预定轨道，中国空间站阶段的首次飞行任务告捷。

长征五号 B 以长征五号运载火箭为基础改进研制而成，主要承担着我国空间站舱段等重大航天发射任务。长征五号 B 全长约 53.7 米，芯一级直径 5 米，捆绑 4 个直径 3.35 米助推器，整流罩长 20.5 米、直径 5.2 米，采用无毒无污染的液氧、液氢和煤油作为推进剂，起飞质量约 849 吨，近地轨道运载能力大于 22 吨，是目前中国近地轨道运载能力最大的火箭。

建设具有国际先进水平的空间站，解决有较大规模的、长期有人照料的空间应用问题，是中国载人航天工程“三步走”发展战略中第三步的任务目标。据介绍，长征五号 B 首飞成功，验证了火箭总体方案、各分系统方案的正确性、协调性，突破了大尺寸整流罩分离技术、大直径舱箭连接分离技术、大推力直接入轨偏差精确控制技术等一批新技术，为中国空间站在轨建造任务奠定了重要基础。

这次任务正值新冠肺炎疫情肆虐蔓延之际，工程全线坚决贯彻党中央关于统筹推进疫情防控和经济社会发展的决策部署，采取封闭式管理、远程化会诊、全系统协同等方式，精简人员规模、优化测试流程、严格疫情防控。面对长征七号甲和长征三号乙运载火箭发射失利带来的严峻考验，工程全线深入开展质量整顿，高质量完成故障剥离和举一反三工作。针对此次任务准备期间发生的质量问题，严格按“双五条”归零标准，既抓技术问题归零又抓思想问题归零，既走专家路线又走群众路线，既重技术改进提高又重管理责任强化，确保了任务进度与质量的有机统一。

1992 年，党中央作出实施载人航天工程“三步走”发展战略。经过 20 多年独立自主发展和接续奋斗，已先后组织实施 16 次重大飞行任务，实现 11 名航天员共 14 人次太空飞行和安全返回，圆满完成第一步、第二步全部既定任务。

074. 中国新一代载人飞船试验船返回舱成功着陆

5 月 8 日 13 时 49 分，中国新一代载人飞船试验船返回舱在东风着陆场预定区域成功着陆，试验取得圆满成功。

8 日 12 时 21 分，北京航天飞行控制中心控制试验船完成返回制动，进入返回轨道。13 时 33 分，服务舱与返回舱成功分离。13 时 49 分，试验船返回舱安全着陆。搜救分队第一时间发现目标并到达着陆现场开展处置，经现场确认，舱体结构完好。

试验船于 5 月 5 日 18 时，从文昌航天发射场发射升空，在轨飞行 2 天 19

小时，完成了多项空间科学实验和技术试验，验证了新一代载人飞船高速再入返回防热、控制、群伞回收及部分重复使用等关键技术。

5月8日13时49分，中国新一代载人飞船试验船返回舱在东风着陆场预定区域成功着陆，试验取得圆满成功。

汪江波　摄（新华）

新一代载人飞船是面向中国载人月球探测、空间站运营等任务需求而论证的具有国际先进水平的新一代天地往返运输飞行器，具备高安全、高可靠、模块化、多任务、可重复使用等特点，可提高中国载人飞船的乘员人数和货物运输能力。试验船采用返回舱与服务舱两舱构型，通过配置不同的服务舱模块来适应近地空间和月球探测任务。

075. 中国科学家首次在自然界发现超临界二氧化碳

5月，《科学通报》以封面文章刊发中国科学院海洋研究所和中国科学院海洋大科学研究中心的一项科研成果：中国科学家在西太平洋一处深海热液区发现超临界二氧化碳，这是全球首次在自然界发现超临界二氧化碳，并为研究生命起源提供了新启示。

中国科学院海洋研究所研究员张鑫介绍，在“科学”号科考船2016年深海热液航次中，科研人员利用中国自主研发的深海原位拉曼光谱探针，在1400米深海热液区发现了喷发含有超临界二氧化碳流体的热液喷口。

“在31摄氏度、7.3兆帕的温压条件下，二氧化碳才会以超临界态的形式存在。超临界二氧化碳既有气态性质，又有液态性质，能快速溶解有机物。日常生活中的干洗就是用超临界二氧化碳，石油工业中也大量使用超临界二氧化碳作为溶剂，虽然被广泛应用，但此前还从未在自然界中发现超临界二氧化碳。”张鑫说。

利用深海原位拉曼光谱分析，科研人员发现，含有超临界二氧化碳的热液流体中有大量氮气，远高于周围海水和热液中的氮气浓度，这说明超临界二氧化碳对氮气有富集作用。此外，这些热液流体中含有一些未知有机化学物质。

科学家分析认为，深海热液区的超临界二氧化碳、氮气与周围矿物质结合，催化产生有机物，从而实现从无机到有机的转化过程，而有机物是生命基础，这为研究地球生命起源提供了新启示。

中国科学院海洋研究所研究员孙卫东说，热液所特有的化能生物群落具有不依赖阳光和嗜热特性，深海热液系统被认为可能与地球上初始生命产生的环境类似。生命的基本组成物质是氨基酸，但热液流体中缺少氨基酸的关键元素——氮，这是早期生命起源于热液假说最致命问题。此次在深海热液区发现超临界二氧化碳流体大量富集氮气，为地球早期从无机到有机的过程提供了绝佳反应介质。

科研团队基于这项科研成果，提出了新的地球生命起源假说：地球早期，存在于海洋与大气交界面的超临界二氧化碳层，富集大量氮气，并与海水和露出海表面的岩石矿物结合，催化产生有机物，成为地球上早期生命源头。

076. 快舟火箭与行云卫星首次“合体”

5 月 12 日，快舟一号甲运载火箭在酒泉卫星发射中心，以“一箭双星”方式，将“行云二号”01/02 星两颗卫星送入预定轨道，发射任务取得圆满成功。

“行云二号”01/02 星的成功发射，标志着中国航天科工集团“五云一车”系列商业航天工程取得又一进展，作为中国航天科工天基物联网星座的首发星——“行云二号”正式展开在轨技术验证和应用测试。

快舟火箭和行云卫星首次“合体”

此次发射的“行云二号”01/02 星，是“行云工程”α 阶段的两颗技术验证星，由中国航天科工集团所属航天三江航天行云科技有限公司自主设计研制，在星间激光链路技术、星载数字多波束通信载荷、空地卫星通信协议等多个技术领域实现创新。

卫星进入预定轨道后，将为智能集装箱监管、极地环境监测、地质灾害监测、气象数据预报、海洋环境监测、海上运输通信等多个行业提供应用测试，并为后续天基物联网的组网奠定基础。

执行此次发射任务的快舟一号甲运载火箭，由航天科工火箭技术有限公司抓总研制，具有飞行可靠性高、入轨精度高、准备周期短、保障需求少、发射成本低等特点，主要为300公斤级低轨小卫星提供发射服务。作为一型成熟的固体运载火箭，快舟一号甲已成功完成8次发射任务。

此次发射，是快舟火箭和行云卫星的首次“合体”。为确保发射任务顺利推进，总部在武汉的航天三江集团克服新冠肺炎疫情带来的巨大挑战，积极有序推动复工复产，用实际行动为武汉加油，将此次发射的“行云二号”01星命名为“行云·武汉号”，并通过在箭体上涂刷“英雄武汉·伟大中国”和“致敬医护工作者群像”的方式，致敬英雄的城市、英雄的人民和广大医护工作者。

尽快建成由80颗卫星组成的天基物联网星座

中国航天科工自“五云一车”（飞云、快云、行云、虹云、腾云工程以及高速飞行列车项目）商业航天工程发布的3年来，着力以技术创新、商业模式创新和管理创新来发展商业航天产业，取得了一系列成果，“行云工程”便是其中之一。

“行云工程”作为中国首个宣布自主投资建设的天基物联网星座，计划分α、β、γ三个阶段，在2023年前后建成由80颗低轨通信卫星组成的天基物联网星座，以期解决目前地面物联网业务因蜂窝通信网络覆盖率严重不足而导致的“通信盲区”难题。

“行云二号”01/02星在国内低轨星座中首次采用了星间激光链路技术，即在轨卫星之间可通过激光通信技术实现远距离通信，可以不依赖地面站的传输，从而提高通信服务的实时性。此外，两颗卫星在国内首次采用星载数字多波束通信载荷，通过先进的通信协议，实现卫星海量短数据接入，从而成为国内最早实现运营、管理、服务一体化集成的星座系统。“行云二号”01/02星成功发射，也意味着α阶段的建设任务圆满完成。

航天技术改变生活　卫星应用前景广阔

新冠肺炎疫情期间，如果你也曾在线“监工”火神山、雷神山建设，如果你也曾使用过“宅经济”下的食品、药品冷链运输服务，如果你也曾为复工后港口船舶的活跃度图片而感到欣慰……那么这说明你已经近距离感受到航天技术给生产生活带来的变化。

目前，通信卫星、遥感卫星、导航卫星的应用早已无处不在，航天技术正在各行各业发挥作用造福人类生活。此次成功发射的“行云二号”01/02

星，将在轨为其自主研发的系列模组及产品终端提供通信技术支持，可以提供数字化、网络化、智能化、及时性的数据通信传输服务。

由行云公司自主研制的双模集装箱监管终端，还可为海运或陆运集装箱、物流汽车等药品冷链物流监管提供及时性、数据化、智能化的位置信息、轨迹跟踪、状态监测（储藏药品的温度、湿度）、药品安全等监管服务，让货主、车主、监管人员等能够实时掌握冷链物品的位置信息、安全信息状态，未来市场应用的前景十分广阔。

077. 10907米！“海斗一号”全海深潜水器成功完成万米海试

心系海底，梦向深蓝。历经40余天，由中国科学院沈阳自动化研究所主持研制的“海斗一号”全海深自主遥控潜水器，于6月8日搭乘“探索一号”科考船载誉归来。

“海斗一号”此次在马里亚纳海沟成功完成了首次万米海试与试验性应用任务，最大下潜深度10907米，刷新中国潜水器最大下潜深度纪录，同时填补了中国万米作业型无人潜水器的空白。

本航次中，“海斗一号”在马里亚纳海沟实现了4次万米下潜，在高精度深度探测、机械手作业、声学探测与定位、高清视频传输等方面创造了中国潜水器领域多项第一。

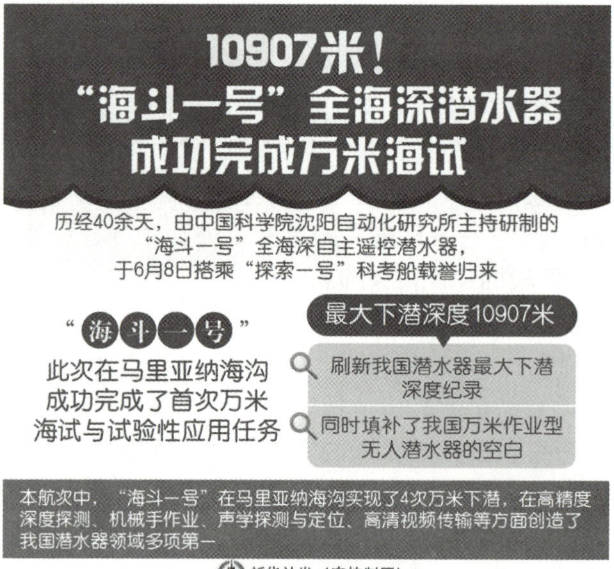

新华社发（李栋制图）

作为集探测与作业于一体的万米深潜装备，“海斗一号”在国内首次利用全海深高精度声学定位技术和机载多传感器信息融合方法，完成了对“挑战者深渊”最深区域的巡航探测与高精度深度测量，获取了一系列数据资料。

同时，借助具有完全自主知识产权的全海深机械手，“海斗一号”多次开展了深渊海底样品抓取、沉积物取样、标志物布放、水样采集等万米深渊坐底作业，并利用高清摄像系统获取了不同作业点的影像资料，为深入研究探索深渊地质环境特点和生物演化机制提供了宝贵素材。

“海斗一号”是科技部“十三五”国家重点研发计划“深海关键技术与装备”重点专项立项支持项目，由沈阳自动化所联合国内十余家优势单位共同研制。自 2016 年 7 月项目启动后，“海斗一号”历经两年半的关键技术攻关与测试验证，于 2019 年完成实验室总装联调、水池试验、千岛湖湖试和南海 4500 米阶段性海试。2020 年，新冠肺炎疫情来袭，“海斗一号”研发团队克服重重困难，于 4 月 23 日搭乘“探索一号”科考船奔赴马里亚纳海沟，在短时间内高效完成了海试和试验性应用任务。

“海斗一号”的成功研制、海试与试验性应用，是中国海洋技术领域的一个里程碑，为中国深渊科学研究提供了一种全新的技术手段，也标志着中国无人潜水器技术跨入了一个可覆盖全海深探测与作业的新时代。

078. 中国科学家斩获 2020 世界航天奖

6 月 11 日，由中国宇航学会推荐，经过国际宇航联合会两轮投票表决，嫦娥四号任务团队优秀代表——中国探月工程总设计师、中国工程院院士吴伟仁，中国探月工程副总设计师、中国航天科技集团有限公司科学技术委员会副主任于登云，嫦娥四号任务探测器系统总设计师、中国空间技术研究院研究员孙泽洲，获得国际宇航联合会 2020 年度最高奖“世界航天奖”。这也是该国际组织成立 70 年来首次把这一奖项授予中国航天科学家。

2019 年 1 月 3 日，来自中国的嫦娥四号探测器成功踏上月球背面，实现了人类探测器首次月背软着陆。至今，嫦娥四号任务创造了多个世界第一：第一次实现人类探测器月球背面着陆和巡视探测，第一次利用运行在地 - 月拉格朗日 L2 点的中继通信卫星，实现月球背面与地球的连续可靠中继通信，第一次在月球背面开展月球科学探测和低频射电天文观测，填补了世界月球科学探测领域多项空白。

此次，嫦娥四号任务团队优秀代表获国际宇航联合会“世界航天奖”这一最高奖项，再次说明中国在月球探测领域取得的成就意义重大、影响深远，得到了国际权威航天机构的充分肯定，产生了重大国际影响。

链 接

国际宇航联合会成立于1951年，总部设在法国巴黎。“世界航天奖”是国际宇航联合会设置的航天最高奖，旨在表彰在航天科学、航天技术、航天医学、航天工程管理等领域取得杰出成就的航天科技人员。

079. 时速600公里高速磁浮试验样车成功试跑

6月21日，由中车青岛四方机车车辆股份有限公司研制的时速600公里高速磁浮试验样车在磁浮试验线上成功试跑，标志着中国高速磁浮交通系统研发取得重要突破。

在磁浮试验线上，试验样车首次进行系统联合调试，开展了多种工况下的动态运行试验，包括不同轨道梁以及道岔、小曲线、坡道、分区切换等，共完成200多个试验项点，对悬浮导向、测速定位、车轨耦合、地面牵引、车地通信等关键性能进行了全面测试。

“在多种工况试验条件下，车辆悬浮导向稳定，运行状态良好，各项关键技术指标符合设计要求，达到设计预期。”中车四方股份公司副总工程师丁叁叁说。

丁叁叁说，高速磁浮交通系统是包含车辆、牵引供电、运控通信、线路轨道四大系统在内的强耦合系统，通过样车线路试验，可以初步验证动态条件下高速磁浮各系统间的接口关系和耦合特性，为系统及核心部件关键性能的验证与优化提供支撑。

中车四方股份公司表示，此次试验样车成功试跑，实现了从静态到动态运行的突破，获取了大量关键数据，高速磁浮系统及核心部件的关键性能得到了初步验证，为后续高速磁浮工程样车的研制提供了重要技术支持。

时速600公里高速磁浮交通系统是科技部国家重点研发计划“先进轨道交通”重点专项课题之一。这个项目由中国中车组织，中车四方股份公司技术负责，汇集国内高铁、磁浮领域优势资源，联合30余家企业、高校、科研院所共同攻关，目的是攻克高速磁浮核心技术，研制具有自主知识产权的时速600公里高速磁浮工程化系统，形成中国高速磁浮产业化能力。

自2016年7月项目启动以来，项目团队突破高速磁浮系列关键核心技术，成功研制了试验样车，经过地面调试和静态试验，此次车辆进入线路动态运行试验，首次试跑。

080. 国内首台10兆瓦海上风电机组成功并网发电

7月12日，国内首台10兆瓦海上风电机组在三峡集团福建福清兴化湾二期海上风电场成功并网发电，这是目前中国自主研发的单机容量亚太地区最大、全球第二大的海上风电机组，刷新了中国海上风电单机容量新纪录。

三峡新能源有关负责人表示，此次10兆瓦大容量机组并网发电标志着中国具备10兆瓦大容量海上风机自主设计、研发、制造、安装、调试、运行能力，是实现海上风电重大装备国产化的重要成果。

6月12日无人机拍摄的福建福清兴化湾二期海上风电场吊装10兆瓦海上风电机组。

林善传 摄（新华）

该型机组针对福建、广东等海域I类风区设计，具备超强抗台风能力。在年平均10米/秒的风速条件下，单台机组每年可以输送出4000万度清洁电能，可以减少燃煤消耗12800吨，二氧化碳排放33500吨，可满足20000个三口之家的家庭正常用电需求。

该机组由三峡集团和东方电气集团联合研发，在兴化湾二期项目通过试运行后将进行批量化生产，并逐步在福建百万千瓦级风电场以及国内外更大范围的海上风电场中推广应用，助推三峡集团开展12兆瓦以上大容量海上风电机组联合研制工作。

081. 中国首次在西藏高原成功钻取百米湖芯

7月21日15时，中科院“丝路环境”先导专项和第二次青藏科考湖泊团队利用搭建好的水上钻探平台，在西藏纳木错中心湖区水深95米的地方成功钻取长100.63米的湖芯，总取芯率达到98%。这是中国首次在西藏高原高海拔深水大湖获取超过100米长的湖芯，实现了在深水湖泊采样方面的突破。

7月21日，工程技术人员利用套管稳定系统钻取湖芯。

田金文　摄（新华）

湖芯是指湖泊沉积物，是从气体或水体中自然沉降到湖底并堆积起来的物质，其中的一些物理、化学和生物指标，可以反映当时的沉积环境和气候条件。地处青藏高原腹心地带的纳木错湖面海拔4730米，是第二次青藏科考包括长江、怒江、色林错、纳木错在内的“两江两湖”区域重要的科考基地。

中科院青藏高原研究所研究员、纳木错多圈层综合观测站站长王君波说：“第二次青藏科考启动以来，我们以纳木错、色林错等深水大湖为基础，开展湖泊调查和相关研究，取得了大量第一手资料，为深入认识青藏高原湖泊现状及其对气候变化的响应提供了科学依据。”

此次钻取湖芯是中国科学家和工程技术人员完全依靠自主设计的采样平台、套管稳定系统和钻探系统取得的，对中国湖泊钻探方面具有重要意义。专家预计，获取的湖芯样本可以分析过去15万年以来青藏高原中部的气候环境变化历史。

在过去15年观测研究的基础上，中国科学家联合德国、英国和美国等7个国家的12位科学家共同申请的纳木错大陆科学钻探计划（ICDP）项目于

2020 年 6 月获批，该项目计划在纳木错钻取 5 个点位共计 2250 米长的沉积物，用于研究过去一百万年以来的气候环境状况。此次成功钻取 100 米以上的湖芯，不但提高了中国湖泊钻探及研究水平，也将对 ICDP 钻探提供重要科学依据和技术保障。

082. “天问一号”探测器成功发射

7 月 23 日 12 时 41 分，中国在海南岛东北海岸中国文昌航天发射场，用长征五号遥四运载火箭将中国首次火星探测任务“天问一号”探测器发射升空，飞行 2000 多秒后，成功将探测器送入预定轨道，开启火星探测之旅，迈出了中国自主开展行星探测的第一步。

探测器将在地火转移轨道飞行约 7 个月后，到达火星附近，通过“刹车”完成火星捕获，进入环火轨道，并择机开展着陆、巡视等任务，进行火星科学探测。

对宇宙千百年来的探索与追问，是中华民族矢志不渝的航天梦想。从古代诗人屈原发出的《天问》，到如今中国首次火星探测任务被命名为“天问一号”，太空探索无止境，伟大梦想不止步。

首次火星探测任务新闻发言人、国家航天局探月与航天工程中心副主任刘彤杰表示，此次火星探测任务的工程目标是实现火星环绕探测和巡视探测，获取火星探测科学数据，实现中国在深空探测领域的技术跨越；同时建立独立自主的深空探测工程体系，推动中国深空探测活动可持续发展。

正式启航　　新华社发 朱慧卿 作

“此次火星探测任务的科学目标，主要是实现对火星形貌与地质构造特征、火星表面土壤特征与水冰分布、火星表面物质组成、火星大气电离层及表面气候与环境特征、火星物理场与内部结构等的研究。”刘彤杰说。

中国火星探测作为开放性科学探索平台，包括港澳地区高校在内的全国多地研究机构积极参与研制过程，并与欧空局、法国、奥地利、阿根廷等组织和国家开展了多项合作。

此次火星探测任务于2016年1月经党中央、国务院批准立项，由国家航天局组织实施，具体由工程总体和探测器、运载火箭、发射场、测控、地面应用等五大系统组成。

国家航天局探月与航天工程中心为工程总体单位，中国航天科技集团有限公司所属中国运载火箭技术研究院抓总研制运载火箭系统，中国航天科技集团有限公司所属中国空间技术研究院和上海航天技术研究院抓总研制探测器系统。中国卫星发射测控系统部负责组织实施发射、测控。中国科学院国家天文台抓总研制地面应用系统，负责科学数据接收、处理、存储管理等工作。

083. 国产大型水陆两栖飞机 AG600 成功进行海上首飞

7月26日10时许，国产大型水陆两栖飞机“鲲龙”AG600在山东青岛团岛附近海域成功实现海上首飞。这是AG600飞机继2017年陆上首飞、2018年水上首飞之后的又一里程碑事件，也为下一步飞机进行海上科研试飞及飞机相关性能验证奠定了基础。

9时28分许，由机长赵生、副驾驶刘汝钦、机械师魏鹏和监控观察员焦连跃组成的首飞机组，按预定科目驾驶AG600飞机从山东日照山字河机场滑行起飞。在空中飞行约28分钟后，飞机抵达预定海域附近。

10时14分许，青岛团岛附近海域，AG600飞机逐渐降低高度。一瞬间，飞机的机腹已平稳贴着海面滑行，激起阵阵白色浪花。10时18分许，降落在海面上的AG600，完成机身回转、调整方向，旋即重新加速、机头上昂、腾空而起，在身后留下一道白色的航迹。

完成一系列既定试飞科目后，10时49分许，AG600飞机顺利返回出发机场。伴随着《歌唱祖国》的旋律，飞机通过欢迎水门，机长赵生报告顺利完成首次海上起降科研试飞任务。

与内陆水面相比，海上起降环境更为复杂多变，飞机既要克服高盐度潮湿环境，还要应对水体密度差异、海面波涛浪涌等新情况。此次海上首飞试验，全面探索了海上试飞技术和试飞方法、检验飞机水动性能和水面操控特性、检查飞机各系统在海洋环境中的工作情况，并收集海上飞行数据，以支撑后续相关工作。

7 月 26 日，水陆两栖飞机 AG600 在海上飞行。

李紫恒　摄（新华）

链　接

“鲲龙”AG600 是中国研制的可用于森林灭火、水上/海上救援的大型水陆两栖飞机，具有速度快、机动性好、搜索范围广、搜索效率高、安全性好、装载量大等特点。它既可在水面汲水，也可在陆地机场注水，最多载水 12 吨；单次投水面积 4000 余平方米，一次性可救护 50 名遇险人员。

084. 北斗三号全球卫星导航系统正式开通

7 月 31 日上午，北斗三号全球卫星导航系统建成暨开通仪式在北京举行。中共中央总书记、国家主席、中央军委主席习近平出席仪式，宣布北斗三号全球卫星导航系统正式开通并参观北斗系统建设发展成果展览展示，代表党中央向参与系统研制建设的全体人员表示衷心的感谢、致以诚挚的问候。

中共中央政治局常委、国务院总理李克强，中共中央政治局常委、国务院副总理韩正出席仪式。

人民大会堂雄伟壮丽，东大厅内灯光璀璨、气氛热烈。10 时 30 分，在热烈的掌声中，习近平等步入仪式现场。

刘鹤主持仪式。仪式播放了反映北斗三号全球卫星导航系统建设发展情

况的视频短片。张又侠宣读了中共中央、国务院、中央军委的贺电。

10 时 48 分，习近平走上主席台，宣布："北斗三号全球卫星导航系统正式开通！"全场响起经久不息的热烈掌声。

仪式结束后，习近平等来到人民大会堂河北厅，参观北斗系统建设发展成果展览展示，听取工程建设、运行服务、应用推广、国际合作和发展展望介绍。体现北斗系统自主创新自主可控重要成果和规模化、市场化、产业化应用以及国际化进程的展板和展品，吸引了习近平的目光，他不时驻足察看，详细询问有关情况。

习近平充分肯定北斗系统特别是北斗三号全球卫星导航系统建设取得的成就。他指出，北斗三号全球卫星导航系统的建成开通，充分体现了中国社会主义制度集中力量办大事的政治优势，对提升中国综合国力，对推动疫情防控常态化条件下中国经济发展和民生改善，对推动当前国际经济形势下中国对外开放，对进一步增强民族自信心、努力实现"两个一百年"奋斗目标，具有十分重要的意义。26 年来，参与北斗系统研制建设的全体人员迎难而上、敢打硬仗、接续奋斗，发扬"两弹一星"精神，培育了新时代北斗精神，要传承好、弘扬好。要推广北斗系统应用，做好确保系统稳定运行等后续各项工作，为推动中国经济社会发展、推动构建人类命运共同体作出新的更大贡献。

北斗系统是党中央决策实施的国家重大科技工程。工程自 1994 年启动，2000 年完成北斗一号系统建设，2012 年完成北斗二号系统建设。北斗三号全球卫星导航系统全面建成并开通服务，标志着工程"三步走"发展战略取得决战决胜，中国成为世界上第三个独立拥有全球卫星导航系统的国家。目前，全球已有 120 余个国家和地区使用北斗系统。

085. 中国首次高空无人机台风综合探测试验成功

8月2日，在2020年第3号台风“森拉克”影响海南期间，一架高空气象探测无人机从博鳌机场腾空而起，成功下投30枚探空仪，与毫米波雷达一起，对台风外围云系进行CT式立体“扫描”。

伴随着一组组台风外围云系的温度、湿度、气压、风向、风速、水凝物等垂直廓线观测数据实时传回地面指挥系统，中国首次高空大型无人机海洋、台风综合观测试验取得圆满成功，填补了中国基于高空大型无人机海洋综合观测的空白。

中国气象局台风与海洋气象预报中心主任钱传海介绍，尽管中国台风预报水平近年来稳步提升，但海上观测资料的匮乏限制了对台风生成机理的研究和预报技术的提升。此次海洋综合探测试验数据为预报员确定台风“森拉克”中心位置提供了重要参考依据，对中国进一步提高台风路径和强度预报准确率、筑牢气象防灾减灾第一道防线具有重要意义。

此前，试验团队已从6月25日起进行了4次不同气象环境和载荷的无人机飞行观测试验，风云气象卫星、无人船、往返智能探空、漂流浮标等多种探测手段与其配合，开展立体观测。该试验是中国首次基于高空大型无人机海洋综合观测试验（简称“海燕计划”）的重要成果。试验使用的无人机及探测载荷，完全具有中国自主知识产权。

台风每年给中国造成的经济损失约295亿元。多种数值预报结果表明，飞机下投等探空资料可明显改进台风预报。中国气象局于2018年启动“海燕计划”，选用“翼龙－10”大型无人机，联合成都飞机工业集团有限责任公司等12家单位开展该试验。海南省气象局强化空域协调，并为试验顺利开展提供有力气象保障。

“海燕计划”总指挥、中国气象局气象探测中心主任李良序表示，下一步将继续完善技术体系，建立大型无人机全链条式观测业务和台风探测业务，并打通从观测到业务应用各环节，为实现“监测精密、预报精准、服务精细”和全球气象服务奠定坚实基础。

086. “领雁”AG50轻型运动飞机成功首飞

8月26日，由中国航空工业集团有限公司自主研制的AG系列通用飞机家族新成员——“领雁”AG50轻型运动飞机在湖北荆门漳河机场成功首飞。

8月26日，“领雁”AG50轻型运动飞机在湖北荆门漳河机场首飞。

熊琦 摄（新华）

8时38分，“领雁”AG50轻型运动飞机犹如一只领航的大雁，迎风而上，轻盈翱翔，经过12分钟平稳飞行后安全着陆，呈现了完美的空中首秀。首席试飞员黄杰在飞机着陆后报告：“飞机按计划完成首飞任务，各系统工作正常，状态良好！”

现场总指挥、中国航空工业集团特飞所副所长、总工程师古彪介绍，AG50飞机是针对航空俱乐部、通航公司、飞行学校以及私人飞行市场需求，量身打造的一款高安全、高舒适、低成本轻型运动飞机。采用并列双座、上单翼、常规尾翼布局，流线型机身，前三点固定式起落架，最大起飞重量650千克，有效载荷245千克，最大航程650千米，最大飞行速度222千米/小时。

AG50飞机具有良好气动特性，失速速度低，并标配整机降落伞，有效提高人机安全性；采用低成本复合材料机体、自主研制的综合航电系统、全机推拉钢索操纵系统，发动机为使用普通汽油的ROTAX912，制造成本和运行成本低。

作为新一代轻型运动飞机，AG50飞机受到娱乐体验、航空运动、飞行培训与私人飞行等领域企业的青睐。在首飞现场，北京丝路通用航空有限公司等一批用户与航空工业特飞所签订了购机合同。

087. 中国自主研发的6比特超导量子计算云平台上线

9月12日，中国企业自主研发的6比特超导量子计算云平台正式上线，全球用户可以在线体验来自中国的量子计算服务。

在当前技术条件下，量子计算机还离不开严苛的运行环境与复杂的辅助设备。为了让更多普通用户体验、学习、探索量子计算，近年来多家国际知名信息科技企业都开发了各自的量子计算云平台，使用户能通过云技术使用量子计算机。

此次发布的云平台系中国科学技术大学郭光灿院士团队的成果转化企业合肥本源量子公司研发，基于其自主研发的量子计算机“悟源”，搭载了6比特超导量子芯片夸父KF C6－130，保真度、相干时间等技术指标均达到国际先进水平。

本源量子计算云平台提供了图形化编程、代码编程两种在线编程方式。为了让用户使用该平台开发出更为多样的量子算法与量子程序，本源量子基于自主开发的量子编程框架“量子熊猫”（QPanda）与量子编程语言“量子音符”（QRunes），开发并推出了复杂网络排序、手写数字识别、用户偏好行为预测3款典型的量子编程应用，供用户学习使用。

本源量子公司首席科学家、中科大教授郭国平介绍，他们目前已在研发下一代超导量子芯片与量子计算机控制系统，预计2021年年底推出第二代20比特的“悟源”超导量子计算机，未来3年内实现50比特到100比特的量子计算机。

088. 一箭九星！“吉林一号”高分03－1组卫星发射成功

9月15日9时23分，中国在黄海海域用长征十一号海射运载火箭，采取“一箭九星”方式将“吉林一号”高分03－1组卫星送入预定轨道，发射获得圆满成功。

“吉林一号”高分03－1组卫星由长光卫星技术有限公司研制，其中包括“哔哩哔哩视频卫星”“‘央视频号’卫星”在内的3颗视频成像模式卫星和6颗推扫成像模式卫星，主要用于获取高分辨率可见光

推扫影像和视频影像，将为中国国土资源普查、城市规划、灾害监测等提供遥感服务。

此次发射任务由太原卫星发射中心具体组织实施，长征十一号海射运载火箭由中国航天科技集团有限公司研制生产。

这次任务是长征系列运载火箭的第 346 次发射。

089. 海洋二号 C 星成功升空

9 月 21 日，海洋二号 C 星成功发射升空。这是中国海洋动力环境监测网的第二颗卫星，也是中国首颗运行于倾斜轨道的大型遥感卫星，其入轨后与海洋二号 B 星组网，将大幅提升中国海洋观测范围、观测效率和观测精度。

海洋二号 C 星是国家民用空间基础设施海洋动力卫星系列的第二颗业务卫星，国家航天局负责海洋二号 C 星工程组织实施管理，自然资源部为牵头用户部门，自然资源部所属国家卫星海洋应用中心负责地面系统和应用系统建设、运行。

卫星在轨后，主要对海面高度、有效波高、海面风场实现高精度、高分

9 月 21 日 13 时 40 分，中国在酒泉卫星发射中心用长征四号乙运载火箭，成功将海洋二号 C 卫星送入预定轨道，发射获得圆满成功。

汪江波　摄（新华）

辨率的实时观测，并具备船舶识别以及接收、存贮和转发我国近海及其他海域的浮标测量数据能力，卫星设计师们亲切地将其功能概括为“捕风、勘海、鉴舟、汇志”。

其中，船舶识别系统可以实现全球海面船舶位置、航向航速等数据测算，极大提升海上交通和海上安全能力；数据收集系统可有效获取海上浮标信号数据，并将浮标点测信息统一传输到地面进行处理，通过点面结合的精准测量大幅提升海洋预报系统的精度。

中国航天科技集团所属中国空间技术研究院卫星研制团队负责人介绍，海洋二号C星具有身手敏捷、眼疾手快的特性，能够实现更高的海洋风场观测频度。相较于传统遥感卫星运行所在的太阳同步轨道，海洋二号C星的“站位”十分独特，在研制团队的精心设计下，C星将在倾斜轨道上“全力奔跑”，进一步提升中国的海洋观测能力。

海洋二号C星将与2018年10月发射的海洋二号B星以及后续的倾斜轨道卫星组网运行，共同构成中国首个海洋动力环境监测网，可在6小时内完成全球80%的海面风场监测。与海洋二号A星和海洋二号B星相比，该卫星增强了对海面风场的快速重访能力。

此外，海洋二号C星通过整星带太阳翼运输等方式实现了大型遥感卫星的发射场流程优化，大幅缩短了发射场工作周期，对后续大型遥感卫星和商业卫星流程优化具有良好的推广和示范效应。

090. AR－500C高原型无人直升机首飞高原打卡世界海拔最高民用机场

9月27日，中国首款高原型无人直升机AR－500C首次在世界上海拔最高的民用机场稻城亚丁机场成功开展试飞，创造了国产无人直升机起降高度新纪录，也成为首款能在稻城亚丁机场成功起降的无人直升机。

此型高原型无人直升机由中国直升机型号研制总设计师单位——位于江西景德镇的航空工业直升机设计研究所自主研制。当天上午，AR－500C拔地而起后，先后完成悬停回转，前后左右机动飞行，再平稳落地，数据显示无人直升机状态良好。型号总师曾国贵介绍，这是此型高原型无人直升机首次开展的高原科研飞行，试飞结果验证了AR－500C高原型无人直升机基本具备全疆域飞行能力。

高原机场海拔高，空气密度和大气压力小，昼夜温差大，地形和气象复杂多变，对无人直升机的飞行控制、飞行安全和飞行性能提出了巨大的挑战。为此，此型机科研团队对 AR-500C 开展了高原型发动机选型、高原型旋翼系统设计等核心内容研制，使其性能在原型机的基础上获得了巨大提升。

AR-500C 高原型无人直升机是在 AR-500B 无人直升机的技术基础上研制的一款高原型无人直升机，最大起飞重量为 500 千克，起飞高度 5000 米，使用升限 6700 米，续航时间约 5 小时，最大平飞速度 170 千米每小时，最大巡航速度 165 千米每小时。

AR-500C 高原型无人直升机具有广泛的应用拓展能力，加装相应设备可实施搜索支援、安保消防、森林防火及物资投送等任务。

091. 国家电投发布三代核电自主化成果"国和一号"

9 月 28 日，国家电力投资集团有限公司发布中国三代核电自主化成果"国和一号"。

国家电投有关负责人表示，"国和一号"的关键设备、关键材料实现了自主化设计和国产化制造，设备整体国产化率达到 90% 以上。研制过程中新建 22 个台架，完成 17 项试验共 887 个工况，完成了安全壳冷却等试验课题，建成了一批具有世界先进水平的综合配套试验设施。

在创新性上，"国和一号"取得多项成果。截至 2020 年 8 月，压水堆重大专项累计形成知识产权成果 6000 余项，形成新产品、新材料、新工艺、新装置、新软件 392 项。

"国和一号"研发工作从 2008 年正式启动，历时 12 年科研攻关，477 家单位、26000 余名技术人员参与其中。目前，"国和一号"示范工程施工设计已完成 99.2%。

092. 中国机器人市场全球增长最快

10 月 1 日，国际机器人联合会（IFR）最新报告显示，目前中国工厂有 78.3 万台工业机器人在运行，同比增长 21%。该联合会指出，中国是目前全球规模最大、增长最快的机器人市场。

国际机器人联合会（IFR）位于德国法兰克福，代表全球工业机器人行业发声。其代表着全球20余个国家的全国性机器人行业协会、教育研究机构和生产商。

该联合会日前发布的《新世界机器人工业机器人2020》（The new World Robotics 2020 Industrial Robots）报告显示，目前中国工厂有78.3万台工业机器人在运行，同比增长21%。其中，2019年中国新机器人的销量仍处于高位，出货量约为14.05万台。虽与2018年相比减少了9%，但仍是有史以来第三高的销售量。

10月12日，智能机器人在重庆智能工程职业学院揭牌暨华为（永川）联合技术创新中心投用仪式上进行舞蹈表演。

王全超　摄（新华）

国际机器人联合会主席Milton Guerry表示，中国是目前世界上最大、增长最快的机器人市场。“这里每年安装的机器人数量最多，且拥有最多的可操作机器人。这种快速发展在机器人史上是独一无二的。”

从全球来看，亚洲和澳大利亚仍然是工业机器人最强劲的市场，该地区的运作存量增长了14%，2019年达到了约16.88万台。继中国的78.3万台之后，日本以约35.5万台工业机器人（增长12%）排名第二。紧随其后的是印度，创下约2.63万台的新纪录，增长15%。在印度，工厂中的工业机器人数量在五年内翻了一番。

报告显示，亚洲新安装的机器人约占全球供应量的三分之二。中国近14.05万台新型机器人的销量虽低于2018年和2017年这两个创纪录的年份，但仍然是五年前销量（2014年为5.7万台）的两倍多。

报告同时显示，在中国，71%的新型机器人绝大多数是从国外供应商处进口的。中国制造商仍然主要面向国内市场，并在国内获得了越来越大的市场份额。外国供应商将约29%的产品销往汽车行业，而中国供应商仅占12%左右。因此，与国内供应商相比，外国供应商受中国汽车行业业务下滑的影响更大。

093. 百名青年科技工作者获中国青年科技奖

10 月 18 日，第十六届中国青年科技奖颁奖仪式在浙江温州召开的 2020 世界青年科学家峰会上举行，100 名青年科技工作者获中国青年科技奖，其中 10 名获得中国青年科技奖特别奖。

这百名获奖青年科技工作者在基础研究、工程科技、科学普及、成果转化方面取得了突出成绩。

“作为青年科技工作者，我由衷感谢国家对青年人才的支持、鼓励和信任，我们也必将在科技强国的征程中砥砺前行、奋力拼搏，为早日实现我们的中国梦贡献我们的力量。”第十六届中国青年科技奖特别奖获得者、中国科学院分子细胞科学卓越创新中心研究员陈玲玲在发言中表示。

在中国青年科技奖近 1600 名获奖者中，有 171 人当选两院院士，一大批获奖者走上了高校、科研院所、大型企业、党政部门、国际组织等重要领导岗位，在政治、经济、科技、教育、文化、社会发展中发挥了重要作用。

中国青年科技奖由中共中央组织部、人力资源和社会保障部、中国科协、

10 月 18 日拍摄的第十六届中国青年科技奖颁奖仪式现场。

殷晓圣　摄（新华）

共青团中央联合发起，旨在表彰在国家经济发展、社会进步和科技创新中做出突出贡献的青年科技人才，激发广大青年科技工作者的创新创造创业热情。

094. 中国天眼累计发现脉冲星超240颗

11月4日，中国科学院国家天文台召开新闻发布会宣布，中国天眼（FAST）自2020年1月验收以来，设施运行稳定可靠，近一年已经观测服务超过5200个机时，达到预期设计目标近2倍。截至11月，FAST累计发现脉冲星数量超过240颗，基于FAST数据发表的高水平论文达到40余篇。FAST在快速射电暴方面的研究成果5日凌晨发表在国际科学期刊《自然》杂志上。

2020年2月，FAST团队克服疫情影响，正式启动科学委员会遴选出的五个“优先和重大项目”，近百名科学家开始使用并处理FAST的科学数据。

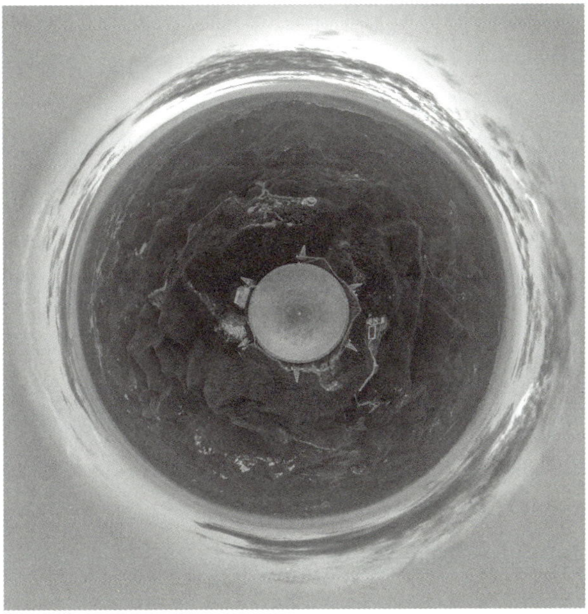

2019年8月28日拍摄的“中国天眼”全景（检修期间拍摄）。

欧东衢　摄（新华）

“今年4月，时间分配委员会开始向国内天文界征集自由申请项目，目前已经接到170余份申请，申请的总时间约5500个小时，实际批准1500个机时，只有30%能得到支持，可见FAST望远镜观测时间竞争相当激烈。”中国科学院院士、中国科学院国家天文台台长常进说。

常进表示，FAST全新的设计理念开创了建造巨型望远镜的新模式，突破了传统全可动射电望远镜口径大约百米的工程极限，同时也带来了极大的技术挑战。

FAST巨大的反射面能根据天体的位置实时地主动调节形状，30吨的馈源舱在140米的高空、206米的范围运动，所有的控制精度要达到毫米级。巨大工程体量、超高精度要求及特殊的工作方式，使 FAST 面临前所未有的技术挑战。

为此，工程团队开展了一系列的技术攻关，克服了力学、测量、控制、材料、大尺度结构等领域诸多技术难题。

工程团队研制了超高耐疲劳特性的钢索，超过国内、国际相关标准规范的 2.5 倍；创新地采用世界上最大跨度柔性并联机器人和刚性 6 自由度并联机器人构成的两级调整机构，实现了馈源均方根值 10 毫米的高精度定位；创造性地将卫星定位、惯导和全站仪多种测量技术融合，实现了全天候、大尺度、高精度、高采样率的馈源支撑系统动态测量。

随着性能的提升，FAST 科学潜力逐步显现。“FAST 的灵敏度是全球第二大单口径射电望远镜的 2.5 倍以上，这是中国建造的射电望远镜第一次在灵敏度这个重要指标上占据到了世界的制高点，对促进我国天文学实现重大原创突破具有重要意义。” FAST 运行和发展中心常务副主任、总工程师姜鹏说，超高灵敏度使其在射电瞬变源方面具有重大潜力，有望在短时间内实现纳赫兹的引力波探测、捕捉到宇宙大爆炸时期的原初引力波，为研究宇宙大爆炸原初时刻的物理过程提供数据支撑。

同时，FAST 还有能力将我国深空探测及通信能力延伸至太阳系边缘，满足国家重大战略需求。

链　接

FAST 于 2016 年落成，它的反射面面积与大约 30 个标准足球场相当，是全球最灵敏的单口径射电望远镜，大大拓展了人类的视野，也使中国天文学家有机会走到射电天文研究的最前沿。

中国天眼 FAST 是由人民科学家、时代楷模南仁东先生于 20 世纪 90 年代提出构想，历时二十余年建设完成的巨型射电望远镜，前后四代数百名科研工作者前赴后继为 FAST 建设调试运行付出了巨大努力。

095. 中国数学家成功证明微分几何学两大核心猜想

11 月初，中国科学技术大学几何与物理中心团队在里奇流研究中取得重大突破，该校教授陈秀雄、王兵发表在《微分几何学杂志》上的关于高维凯勒里奇流收敛性的论文，率先解决了哈密尔顿—田猜想和偏零阶估计猜想——这些均为几何分析领域20余年来悬而未决的核心猜想。

这篇论文引进了众多新思想和新方法，对几何分析，尤其是里奇流的研究已经产生了深远的影响。事实上，利用这篇论文的结果，陈秀雄、王兵和孙崧给出丘成桐稳定性猜想基于里奇流的新证明。丘成桐稳定性猜想的第一个证明由陈秀雄、唐纳森和孙崧给出，他们的证明得到了学界的首肯，他们也因此赢得了维布伦几何奖。

此外，该论文的核心思想也被王兵和李皓昭推广到平均曲率流的研究中，并成功解决了著名的延拓性猜想。

这篇论文从作者开始写作到正式发表用了11年，论文篇幅超过120页，从投稿到正式发表耗时6年。该论文的审稿人评论认为，“该文是几何分析领域内的重大进展，毫无疑问将激发诸多相关工作”。菲尔兹奖得主唐纳森也多次在媒体和文章中称赞此文为“几何领域近年来的重大突破”。

096. 中国首个单人飞行滑板车研制成功

11月10日，航天科技集团一院14所系统研发部公布了其研制的国内首个飞行滑板车，这款滑板车可用于个人快速低空飞行，还能用在高空作业、消防救灾，复杂地形人员搜寻与急救等方面，同时也可以作为无人投送平台，在应急支援、货物自动投送等方面发挥作用。它可载重160斤，航程达20公里，最高飞到1000米，主要在100米以下低空飞行。由动力系统、控制系统和结构系统三大部分组成。

中国运载火箭技术研究院工作人员介绍，单人飞行滑板车的研制，只有法国掌握了脚踏式飞行滑板技术，其余国家研制的单人飞行装备大多为背负式为主，不利于飞行机动，且飞行员空中活动受到限制。

这款飞行滑板车相比国外同类产品，安全性能更高、操控性更强、使用更灵活。

097. 珠穆朗玛峰最新高程：8848.86米！

12月8日，中国、尼泊尔两国向全世界正式宣布，珠穆朗玛峰的最新高程为8848.86米。

2020年珠峰高程测量科学性、可靠性、创新性较2005年明显提高，主要原因包括北斗卫星导航系统首次应用于珠峰峰顶大地高计算，国产仪器担纲高程测量，国产重力仪首次登顶实测峰顶重力值，同时融入国产航空重力仪测量数据，大幅度提升珠峰地区重力似大地水准面模型精度等。

此次测量中，我国首次将5G和北斗结合，利用通信专网和北斗数据信息化管理平台，实现高寒高海拔环境下北斗二号、北斗三号卫星信号同时接收、实时解析和质量预评估。北斗与GPS数据融合有效提升了峰顶大地高精度和可靠性；北斗同GPS大地高成果一致性较好，精度均为±2.0cm。同时，中国和尼泊尔首次联合构建珠峰地区全球高程基准，峰顶大地水准面差距仅相差7.2cm，成果符合性好。

链　接

1975年珠峰高程测量，我国首次将测量觇标矗立于珠峰之巅，并精确测得珠峰海拔高程为8848.13米。2005年珠峰高程复测，采用了传统大地测量与卫星测量结合的技术方法，并首次在珠峰峰顶测量中利用冰雪雷达探测仪测量冰雪厚度，经过严密计算，获得珠穆朗玛峰峰顶岩石面海拔高程8844.43米。

098. 中国成功研制新一代大型船舶靠泊关键驱动设备

12月9日，中国船舶集团第七一二研究所成功研制电动锚绞机高效永磁化驱动系统，使中国在新一代大型船舶靠泊关键驱动设备上实现自主创新。

七一二所攻克甲板机械大冲击、多工况变载荷低速大扭矩宽调速高效永磁电机、变频驱动系统的匹配性设计与优化以及爬行抑制、零速悬停、恒张力控制等系列关键技术，研制了新一代电动锚绞机高效永磁化驱动系统。经过近两个月的调试试验，设备性能指标完全达到设计要求，通过船级社认证。

该设备对标国外产品，首套设备的应用目标是国内一艘 13.55 万吨的豪华邮轮。近日，该所会同武汉船用机械有限责任公司开展的第 800 次可靠性耐久试验圆满结束，该设备顺利完成功能性示范应用。由于国外对相关技术严格限制，该设备的成功研制标志着中国在新一代大型船舶靠泊关键驱动设备上不再受制于人。

099. “奋斗者”号海试保障母船“探索二号”返回三亚

12 月 21 日，在完成所有航次任务后，“奋斗者”号海试保障母船“探索二号”返回三亚，历时 57 天的马里亚纳海沟万米海试顺利收官。10 月 26 日 11 时，“探索二号”从三亚起航，前往西太平洋马里亚纳海沟，执行“奋斗者”号载人潜水器万米海试保障与“深海勇士”号深潜航次任务。

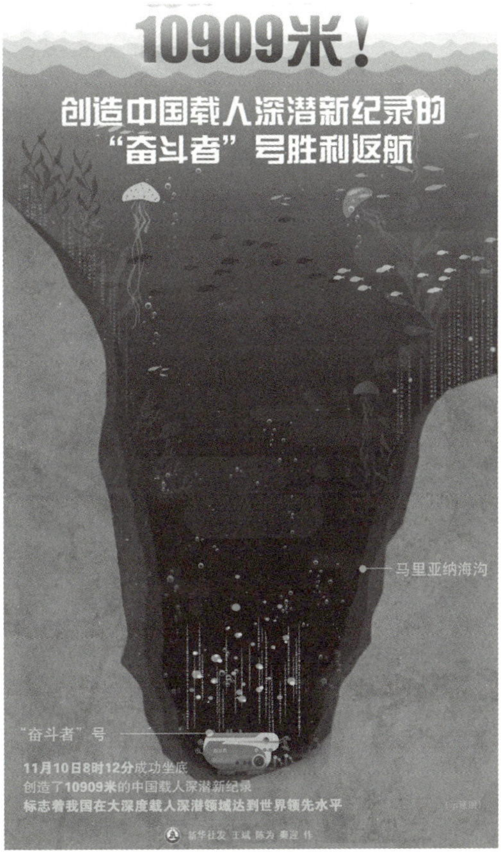

从中国科学院深海科学与工程研究所获悉，航次期间，“探索二号”科考船在马里亚纳海沟“挑战者深渊”与“探索一号”科考船进行了多次联合深潜作业。在与“奋斗者”号万米载人潜水器联合作业期间，“奋斗者”号创造了 10909 米的中国载人深潜新纪录，“探索二号”搭载的“沧海”号视频直播着陆器，成功实现了全球首次万米海底实时 4K 视频直播。

“探索二号”在结束与“探索一号”的联合作业后，继续在马里亚纳海沟弧前区进行科考任务。在此期间，“沧海”号着陆器，在“挑战者深渊”成功独立开展了2次万米搭载试验，进行万米海水保真取样和原位海水过滤。

“探索二号”搭载的由中国自主研发的载人潜水器“深海勇士”号，在本航次中进行了32个潜次的深海科考作业，执行了“深海勇士”号投入应用以来的第325次下潜，并完成了它在2020年度内第100个潜次的科考任务。其间“深海勇士”号还创造了8天12潜次的连续下潜作业新纪录，平均水中时间8小时27分。如此高频次的下潜作业，在国际上属首次，表明“深海勇士”号的作业能力和运维水平已进入国际先进行列。

“深海勇士”号运维团队通过连续下潜、夜潜和高于国际同行运行海况下潜，不断降低“深海勇士”号的运行成本，提高运行效率，也为“奋斗者”号万米海试成功提供了宝贵的运维技术和经验。此次“深海勇士”号在马里亚纳海沟弧前区多次下潜，获取了大量的视频、大生物、原位微生物、沉积物以及多种岩石样品，为了解此区域的地质结构和成因研究积累了珍贵资料。

100. 长征八号运载火箭首飞试验成功

12月22日，在海南文昌航天发射场，中国新一代可重复利用的运载火箭长征八号“一箭五星”成功发射，完成首次飞行试验。

12月22日12时37分，长征八号运载火箭首次飞行试验取得圆满成功。

蒲晓旭　摄（新华）

填空白：推动我国中型运载火箭更新换代

长征八号运载火箭总指挥肖耘表示，长征八号的首飞成功，将有力推动中国中型运载火箭的更新换代，而且将带动和牵引我国未来中低轨卫星的发展，满足未来中低轨高密度发射任务需求，对航天强国建设具有重要意义。

肖耘介绍，目前中国具备中低轨道发射能力的主力运载火箭，能够将3吨的有效载荷送到太阳同步轨道。长征八号将此项能力提升到了4.5吨，这是长征系列运载火箭能力的提升，对卫星等有效载荷来说也将是一个平台的升级换代。

“在太阳同步轨道上，具备5吨级运载能力的长征八号，将和长征五号、长征六号、长征七号、长征十一号等新一代运载火箭形成更加优化、合理的能力布局，这将大力提升中国航天进出空间的能力。”肖耘说。

可重复：运载效率名列前茅　性价比高

要想实现火箭的重复使用，发动机推力调节是重要的技术。此次发射中，长征八号应用了发动机推力调节技术，这在中国运载火箭中是首次工程应用，为后续重复使用技术提前进行了相关先期技术验证，为中国可重复使用运载火箭研制打下坚实基础。

长征八号运载火箭副总指挥段保成介绍，长征八号在立项之初就确立了以市场需求为导向进行研制，充分考虑了技术与经济的一体化，通过包括项目制、高继承性的尝试，实现火箭成本的有效控制。

“长征八号本身运载能力达到5吨级，而起飞规模为356吨，运载效率在国内火箭中是名列前茅的，必然带来很高的性价比。”段保成说。

“未来5年至10年太阳同步轨道的较大吨位航天发射任务需求旺盛，长征八号应运而生，它是首款国家立项的面向商业市场的运载火箭，肩负着控制成本的使命，在电气、结构等方面开展低成本设计的同时，通过开展垂直起降研究，实现可重复使用，进一步降低成本。”钱航说。

高智商：你期待的火箭样子它都有

未来的火箭将是什么样？可重复使用？高度智慧化？专家表示，长征八号在不久的将来，可以把你想象中火箭的样子，一一变为现实。

长征八号运载火箭研制团队通过深入研究分析各种减载稳定控制方法，并采用自抗扰技术进行实时补偿控制，提高主动减载的效果，解决了大整流罩带来的难题，提升了火箭姿态控制的自主适应能力和智慧化水平。

此外，长征八号将还采用“两平一垂”的模式，即水平组装、水平状态整体运输、星罩组合体垂直转场对接，探索中国运载火箭快速发射的实现路径。

预计在2022年前后，融合型长征八号火箭将实现“两平一垂”，可简化发射场建设规模，发射区不再需要庞大复杂的塔架，减少建设成本。

未来，通过调整助推器数量，长征八号还将形成不同运载能力，实现系列化发展，并不断迭代优化，成为中国中低轨卫星发射市场主力火箭，为中国后续卫星组网工程建设提供有力支撑。

101. 2020年中国十大科技新闻

一、抗击新冠彰显中国科技力量

2020年新冠肺炎疫情发生后，中国科学家在短时间内，就迅速搞清了这是一种新型冠状病毒，第一时间向全球共享病毒的全基因组测序结果。全国专家第一时间奔赴武汉，根据疫情发展不同阶段，确定科研攻关重点，科研、临床、防控严密配合，产学研协同发力。科技部第一时间会同卫健委等12个部门和单位成立科研攻关组。

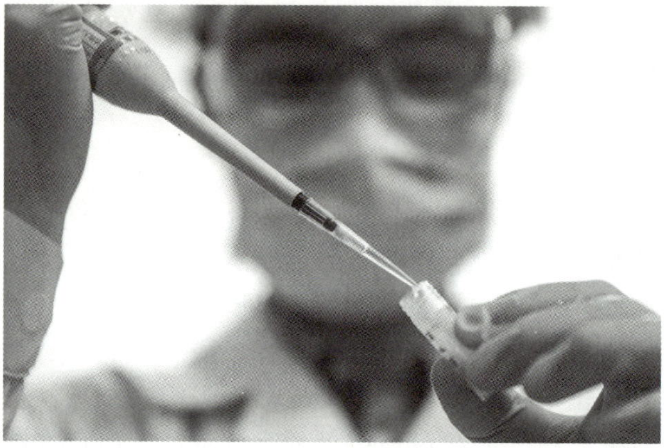

12月31日，国药集团中国生物的新冠病毒灭活疫苗已获国家药监局批准附条件上市，为全球战胜疫情注入信心。图为4月11日，工作人员对新型冠状病毒灭活疫苗样品进行检测。

张玉薇　摄（新华）

中国第一时间向全球通报疫情信息，分享新冠病毒全基因组序列和新冠病毒核酸检测引物探针序列信息，为全球抗疫提供了基础。科技部等部门3批共计16个应急攻关项目，围绕病毒溯源、药物研发、疫苗研发、检测试剂以及试验动物模型部署，让抗疫队伍坚实地一步步走向胜利。

为快速研发针对新型冠状病毒的疫苗，提高成功率，中国并行推进多个技术，实现了疫苗研发前所未有的快进度，已在多个国家和地区上市。在安全、有效的前提下，中国疫苗研发做到了最大限度缩短流程，在多个领域领先世界。

二、中国史前人群迁徙与祖源之谜揭开

5月，《科学》杂志发表的中科院一项论文，利用古代DNA测序，揭开了有关中国南北方史前人群格局、迁移与混合的若干秘密。

通过测序山东、内蒙古、福建等地11个遗址的25个9500—4200年前的个体，发现在9500年前，一南一北有两个明显不同的族群。至晚在8300年

前，南北人群就开始融合了；4800 年前趋向强化融合，至今仍在延续。

沿着黄河流域直到西伯利亚东部草原的人群，从 9500 年前起都携有一种古北方成分；而中国大陆沿海及台湾海峡两岸人群，至少从 8400 年前起携有一种古南方成分，这两种成分截然不同。八千多年以来，南北差异在逐渐缩小。现在任何一地的汉族，都是这两大人群的混血儿，混合比例也没什么南北差异。

现今广泛分布于台湾海峡、东南亚和太平洋岛屿的南岛语系人群，起源于中国南方的福建及毗邻，也可以追溯到 8400 年前。这一人群，按照最新的基因分析，并不是以前一些学者怀疑的几万年前就来到中国的古人群。

三、天问一号开启火星探测之旅

7 月 23 日，中国首次火星探测任务天问一号探测器由长征五号遥四运载火箭从文昌航天发射场发射升空，飞行 2000 多秒后，成功送入预定轨道，开启火星探测之旅，迈出了中国自主开展行星探测的第一步。

天问一号探测器由环绕器和着陆巡视器组成，着陆巡视器又包括进入舱和火星车。进入舱完成火星进入、下降和着陆任务，火星车配置了多种科学载荷，在着陆区开展巡视探测。天问一号探测器将在地火转移轨道飞行约 7 个月后，到达火星附近，通过“刹车”完成火星捕获，进入环火轨道，并择机开展着陆、巡视等任务，进行火星科学探测。

此次火星探测任务的工程目标是实现火星环绕探测和巡视探测，获取火星探测科学数据，实现中国在深空探测领域的技术跨越；同时建立独立自主的深空探测工程体系，推动中国深空探测活动可持续发展。

四、北斗导航系统全面建成

7 月 31 日，中国向全世界郑重宣告，中国自主建设、独立运行的全球卫星导航系统全面建成，开启了高质量服务全球、造福人类的崭新篇章。

北斗是中国迄今为止规模最大、覆盖范围最广、服务性能最高、与百姓生活关联最紧密的巨型复杂航天系统，由卫星、火箭、发射场、测控、运控、星间链路、应用验证七大系统组成。

立项至今，北斗系统建设坚持“一张蓝图绘到底”，一步一个脚印踏出了自己的节奏。2000 年建成北斗一号试验系统，使中国成为世界第三个拥有自主卫星导航系统的国家。2012 年建成北斗二号区域系统，为亚太地区提供服务。2020 年建设北斗三号全球系统，实现了中国人孜孜以求的“全球梦”。

五、五中全会《建议》专章部署科技创新

11 月 3 日，党的十九届五中全会通过的《中共中央关于制定国民经济和

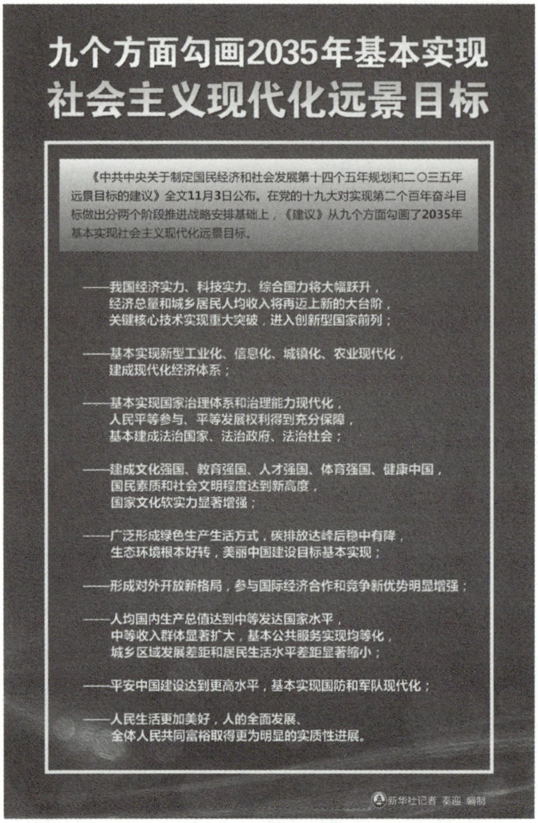

社会发展第十四个五年规划和二〇三五年远景目标的建议》正式发布，提出：坚持创新在我国现代化建设全局中的核心地位，把科技自立自强作为国家发展的战略支撑，面向世界科技前沿、面向经济主战场、面向国家重大需求、面向人民生命健康，深入实施科教兴国战略、人才强国战略、创新驱动发展战略，完善国家创新体系，加快建设科技强国。

把科技创新摆在各项规划任务首位，进行专章部署，这是中国共产党编制五年规划建议历史上的第一次。十九届五中全会把科技创新的地位和作用提升到前所未有的战略高度，充分体现了以习近平同志为核心的党中央对科技创新一以贯之的高度重视和战略谋划。从党的十八大实施创新驱动发展战略，到党的十九大提出创新是引领发展的第一动力，再到十九届五中全会提出加快建设科技强国，党中央对科技创新的战略方针一脉相承、与时俱进。五中全会对科技创新的重大部署在战略层面目标思路清晰，在战术层面举措具体务实，为今后一个时期科技工作指明了前进方向。

六、微分几何学两大核心猜想 20 多年后终获证

11 月 8 日，中国科学技术大学教授陈秀雄、王兵在微分几何学领域取得重大突破，率先解决了两个困扰国际数学界 20 多年的核心猜想——哈密尔顿—田猜想和偏零阶估计猜想。相关研究成果发表在国际顶级数学期刊《微分几何学杂志》上。

大到宇宙膨胀，小到热胀冷缩，诸多自然现象都可以归结到空间演化。陈秀雄与王兵团队长期研究微分几何中“里奇流”的收敛性，运用新思想和新方法，他们在国际上率先证明了“哈密尔顿—田”和“偏零阶估计”这两个提出于 20 世纪 90 年代的猜想。

《微分几何学杂志》审稿人评论认为，这篇论文是几何分析领域的重大进展，将激发诸多相关研究。菲尔兹奖获得者西蒙·唐纳森称赞说，这是“几何领域近年来的重大突破”。

七、嫦娥五号月球挖土 1731 克

历经 23 天，嫦娥五号闯过地月转移、近月制动、环月飞行、月面着陆、自动采样、月面起飞、月轨交会对接、再入返回等多个难关，成功携带月球样品返回地球。该任务是 40 多年后，再次有人类航天器重返月球并采回样品。对中国和全球航天界，这都是一项巨大的科学成就。

中国航天科技集团研制的嫦娥五号，是中国研制的最为复杂的航天器系统之一，由轨道器、返回器、着陆器、上升器组成，包含 15 个分系统。在此次任务中，嫦娥五号经历 11 个飞行阶段，20 余天的在轨飞行过程，采集 1731 克的月球样品返回地球。月球表面自动采样封装是嫦娥五号任务中最引人注目的一个环节。嫦娥五号在月面选定区域着陆，使出浑身解数采集月壤，实现中国首次地外天体采样与封装。

八、华龙一号并网发电成功

11 月 27 日 0 时 41 分，华龙一号全球首堆——中核集团福清核电 5 号机组首次并网成功。经现场确认，该机组各项技术指标均符合设计要求，机组状态良好，为后续机组投入商业运行奠定坚实基础，并创造了全球第三代核电首堆建设的最佳业绩。

华龙一号是中国研发设计的具有完全自主知识产权的三代压水堆核电技术，设计寿命为 60 年，反应堆采用 177 堆芯设计，堆芯采用 18 个月换料，电厂可利用率高达 90%，创新采用了“能动和非能动”相结合的安全系统及双层安全壳等技术，在安全性上满足国际最高安全标准要求。

11 月 26 日拍摄的华龙一号全球首堆福清核电 5 号机组外景图。

林善传　摄（新华）

华龙一号全球首堆并网成功，标志着中国打破了国外核电技术垄断，正式进入核电技术先进国家行列，大幅提升中国核电行业的竞争力，对优化能源结构、推动绿色低碳发展具有重要意义，同时对中国实现由核电大国向核电强国的跨越具有重要意义。

九、“奋斗者”号载人深潜10909米

11月28日，“奋斗者”号全海深载人潜水器成功完成万米海试，载人深潜10909米后，胜利返航。

10月10日，“奋斗者”号从海南省三亚市崖州湾南山港码头启航，前往西太平洋马里亚纳海沟海域实施万米深潜试验任务。10月27日，“奋斗者”号下潜首次突破万米，并于11月10日创造了10909米的中国载人深潜新纪录；11月13日，“奋斗者”号完成了世界上首次载人潜水器与着陆器在万米海底的联合作业，并进行了视频直播。

作为人类历史上第4艘全海深载人潜水器，为实现万米海底作业目标，“奋斗者”号研发团队历经5年艰苦攻关，在耐压结构设计及安全性评估、钛合金材料制备及焊接、浮力材料研制与加工、声学通信定位、智能控制技术、锂离子电池、海水泵、作业机械手等方面实现多项重大技术突破，核心部件国产化率超过96.5%。

“奋斗者”号研制及海试的成功，显著提升了中国载人深潜的技术装备能力和自主创新水平，推动了潜水器向全海深谱系化、功能化发展，为探索深海科学奥秘、保护和合理利用海洋资源提供了又一利器，为引导公众关心认识海洋、提升全民海洋意识、加快建设海洋强国作出了突出贡献。

十、“九章”量子计算机问世引发世界关注

12月4日，《科学》杂志公布的中国“九章”计算机重大突破，让世界瞩目。这台由中国科学技术大学潘建伟、陆朝阳等学者研制的76个光子的量子计算原型机“九章”，推动全球量子计算的前沿研究达到一个新高度，在谷歌“悬铃木”计算机之后，再次成功实现“量子计算优越性”的里程碑式突破。

中国量子计算机取名“九章”，是为了纪念中国古代著名数学专著《九章算术》。实验显示，“九章”对经典数学算法高斯玻色取样的计算速度，比目前世界最快的超算“富岳”快一百万亿倍，在一个特定赛道上，200秒的“量子算力”，相当于目前“最强超算”6亿年的计算能力，从而在全球第二个实现了量子优越性。

102. 养老服务首个强制性国家标准

2020 年 1 月 13 日，国务院召开政策例行吹风会，会上指出于 2019 年 12 月 27 日公布的《养老机构服务安全基本规范》是中国养老服务领域的第一项强制性国家标准，也是养老服务质量的底线要求。

这一标准的主要内容包括基本要求、安全风险评估、服务防护和管理要求。其中，基本要求部分明确了养老机构应当符合消防、卫生与健康、环境保护、食品药品、建筑、设施设备标准中的强制性规定及要求。同时，对养老护理员培训、建立昼夜巡查和交接班制度等基础性工作提出了要求。

安全风险评估部分明确了老年人入住养老机构前应当进行服务安全风险评估及评估的相关要求，这是精准做好养老机构安全防范的第一关；服务防范部分明确了养老机构内预防和处置噎食、压疮、坠床、烫伤、跌倒、走失、他伤和自伤、食品药品误食、文体活动意外等九种服务风险的相关要求，是目前养老机构中老年人容易受到人身伤害、迫切需要统一规范的九种情形。

标准中提出的预防和处置措施都是经过基层长期实践、广泛验证的有效措施，养老机构只要高度重视、规范化操作就能大幅度降低管理中的风险。管理要求部分明确了养老机构要做好应急预案、评价与改进、安全教育等工作，以便于不断提高服务安全管理的规范化水平和持续性改进能力。

民政部副部长高晓兵介绍，目前，全国统一的养老机构服务标准和评价体系的框架已初步形成。为便于民政部门和养老机构充分做好准备，这一强制性国家标准规定了两年过渡期，在过渡期内，民政部将分类督促指导养老机构对标达标，对条件比较好的养老机构鼓励率先达标，对条件差一点的养老机构要督促、甚至给一些倾斜政策，尽快补上短板。

国家市场监督总局副局长田世宏介绍，为顺应人们对养老服务的新期待，下一步将加快推动居家养老和社区养老服务、长期照护服务、智慧健康养老等急需标准制定；开展养老服务标准化试点专项行动，以试点带动行业整体服务水平显著提升；探索推进中国标准“走出去”，加强国际养老标准跟踪研究和国际合作交流。

103. 中国在部分地区和领域禁塑限塑

1月19日，《关于进一步加强塑料污染治理的意见》发布。意见明确，到2020年年底，率先在部分地区、部分领域禁止、限制部分塑料制品的生产、销售和使用。

意见由中央全面深化改革委员会第十次会议审议通过。经国务院同意，国家发展改革委、生态环境部印发。

禁限塑　　新华社发　商海春　作

意见提出，要按照“禁限一批、替代循环一批、规范一批”的思路，推进三项主要任务。一是禁止生产销售超薄塑料购物袋、超薄聚乙烯农用地膜。禁止以医疗废物为原料制造塑料制品。全面禁止废塑料进口。分步骤禁止生产销售一次性发泡塑料餐具、一次性塑料棉签、含塑料微珠的日化产品。分步骤、分领域禁止或限制使用不可降解塑料袋、一次性塑料制品、快递塑料包装等。二是研发推广绿色环保的塑料制品及替代产品，探索培育有利于规范回收和循环利用、减少塑料污染的新业态新模式。三是加强塑料废弃物分类回收清运，规范塑料废弃物资源化利用和无害化处置，开展塑料垃圾专项清理。

根据意见，到2022年，一次性塑料制品消费量明显减少，替代产品得到推广，塑料废弃物资源化能源化利用比例大幅提升；在塑料污染问题突出领域和电商、快递、外卖等新兴领域，形成一批可复制、可推广的塑料减量和绿色物流模式。到2025年，塑料制品生产、流通、消费和回收处置等环节的管理制度基本建立，多元共治体系基本形成，替代产品开发应用水平进一步提升，重点城市塑料垃圾填埋量大幅降低，塑料污染得到有效控制。

国家发展改革委新闻发言人孟玮说，下一步将强化政策支持和科技支撑，健全制度标准、严格执法监督，加强塑料污染治理落实情况的督促检查，重点问题纳入中央生态环境保护督察，强化考核和问责。

104. 美丽中国建设评估指标体系出炉

3月6日，国家发展改革委印发《美丽中国建设评估指标体系及实施方案》，指标包括空气清新、水体洁净、土壤安全、生态良好、人居整洁5类。

美丽中国是生态文明建设成果的集中体现。根据《美丽中国建设评估指标体系及实施方案》，分类细化提出22项具体指标。

其中，空气清新包括地级及以上城市细颗粒物（$PM_{2.5}$）浓度、地级及以上城市可吸入颗粒物（PM_{10}）浓度、地级及以上城市空气质量优良天数比例3个指标。

水体洁净包括地表水水质优良（达到或好于III类）比例、地表水劣V类水体比例、地级及以上城市集中式饮用水水源地水质达标率3个指标。

土壤安全包括受污染耕地安全利用率、污染地块安全利用率、农膜回收率、化肥利用率、农药利用率5个指标。

生态良好包括森林覆盖率、湿地保护率、水土保持率、自然保护地面积占陆域国土面积比例、重点生物物种种数保护率5个指标。

人居整洁包括城镇生活污水集中收集率、城镇生活垃圾无害化处理率、农村生活污水处理和综合利用率、农村生活垃圾无害化处理率、城市公园绿地500米服务半径覆盖率、农村卫生厕所普及率6个指标。

根据方案，中国将结合实际分阶段提出全国及各地区预期目标，由第三方机构开展美丽中国建设进程评估，引导各地区加快推进美丽中国建设。后续将根据党中央、国务院部署以及经济社会发展、生态文明建设实际情况，对美丽中国建设评估指标体系持续进行完善。

105. 全国工会就业服务平台正式开通

3月12日，为进一步加强劳务输出地和输入地精准对接，帮助广大职工群众平安有序返回工作岗位，支持企业尽快恢复生产，全国总工会正式开通全国工会就业服务平台——“工会就业服务号”，关注微信公众号即可浏览招聘信息。

助力复工复产　新华社发 王鹏 作

全总组织全国 27 个省（区、市）工会，协调企业信誉、劳动关系、劳动保护等方面比较好的 1.5 万家用工单位，线上提供岗位信息 5 万余条，用工需求近百万人，其中相当数量的岗位来自东南沿海地区的用工大省。求职者可以通过微信搜索“工会就业服务号”，浏览关注公众号招聘信息，在线投递简历，也可通过电话直接联系相关用人单位。各级工会根据企业与求职者对接情况，积极协助党委、政府提供“点对点”的就业直通车服务，助力职工平安有序复工、企业快速安全复产。

全国工会就业服务平台“工会就业服务号”是工会组织落实中央统筹推进新冠肺炎疫情防控和经济社会发展工作部署会议精神的具体举措。“工会就业服务号”将根据职工需求，持续更新招聘信息，不断拓宽服务项目，逐步开展线上技能培训、创业扶持、法律援助、心理咨询，为广大职工提供普惠化、常态化、精准化就业服务。

106. 全国开展专项行动完善流浪乞讨人员救助

3 月 24 日，民政部发布消息，从 2020 年 3 月到 2021 年 6 月，民政部等 11 个部门将在全国开展生活无着的流浪乞讨人员救助管理服务质量大提升专项行动，行动内容涵盖多个方面。

——集中开展救助寻亲服务行动。各地要通过 DNA 比对、人像识别等方式甄别滞留人员身份信息。对查明身份信息的人员，在其身体条件允许情况下尽快安排接送返回工作。

——集中开展落户安置行动。各地要集中开展一次长期滞留人员落户安置行动，对在2020年3月前入站确实无法查明身份信息的，于2020年6月前将安置申请报送至当地民政部门，民政部门于2020年8月前制定安置方案报请同级政府。对政府批准予以落户的，民政部门要尽快启动户籍办理程序。

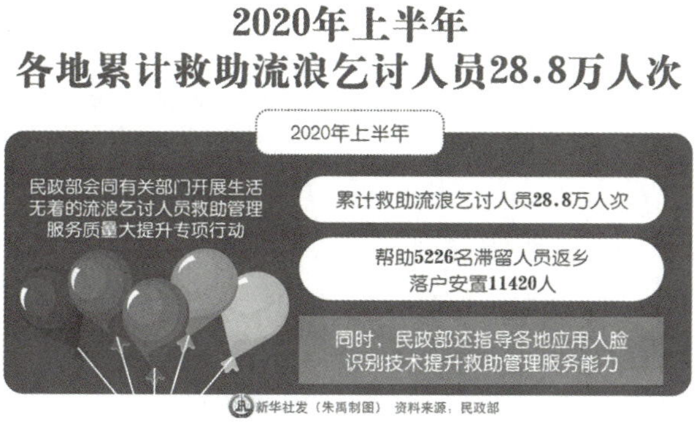

——持续开展街面巡查和综合治理行动。公安机关、城市管理部门等要按照职责分工履行街面巡查职责，有效减少“强行讨要”“职业乞讨”等不文明现象。持续做好极端天气下的专项救助工作，确保不发生冻饿死伤等极端事件。

——全力推进源头治理行动。流出地救助管理机构要建立返乡人员信息台账，做好信息对接和人员接收工作。各级民政部门要指导救助管理机构建立易流浪走失人员信息库，发现反复流浪乞讨的情况要及时反馈民政部门，原则上回访频率不低于每两月一次，回访期不少于一年。

——全面提升救助管理干部队伍素质行动。市级及以上救助管理机构要在编制内合理调配人员，设置社会工作专业岗位和专职寻亲岗位，提升救助能力，培养专业化寻亲队伍。

——全面开展照料服务达标行动。各地要集中部署开展救助管理和托养机构安全隐患排查行动，强化站内照料职责，有步骤、分批次开展托养人员站内接回工作。设施设备或人员不足、无法提供照料服务的救助管理机构，可以通过政府购买服务方式引入专业力量参与工作。

同时，各地要探索建立第三方监督委员会或特邀监督员制度，对救助管理机构和托养机构进行监督。救助管理机构要建立重大突发事件应急处置和信息报告机制，对机构遇灾、遇险，受助人员走失、死亡等情况，要第一时间报告民政部门。

107. 城区常住人口300万以下城市全面取消落户限制

4月9日，国家发展改革委称，2020年，将督促城区常住人口300万以下城市全面取消落户限制，推动城区常住人口300万以上城市基本取消重点人群落户限制，促进农业转移人口等非户籍人口在城市便捷落户。

落户更顺畅　　新华社发　商海春　作

根据《2020年新型城镇化建设和城乡融合发展重点任务》，督促除个别超大城市外的其他超大特大城市和Ⅰ型大城市坚持存量优先原则，取消进城就业生活5年以上和举家迁徙的农业转移人口、在城镇稳定就业生活的新生代农民工、农村学生升学和参军进城的人口等重点人群落户限制。推动Ⅰ型大城市探索进城常住的建档立卡农村贫困人口应落尽落。鼓励有条件的Ⅰ型大城市全面取消落户限制、超大特大城市取消郊区新区落户限制。

根据确定的重点任务，要推动城镇基本公共服务覆盖未落户常住人口。出台国家基本公共服务标准。提高居住证发证量和含金量，推动未落户常住人口逐步享有与户籍人口同等的城镇基本公共服务。运用信息化手段建设便捷高效的公共服务平台，加快养老保险全国统筹进度，完善基本医疗保险跨省异地就医医疗费用直接结算制度，做好社会保险关系转移接续，方便人口流动。增加学位供给，健全以居住证为主要依据的随迁子女入学入园政策，使其在流入地享有普惠性学前教育。以解决新市民住房问题为主要出发点，完善住房保障体系。同时大力提升农业转移人口就业能力。加大“人地钱挂钩”配套政策的激励力度。

根据《关于调整城市规模划分标准的通知》，城区常住人口300万以上500万以下的城市为Ⅰ型大城市，城区常住人口500万以上1000万以下的城市为特大城市，城区常住人口1000万以上的城市为超大城市。

108. 国家邮政局发布《快递进村三年行动方案》

为进一步推进“快递进村”工程，国家邮政局印发了《快递进村三年行动方案（2020—2022年）》（以下简称《行动方案》）。4月9日，国家邮政局在新闻发布会上对《行动方案》进行发布解读。中国快递协会联合13家快递物流和电商企业共同发出倡议，表示将积极响应和落实《行动方案》，同心协力推进“快递进村”。

《行动方案》明确，到2022年年底，中国农村快递服务深度显著增强，县、乡、村快递物流体系逐步建立，城乡之间流通渠道基本畅通，农村综合物流服务供给力度明显加大，快递服务“三农”成果更加丰硕，广大农民可以享受到更加便捷高效的快递服务，符合条件的建制村基本实现“村村通快递”。为实现此工作目标，《行动方案》提出要坚持统筹规划、政策引领，市场配置、创新驱动，因地制宜、分类推进的原则，鼓励邮快合作、快快合作、驻村设点、交快合作、快商合作及其他合作等多种方式推进。

“快递进村”是指快递服务通达建制村，既包括快递企业直接设立站点的模式，也包括与其他商业组织合作提供快递服务等多种模式。推动“快递进村”是畅通城乡经济循环、服务乡村振兴战略的重大工程，是邮政快递业未来三年的工作重点，是实现快递业高质量发展的必由之路。

快递进村的关键前提是快递下乡。国家邮政局于2014年启动了“快递下乡”工程。近年来，中国快递服务网络不断健全，快递服务深入农民生活，呈现出准公共服务的属性。据统计，目前，全国几乎所有的县级以上城市都有快递网点，全国96.6%的乡镇已经建有快递网点，有26个省（区、市）实现了乡镇快递网点全覆盖。县、乡两级服务网络的建立，使快递进村具备了现实的基础。在“快递下乡”的带动下，各地进一步延伸服务网络，在直投到村方面进行了一些不错的探索，取得了一定的成效。

为保障方案有效落地，国家邮政局将继续与商务、农业等相关部门做好沟通，加大政策支持；加强农村快递服务监管，督促企业履行服务承诺，强化监督管理；建立“快递进村”常态化工作机制，加强组织落实。他也建议快递企业坚持包容共享的发展，通过抱团发展或者与相关企业合作，降低成本、提高效益；坚持全网协调的发展，进一步优化揽派两端的利益分配，加大对农村地区的支持力度；坚持保证服务的发展，进一步压缩农村快件时限，不断提升农村快递服务质量。

在发布会上，中国快递协会联合邮政EMS、顺丰速运、中通快递、圆通速递、申通快递、韵达速递、百世快递、德邦物流、京东物流、苏宁物流、菜鸟网络、阿里巴巴、京东集团等13家快递物流和电商企业发出倡议，表示将竭尽全力，切实推动“村村通快递”的宏伟目标，成为这项重大工程的见证者和参与者，让广大农民的生活更加美好。为此，中国快递协会和各企业共同倡议：一是深刻领会“快递进村”工作的重要意义，结合快递企业和地域实际情况，按照《行动方案》的总体部署，加快推动本企业的“快递进村”工作进程；二是通过邮快合作、快快合作等方式逐步创新和完善农村网络发展模式，拓展农村快递网络广度和深度，为农村商家和消费者提供更加优质便捷的快递服务；三是积极响应党中央、国务院关于脱贫攻坚和乡村振兴的决策部署，加强快递进村多方合作、努力融入乡村建设，让快递服务在2022 年年底通达全国 31 个省（区、市）的建制村，带动乡村经济发展，更好地服务当地农民生活。

中国幅员辽阔，农村人口众多，农产品资源丰富，伴随乡村振兴战略的顺利实施，农村快递市场的“蓝海”前景广阔，《行动方案》的出台恰逢其时，希望通过各企业自身的努力和社会各界的共同支持，画大服务现代农业和农村电子商务的同心圆，共建共享农村快递物流的生态圈。他同时表示，目前农村人口居住分散，业务量不大，快递运营成本拉高，网点投入后存活压力大，希望地方政府和相关部门在资源配套、财税减免、规范消费、净化市场等方面给予支持。

109. 部分职业“先上岗、再考证”

4 月 21 日，人力资源和社会保障部、教育部、司法部、农业农村部、文化和旅游部、国家卫生健康委、国家知识产权局等 7 部门印发《关于应对新冠肺炎疫情影响实施部分职业资格“先上岗、再考证”阶段性措施的通知》，进一步强化稳就业举措，促进高校毕业生就业。

通知提出，对中小学、幼儿园、中等职业学校教师资格实施“先上岗、再考证”阶段性措施，凡符合教师资格考试报名条件和教师资格认定关于思想政治素质、普通话水平、身体条件等要求的高校毕业生，可以先上岗从事教育教学相关工作，再参加考试并取得教师资格。

对护士执业资格、渔业船员资格、执业兽医资格、演出经纪人员资格、专利代理师资格等 5 项准入类职业资格实施“先上岗、再考证”阶段性措施，凡符合该 5 项职业资格考试报名条件的高校毕业生，可以先上岗从事相关工作，再参加考试并取得职业资格。

通知指出，尚未取得法律职业资格证书的高校毕业生，凡符合有关条件的，可先申请实习登记，在律师事务所实习。实习期满经律师协会考核合格并取得法律职业资格证书的，或者自收到考核合格通知之日起一年内取得法律职业资格证书的，可以按规定申请律师执业。

保就业　　新华社发 徐骏 作

通知指出，对实施“先上岗、再考证”阶段性措施的准入类职业资格，高校毕业生参加事业单位公开招聘被聘用从事相关工作的，事业单位与先上岗的高校毕业生签订聘用合同时，应当按规定约定1年试用期；先上岗的高校毕业生在试用期内未取得相应职业资格的，依法解除聘用合同。高校毕业生与用人单位签订劳动合同的，按照有关规定管理。

110. 20项证明告别“社区万能章”

4月27日，民政部称，根据六部门联合出台的《关于改进和规范基层群众性自治组织出具证明工作的指导意见》，20项证明被明确不应由社区居民委员会、村民委员会等基层群众性自治组织出具。

这20项证明包括：亲属关系证明、居民身份信息证明、户口登记项目内容变更申请证明、居民养犬证明、无犯罪记录证明、社区戒毒社区康复人员情况证明、人员失踪证明、婚姻状况证明、出生证明、健在证明、死亡证明、疾病状况证明、残疾状况证明、婚育状况证明、居民就业状况证明、居民个人档案证明、居民财产证明、遗产继承权证明、市场主体住所证明、证件遗失证明。

长期以来，一些政府部门、公用企事业单位和服务机构形式主义官僚

“减证便民” 新华社发 刘道伟 作

主义作风作祟，要求群众找基层群众性自治组织开具“奇葩”证明、循环证明、重复证明等各类无谓证明，给群众带来极大不便，给基层增加了很大负担。

为此，此次出台的意见明确，要用3年左右时间，逐步建立起基层群众性自治组织出具证明工作的规范化制度体系和长效机制，从根本上改变“社区万能章”“社区成为证明大本营”等现象。

民政部有关负责人介绍，近年来党中央、国务院出台了一系列有关减证便民、优化服务的政策文件，全面清理各类无谓证明。此次印发的指导意见正是证明事项清理工作的重要组成部分。意见专门规定，各地区要在与证明事项清理工作已有政策措施衔接基础上，制定基层群众性自治组织出具证明事项清单，特别是要与各地区、各部门公布的保留证明事项清单相衔接。

出于便民利民考虑，意见还规定，各地区要最大限度精简基层群众性自治组织出具证明的程序，大力推行简单证明当场办结、复杂证明限时办结制，最大限度地缩短办理时间，确保群众能办事、办成事。

111. 中国网民规模突破9亿

4月28日，中国互联网络信息中心发布的第45次中国互联网络发展状况统计报告称，截至2020年3月，中国网民规模为9.04亿，较2018年年底新增网民7508万；其中，手机网民规模达8.97亿，较2018年年底增长7992万，中国网民使用手机上网的比例达99.3%。

中国基础资源状况持续优化，安全保障能力稳步提升。报告指出，截至2019年12月，中国IPv6地址数量50877块/32，较2018年年底增长15.7%，稳居世界前列。域名总数为 5094 万个，其中“. CN”域名总数为 2243 万个，较 2018 年年底增长 5. 6%，占中国域名总数的 44. 0%。

突破9亿　　新华社发 徐骏 作

根据报告，截至 2020 年 3 月，中国互联网普及率达 64. 5%，较 2018 年年底提升 4. 9 个百分点。其中，农村地区互联网普及率为 46. 2%，较 2018 年年底提升 7. 8 个百分点，城乡之间的互联网普及率差距缩小 5. 9 个百分点，数字鸿沟不断缩小。随着中国“村村通”和“电信普遍服务试点”两大工程的深入实施，广大农民群众逐步跟上互联网时代的步伐，同步享受信息社会的便利。

112.《保障农民工工资支付条例》实施

5 月 1 日起，《保障农民工工资支付条例》施行。该条例是中国第一部保障农民工工资权益的专门性法规。

可追刑责　　新华社发 徐骏 作

条例围绕根治拖欠农民工工资目标，坚持源头治理、全程监管、防治结合、标本兼治，进一步规范工资支付行为，明确工资清偿主体。专门针对工程建设领域欠薪问题作出特别规定，通过实行农民工工资专用账户管理、实名制管理、施工总承包企业代发工资、工资保证金等制度，全链条治理欠薪问题。明确用人单位主体责任和法律责任，对违法行为加大联合惩处力度。细化政府属地责任和部门监管责任，打造监管闭环，加强监督监察，形成治欠合力。

条例的实施，将进一步推动建立健全欠薪零容忍的制度体系、监管有效的工作格局、惩处有力的执法机制，推动有效解决拖欠农民工工资问题，切实维护农民工工资报酬权益。

113. 六类群体可获慈善组织红十字会优先帮扶

5 月 14 日，民政部发布《关于做好疫情防控常态化形势下慈善捐赠工作的通知》，要求各地根据疫情防控常态化需求精准开展慈善活动，优先对新冠肺炎患者、低保对象等六类群体开展关爱活动。

这六类群体包括：新冠肺炎患者、逝者、隔离人员及受影响家庭；低保对象、特困人员、低收入家庭成员、建档立卡贫困人口，受疫情影响致贫人员和返贫的建档立卡贫困人口；孤寡老人、困境儿童、残疾人等特殊群体；在疫情防控一线奋战的医务工作者、人民解放军指战员、社区工作者、公安民警、基层干部、下沉干部、志愿者；受疫情影响无法外出务工、经营、就业导致生活困难的群众；在复工复产和恢复生产生活秩序中遇到困难的群众。

同时，根据当前疫情防控形势变化，民政部要求各地督促慈善组织、红十字会对前期慈善捐赠做好收尾工作，对于前期重点支持疫情防控医疗和生活应急需求的公开募捐活动，要根据各地疫情风险等级的调整，相应调整募捐时限、适时予以终止，合理安排捐赠款物拨付进度，不允许长时间积压。

此外，根据通知要求，慈善组织、红十字会要按照逐级拨付逐级公布的要求，将接收单位的名称、接收款物的金额数量及时向社会公开。对于公开募捐和实施周期超过六个月的慈善项目，慈善组织、红十字会应根据相关规定，按照至少每三个月公开一次的要求，在全国慈善信息公开平台“慈善中国”上尽快完成对公开募捐和项目实施情况的第一次全面公布。

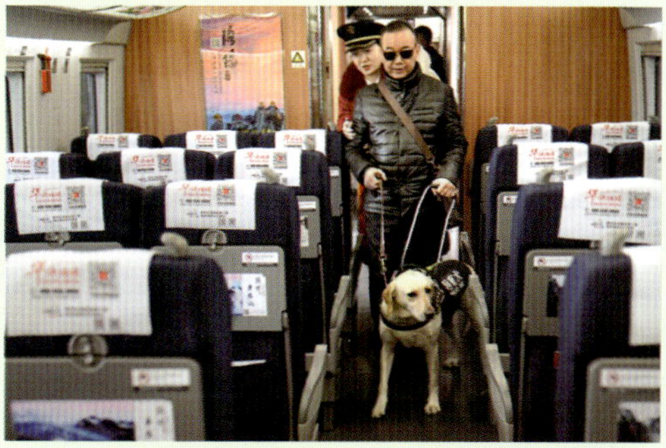

针对视障旅客携带导盲犬协助出行的特殊需求，铁路部门提供专门服务，让盲人实现安全无障碍出行。图为1月14日，导盲犬“小七”和主人一起乘车。

李安　摄（新华）

9月24日，浙江省湖州市吴兴区织里镇儿童健康联盟的“健康快车”走进织北幼儿园。医护人员通过互动游戏、播放视频等形式给孩子们讲授秋季传染病预防等基础卫生防护知识，让孩子们从小培养良好的卫生健康意识。图为孩子们跟着智能机器人和医护人员一起学习健康操。

徐昱　摄（新华）

家乡在云南省文山壮族苗族自治州砚山县的张萍为帮助山区留守儿童探寻人生的另一种可能，在砚山县那夺村创建“彩云计划公益志愿服务中心”，义务辅导和资助贫困家庭子女学习舞蹈。图为1月21日，张萍在指导孩子们练习舞蹈。

陈欣波　摄（新华）

“静默咖啡”是陕西省西安市新城区北新街西一路街道办事处、新城区残联以及西安凯越职业技能培训学校共同创建的一个残疾人创业就业孵化基地，店里的四名咖啡师，除了店长之外，其余三位均为听障人士。图为12月1日拍摄的咖啡师们。

刘潇　摄（新华）

“五一”节日期间，北京市慈善义工协会的100多名志愿者来到莲花池公园、朝阳公园等场所，义务开展公共场所消毒、捡拾垃圾、疏导游客等志愿活动。图为5月1日，志愿者在莲花池公园捡拾垃圾。

李欣　摄（新华）

2月17日，北京大学、清华大学等高校陆续开始网上授课，努力在疫情防控期间实现“停课不停教、停课不停学”。图为北京大学教师黄建斌（左）利用“北京大学在线课堂（Classin）”系统在线远程教授物理化学课程，其助教马骋利用微信群收集上课学生的提问、意见等信息。

沈伯韩　摄（新华）

重庆市忠县地处三峡库区腹心，通过优化师资配备、设立教育扶贫资助基金、新增教育用地、添置教育设施设备等举措，推动义务教育均衡发展和城乡一体化。图为12月3日，汝溪镇中心小学校学生在美术室练习画画。

王全超　摄（新华）

近年来，浙江省诸暨市全域推进、整体提升中小学劳动教育质量和水平。2020年“五一”国际劳动节前夕，姚江镇上联小学在严格防疫的同时，分班错时开展农耕劳作专题实践活动。图为4月29日，学生在老师的指导下播种花生。

韩传号　摄（新华）

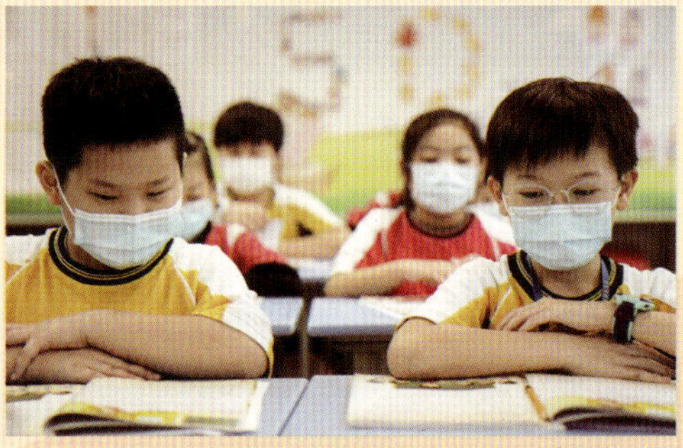

2020年是香港第一家采用普通话作为教学语言的政府津贴学校——香港普通话研习社科技创意小学建校第20个年头，已有超过2000名毕业生成了在香港推广普通话的“种子”和“使者”，他们自己也从中获益良多。图为10月7日，该校学生在语文课上。

吕小炜　摄（新华）

近年来，河北省河间市职业教育中心主动对接用工企业，通过工学结合、定向培养等方式，有针对性地培养订单式职业人才。图为2020年11月18日，学生在钻头生产企业观摩工人机床实操。

朱旭东　摄（新华）

4月27日，北京市高三年级学生开学复课。图为复课当日，中国农业大学附属中学高三年级学生在教室中上课。

任超　摄（新华）

9月26日，由中央美术学院、山东省文学艺术界联合会主办的2020全国大学生暨青年艺术家年度大展在山东省青岛市即墨区德馨艺术中心开幕。图为参观者在作品展上欣赏抗疫题材作品。

梁孝鹏　摄（新华）

12月20日，第十三届中国摄影艺术节暨第四届天鹅之城——中国三门峡自然生态国际摄影大展在河南省三门峡市开幕。本次艺术节推出第十三届中国摄影金像奖作品展、决胜脱贫攻坚摄影展、抗击疫情摄影作品展等，为观众呈献一场丰富的视觉盛宴。图为参观者在摄影展上拍照。

许雅楠　摄（新华）

河北省承德市双桥区魁星园小学是一所京剧艺术教育特色学校，该校将京剧作为校本课程纳入学校课程表，组织力量自编教材，聘请专业教师，教授京剧表演技艺和经典唱段，让孩子们感受传统戏曲文化的魅力。图为12月22日，学生们在京剧课堂上表演《红娘》选段。

刘环宇　摄（新华）

近年来，甘肃省兰州市西固区政府和读者出版集团采取“政府推动建设、读者品牌冠名、市场化运营”的方式，与传统新华书店改造相结合，在公园、社区、校园旁打造老百姓身边的新型书房“读者小站·金城书房”。图为2020年11月27日，市民在兰州市中天嘉园读者小站阅读。

马希平　摄（新华）

根据中国足协公告，天津天海足球俱乐部主动申报退出职业联赛。5月12日，俱乐部发布公告正式解散。图为球迷在俱乐部门口拍照，向球队告别。

李然　摄（新华）

6月29日，世界乒乓球职业大联盟（WTT）宣布，中国乒乓球协会主席刘国梁担任新成立的WTT理事会主席。图为11月8日，刘国梁（前排左）与国际乒联首席执行官丹顿（前排右）在山东威海庆祝2020国际乒联女子世界杯开幕。

朱峥　摄（新华）

10月22日，2023年亚足联亚洲杯中国组委会成立大会在北京国家体育总局举行。图为嘉宾们在成立大会上观看亚足联主席萨尔曼的致辞视频。

丁旭　摄（新华）

10月4日，作为曾经的方舱医院，武汉体育中心变回运动馆，举办了姚基金慈善赛。

肖艺九　摄（新华）

10月20日，中央军委训练管理部军事体育训练中心调整改革动员部署大会指出，军队不再参加全国综合性体育运动会和单项赛事。图为7月14日，八一南昌队球员在山东青岛举行的2019—2020赛季中国男子篮球职业联赛（CBA）复赛第二阶段（红岛赛区）对阵浙江广厦控股队比赛前的升旗仪式上。

朱峥　摄（新华）

9月，国家体育总局和教育部联合印发《关于深化体教融合　促进青少年健康发展的意见》。学校体育、体教融合工作进一步得到强化。图为9月10日无人机拍摄的贵州省遵义市余庆县敖溪小学学生在体育课上练习踩高跷。

刘续　摄（新华）

北京冬奥会所有竞赛场馆2020年完工，并同步完成基础设施建设。图为12月18日拍摄的首钢滑雪大跳台夜景。

张晨霖　摄（新华）

10月29日，中国共产党第十九届中央委员会第五次全体会议审议通过《中共中央关于制定国民经济和社会发展第十四个五年规划和二〇三五年远景目标的建议》，明确到2035年建成体育强国、健康中国。图为8月8日，北京协和医院护士尤佳（左一）与“跑友”在北京故宫角楼附近晨跑。

李明　摄（新华）

近年来，河北省迁安市推进“水美城市”建设，对滦河、三里河等多条河流进行综合治理，将治水与民生改善、产业发展、城市景观相结合。如今，黄台湖水利风景区、三里河生态廊道等景点集观景、健身、休闲、旅游等功能于一体，成为城市一道道亮丽的风景线。图为2020年6月11日无人机拍摄的三里河生态廊道。

牟宇　摄（新华）

11月13日，陕西省考古研究院发掘出大量隋唐时期墓葬，其中一合墓志的书写者为时任长安县尉颜真卿。这是目前国内唯一经由科学考古发掘出土的颜真卿早年书迹真品。图为7月6日拍摄的罗婉顺墓志。

李一博　摄（新华）

近年来，甘肃省敦煌市组织艺术工作者围绕敦煌文化开展书画创作、研学培训、文化交流等活动，不仅丰富了当地的文旅业态，也弘扬了敦煌文化。图为2020年12月10日，在敦煌小镇鸣沙书院，一名艺术工作者在临摹敦煌壁画。

张晓亮　摄（新华）

12月16日，澳门艺术博物馆举行“一代昭度——故宫博物院藏清代帝后服饰展”开幕仪式。此次展览由澳门艺术博物馆与故宫博物院共同举办，按礼服、吉服、常服、戎服与行服、便服五个部分，介绍清代不同时期的服饰特点。图为观众在博物馆观看展品。

张金加　摄（新华）

12月22日，“海南稽古　南海钩沉——海南考古七十年”展览在海南省博物馆开幕。通过海南历年考古工作、海南田野考古以及南海水下考古三个部分共300余件文物，呈现了海南考古70年历程。图为参观者在展览上参观拍摄。

周慧敏　摄（新华）

近年来，江西省靖安县政府在改善居民生活条件、提升城乡旅游形象的同时，启动古建筑修缮保护工程，对西门古街、雷家古村等处近100栋古建筑进行全面修缮。图为2020年11月4日，施工人员在西门古街对一处古民居进行修缮。

万象　摄（新华）

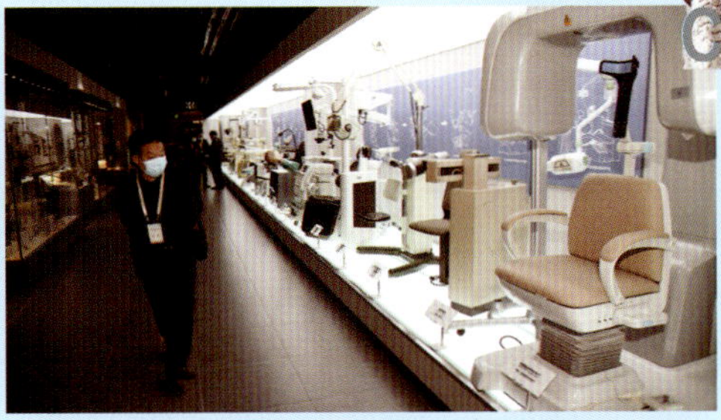

11月5日，坐落于空军军医大学口腔医院内的国际口腔医学博物馆举行开馆仪式，并向公众免费开放。该博物馆展品门类齐全、品种繁多，具有很强的学术价值、历史价值和观赏价值。图为参观者在博物馆内参观口腔诊疗设备。

李一博　摄（新华）

12月17日，联合国教科文组织保护非物质文化遗产政府间委员会会议决定，将太极拳列入人类非物质文化遗产代表作名录。太极拳成为中国第41个列入联合国教科文组织非物质文化遗产相关名录的项目。图为12月14日，在太极之乡河南陈家沟，学员们在练习太极拳。

李安　摄（新华）

10月15日，2020中国海洋经济博览会在深圳会展中心正式拉开帷幕。本届海博会以“开放合作、共赢共享”为主题，包括船舶及港口航运、海洋资源开发、海洋高端装备、海洋电子信息、海洋生态环保和安全、海洋生物医药六大板块。图为开幕当日拍摄的博览会现场。

梁旭　摄（新华）

春暖乍寒，西藏拉萨市布达拉宫脚下的拉鲁湿地国家级自然保护区树绿花开、鸟儿飞舞、生机无限。图为4月6日拍摄的拉鲁湿地保护区一角。

张汝锋　摄（新华）

克什克腾旗位于内蒙古自治区赤峰市西北部，境内的湖泊、河流、草原、森林等自然景观，让人们流连忘返。图为8月11日，牧民在克什克腾旗贡格尔草原放牧。

刘磊　摄（新华）

云南省迪庆藏族自治州德钦县佛山乡江坡村说打村与梅里雪山隔江相望，景色优美。图为3月14日，梅里雪山与满天繁星倒映在宁静的说打湖面上。

胡超　摄（新华）

位于四川省小金县两河口镇大板村境内的玛嘉沟内分布着数座5000米以上的雪峰，沟口至沟尾海拔落差近千米，直线距离约15公里，面积约100平方公里，有雪山、高山湖泊、彩林、瀑布和草甸。图为10月21日，无人机拍摄的彩林和湖泊。

江宏景　摄（新华）

藏族小伙丁真来自四川省甘孜藏族自治州理塘县的一个小山村，因一名摄影师发布的一则短视频一夜走红，之后成为了家乡的旅游形象大使。社交网络上掀起了一股“丁真热潮”，人们通过丁真，不仅看到了一方诗意的净土，还看到了中国艰苦卓绝的减贫事业和无数默默付出的人。图为12月2日，在从理塘县城回家的途中拍摄的丁真。

沈伯韩　摄　（新华）

9月17日，四川甘孜藏族自治州成立70周年庆祝大会在康定市举行。各地群众身着缤纷多彩的民族服饰，载歌载舞，共庆建州70周年。图为得荣县群众在庆祝大会上进行文艺演出。

刘坤　摄（新华）

114. 6 月起，这些重要新规走入你我生活

6 月，卫生健康领域“基本法”生效，让你我的生命健康更有制度保障；机动车检验标志实现全国范围内电子化服务，点点手机就能在线申领；道路千万条安全第一条，骑摩托车不戴头盔、坐汽车不系安全带等交通违法行为要被严查了……你的衣食住行，由法治来守护。

卫生健康领域有了基础性法律

中国卫生与健康领域第一部基础性、综合性法律——《中华人民共和国基本医疗卫生与健康促进法》，自 6 月 1 日起施行。

该法的一大亮点是融入了多项医改成果，如国家推进基本医疗服务实行分级诊疗制度；国家推进基层医疗卫生机构实行家庭医生签约服务，建立家庭医生服务团队；国家采取多种措施，鼓励和引导社会力量依法举办医疗卫生机构等。

基础 新华社发 朱慧卿 作

为积极应对当前慢病负担重、重大传染病防控形势严峻等突出健康问题，该法将“健康促进”专辟一章，明确国家组织居民健康状况调查和统计，国家制定并实施未成年人、妇女、老年人、残疾人等的健康工作计划，加强重点人群健康服务等。

该法也对暴力伤医等群众关切作出回应。比如，规定禁止任何组织或者个人威胁、危害医疗卫生人员人身安全，侵犯医疗卫生人员人格尊严。

全国推广机动车检验标志电子化服务

自 6 月 20 日起，机动车检验标志电子化服务将覆盖全国。今后，机动车检验标志电子凭证将通过全国统一的互联网交通安全综合服务平台发放，申领、出示和使用机动车检验标志将更加便利。

4月，公安部在16个城市试点基础上，决定全国分两批推广机动车检验标志电子化，为机动车所有人、驾驶人以及相关行业和管理部门提供电子证照服务。第一批已在4月25日启动推广。

第二批推广时间将从6月20日开始，推行地区包括河北、山西、内蒙古、辽宁、吉林、安徽、福建、江西、河南、广西、西藏、陕西、甘肃、青海、宁夏15个省区。

机动车所有人可通过互联网交通安全综合服务平台或“交管12123”手机App申领机动车检验标志电子凭证。属于6年内的免检车辆，可以直接在网上申领检验标志电子凭证。检验标志电子凭证分为在线出示、离线出示和打印出示3种出示方式，便利机动车所有人或驾驶人在不同场景应用。

骑摩托车不戴头盔等违法行为将被严查

为有效保护摩托车、电动自行车骑乘人员和汽车驾乘人员生命安全，公安部交通管理局在全国部署开展“一盔一带”安全守护行动。

6月1日起，机关部门将对骑乘摩托车不佩戴安全头盔、驾乘汽车不使用安全带的交通违法行为加强执法处罚。

对骑乘电动自行车不佩戴安全头盔的行为，将继续开展宣传引导工作，积极创造条件帮助群众配备安全头盔，提示有头盔的群众自觉佩戴头盔。各地要根据当地实际情况确定实施依法查纠的时间，并注重人性化执法、理性执法、柔性执法。

针对部分企业和平台销售的安全头盔价格暴涨问题，公安部已与国家市场监督管理总局联系沟通，并指导各地公安机关积极配合市场监管部门依法严查价格违法行为，斩断哄抬头盔价格的违法链条。

央行新规优化行政许可办理流程

新修订的《中国人民银行行政许可实施办法》自6月1日起施行。该办法完善并细化了行政许可的受理、审批流程，弥补了行政许可在线办理依据不足的问题，有利于借助信息化手段提升行政许可办理效率。

修订后的办法专门设置了主要适用于银行账户开户许可证核发、相关许可证或者资格证书变更记载事项等的简易程序，将这些许可事项的审批时限压缩至受理后五日内，有利于提高审批效率、降低办事成本、减轻申请人负担。

同时，修订后的办法根据行政许可法的授权，进一步明确了执法检查、行政处罚等事中事后监管措施，将“简政放权、放管结合、优化服务”落到实处。

这些地方新规值得注意

《北京市文明行为促进条例》《北京市野生动物保护管理条例》于6月1

日起施行。

《北京市文明行为促进条例》对见义勇为、参加抢险救灾救人、依法制止违法犯罪行为等文明行为进行支持和鼓励；同时，重点治理随地吐痰、便溺；从建筑物中抛掷物品；驾驶机动车乱停靠、乱插队、乱鸣笛；遛犬不牵引，犬便不清理等不文明行为。《北京市野生动物保护管理条例》明确，酒楼、饭店、餐厅、民宿、会所、食堂等餐饮服务提供者，对禁止食用的野生动物及其制品不得购买、储存、加工、出售或者提供来料加工服务。

海南省于6月全面推行“一枚印章管审批”改革，推动简政放权再提速。改革包括整合审批职权、调整组织机构、优化资源配置、简化办事程序等内容，最终实现“进一扇门、一个窗口受理、一次性告知、一套审批标准、一张网通办、一枚印章管审批”。

山东省自6月1日起，对符合法定条件的轻微违法行为不予行政处罚或者减轻处罚，打造良好营商环境。“不罚清单”涉及市场监管、公安、自然资源等25个行政执法领域，“轻罚清单”涉及交通运输、文化旅游、黄河河务管理3个行政执法领域。

115. “中国生态环境保护吉祥物”发布

6月5日，生态环境部在2020年六五环境日国家主场活动上正式发布“中国生态环境保护吉祥物”。

吉祥物为一对名为“小山”和“小水”的卡通形象，以“青山绿水”为设计原型，有机结合“绿叶、花朵、云纹、水纹”等设计元素，表达出“绿水青山就是金山银山”的理念。

“小山”以青山为造型，以绿叶为发饰，以祥云为鞋子纹样，象征绿色与和谐；“小水”以绿水为造型，以花朵为头饰，以水纹为鞋子纹样，象征洁净和美丽。

小山和小水面带笑容、活

泼灵动，寓意着每个人都是生态环境的保护者、建设者、受益者，要像保护眼睛一样保护生态环境、像对待生命一样对待生态环境，积极践行绿色生产生活方式，共同守护地球家园。

“中国生态环境保护吉祥物”自 2019 年 11 月起开始征集，经过近 7 个月的征集、专家评审、公示、网络投票等过程，从 2400 余件作品中遴选，再经专家评审、调整优化最终确定。“中国生态环境保护吉祥物”将供社会各界开展生态环境保护公益活动时免费使用。

116. 社区医院建设全面推开

7 月 13 日，国家卫健委公开发布了《关于全面推进社区医院建设工作的通知》，提出加强住院病房建设，合理设置床位，主要以老年、康复、护理、安宁疗护床位为主。

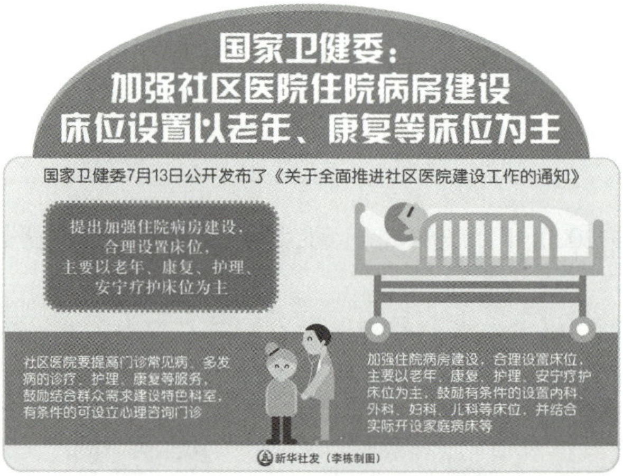

文件提到，社区医院要提高门诊常见病、多发病的诊疗、护理、康复等服务，鼓励结合群众需求建设特色科室，有条件的可设立心理咨询门诊；加强住院病房建设，合理设置床位，主要以老年、康复、护理、安宁疗护床位为主，鼓励有条件的设置内科、外科、妇科、儿科等床位，并结合实际开设家庭病床等。

截至 2018 年年底，中国 60 周岁以上的老年人口大约 2.5 亿，占总人口的 17.9%。中国老年人慢性病患病率高、失能率高，患有慢性病的老年人接近 1.8 亿，失能和部分失能的老年人口超过 4000 万。但长期以来中国社区开展医养结合的依托能力不足。

全国老龄办常务副主任、中国老龄协会会长王建军曾经表示，要完善以居家为基础、社区为依托、机构为补充、医养相结合的养老服务体系。

王建军表示，居家和社区养老问题是最主要的。国家政策支持和财政投入重点向居家和社区倾斜，在医疗卫生方面，也是重点发挥城乡医疗卫生机构作用，将医疗卫生服务延伸到社区和家庭。

这次发布的文件要求，一是进一步完善房屋、设备、床位、人员等资源配备，加强信息化等基础设施建设和设备提档升级。二是突出重点，提高常见病、多发病的诊疗、护理、康复能力，加强住院病房建设，强化医疗质量管理，切实保障患者安全。三是加强防治结合，按要求做好传染病早发现、早报告工作，加强重点人员健康管理，做实基本公共卫生服务，不断强化传染病防控能力。

文件要求，基层医疗卫生机构建成社区医院后，仍然承担基本医疗服务和基本公共卫生服务，其防治结合的功能定位和公益性质不变，已有的财政补偿水平和优惠政策不降低。

117.《关于进一步规范医疗机构名称管理工作的通知》印发

7 月 23 日，国家卫健委等四部门联合印发《关于进一步规范医疗机构名称管理工作的通知》，要求严格履行名称管理职责、严禁利用名称误导患者，医疗机构擅自使用“协和、同仁”等知名医院名称标识的不予登记。

通知提到，医疗机构名称是医疗机构执业登记的法定事项。近年来，各有关部门严格依法履职，加强医疗机构名称管理，但仍有一些医疗机构名称不规范、不严谨，使用未经核准的字样、故意仿造其他医疗机构名称，对人民群众看病就医造成误导，扰乱了正常医疗秩序。

规范　　新华社发 王鹏 作

通知提到，卫生健康行政部门和市场监管部门要逐步建立完善知名医院字词库和名称禁限用字词库。对于申请登记含有协和、同仁、华山、湘雅、齐鲁、华西等知名医院相关字词的，无相关授权的，一律不予登记。

通知提到，医疗机构名称应当遵守《医疗机构管理条例实施细则》等规定的命名规则，与医疗机构类别、诊疗科目相适应，不得使用有损于国家、社会或者公共利益的名称，不得使用侵犯他人利益的名称，不得使用可能产生歧义或者误导患者的名称，不得利用谐音、形容词等模仿或者暗示其他医疗机构名称。

通知强调，各地卫生健康、民政、市场监管部门要高度重视医疗机构名称管理工作，建立完善医疗机构名称信息共享机制和执法联动机制，在审批受理环节实行不规范名称预警提示，在日常监管中及时发现和纠正不规范医疗机构名称。要进一步畅通投诉举报渠道，增强医疗机构和社会公众依法维权意识，共同维护良好的医疗秩序。

118. 国家医保局发出 1 号令

7 月 31 日，国家医疗保障局发布《基本医疗保险用药管理暂行办法》，明确主要起滋补作用的药品、保健药品等八类药品不再纳入《基本医疗保险药品目录》。该暂行办法自 2020 年 9 月 1 日起施行。

明确　　新华社发　朱慧卿 作

暂行办法明确的这八类药品为：主要起滋补作用的药品；含国家珍贵、濒危野生动植物药材的药品；保健药品；预防性疫苗和避孕药品；主要起增强性功能、治疗脱发、减肥、美容、戒烟、戒酒等作用的药品；因被纳入诊疗项目等原因，无法单独收费的药品；酒制剂、茶制剂，各类果味制剂（特别情况下的儿童用药除外），口腔含服剂和口服泡腾剂（特别规定情形的除外）等；其他不符合基本医疗保险用药规定的药品。

作为国家医保局“1 号令”发布的《基本医疗保险用药管理暂行办法》

被视为未来医保目录调整的“规矩”。根据暂行办法，国务院医疗保障行政部门建立完善动态调整机制，原则上每年调整一次。

暂行办法明确，《基本医疗保险药品目录》内的药品，有以下任何一种情况的，经专家评审后，直接调出目录：被药品监管部门撤销、吊销或者注销药品批准证明文件；被有关部门列入负面清单；综合考虑临床价值、不良反应、药物经济性等因素，经评估认为风险大于收益；通过弄虚作假等违规手段进入目录的；国家规定的应当直接调出的其他情形。

国家医保局有关负责人说，制定这一暂行办法主要为保障参保人员基本用药需求，提升基本医疗保险用药科学化、精细化管理水平，提高基本医疗保险基金使用效益。

119. 粤澳宣布开通横琴口岸新旅检区域

8月18日上午10时，横琴口岸新旅检区域开通仪式举行，标志着粤港澳大湾区一条新的“超级通道”投入使用。

8月18日，旅客（左二）向横琴海关人员出示入境申报健康码。

邓华　摄（新华）

作为粤港澳大湾区建设的标杆工程，横琴口岸集设施“硬联通”和制度“软联通”于一体，采用“合作查验、一次放行”的新型通关查验模式，使粤澳通关从“两地两检”变成“一地两检”，从“中间摆渡”“两上两下”变成最快5秒通关，粤澳日通行能力从75万人次提升到90万人次，大大提升通关效率，改善通关体验。

广东省省长马兴瑞在开通仪式上说，横琴口岸的正式开通，必将更大程度促进粤澳融合相通，为两地人员交流和经贸往来提供更加方便、快捷、舒适的服务，为横琴新区开发建设注入更强大的动力，为全面深化粤澳合作、推进粤港澳大湾区建设提供更有力的支撑、打下更坚实的基础。

澳门特别行政区行政长官贺一诚说，横琴口岸的建设和管理采用了前所未有的合作模式。粤澳双方同在一座大楼、共用设施设备；建设期间双方人员齐心协力，互相支持和谅解，克服了包括疫情在内的重重困难，逐步解决了两地在法制、工程、管理和技术等存在的差异所带来的问题。横琴口岸的新型合作模式进一步丰富了“一国两制”的内涵，为特区与内地合作树立了新的典范。

横琴口岸新旅检区域于当日下午 3 点正式开通，能满足旅客日通关量 22.2 万人次，年通关量 8000 万人次。

120. 心肺复苏纳入教育内容

8 月 24 日，为了充分发挥红十字工作育人作用，保护青少年生命健康，引导青少年参与红十字事业，中国红十字会总会和教育部联合印发《关于进一步加强和改进新时代学校红十字工作的通知》，将学生健康知识、急救知识，特别是心肺复苏纳入教育内容。

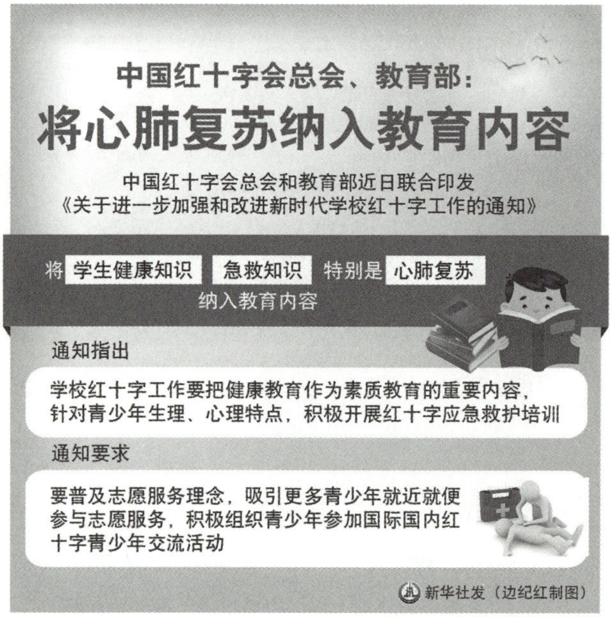

通知指出，学校红十字工作要把健康教育作为素质教育的重要内容，针对青少年生理、心理特点，积极开展红十字应急救护培训。采取多种形式，传播健康行为与生活方式、疾病防控、心理健康、生长发育与青春期保健、安全应急与避险等知识，提高学生健康素养。

通知要求，要普及志愿服务理念，吸引更多青少年就近就便参与志愿服务，积极组织青少年参加国际国内红十字青少年交流活动。要加大投入建设博爱校医室，建好用好红十字救护站、红十字文化传播基地、人道主义教育基地、生命健康安全体验教室等阵地，探索政府、学校、社会共建共享红十字青少年阵地机制。

121. 国家卫健委发布减油宣传核心信息

2020 年 9 月 1 日是第 14 个“全民健康生活方式日”，国家卫健委于 9 月 1 日至 9 月 30 日开展 2020 年全民健康生活方式宣传月活动。

本次宣传主题为“健康要加油，饮食要减油”。此外，国家卫健委还发布了十条减油宣传核心信息：

（一）油是人体必需脂肪酸和维生素 E 的重要来源，有助于食物中脂溶性维生素的吸收利用，但摄入过多会影响健康。

（二）植物油和动物油摄入过多会导致肥胖，增加糖尿病、高血压、血脂异常、动脉粥样硬化和冠心病等慢性病的发病风险。

（三）建议健康成年人每天烹调油摄入量不超过 25 克。

（四）烹饪时多用蒸、煮、炖、焖、凉拌等方式，使用不粘锅、烤箱、电饼铛等烹调器，均可减少用油量。

（五）家庭使用带刻度的控油壶，定量用油、总量控制。

（六）高温烹调油、植物奶油、奶精、起酥油等都可能含有反式脂肪酸。要减少反式脂肪酸摄入量，每日不超过 2 克。

（七）少吃油炸香脆食品和加工的零食，如饼干、糕点、薯条、薯片等。

（八）购买包装食品时阅读营养成分表，坚持选择少油食品。

（九）减少在外就餐频次，合理点餐，避免浪费。

（十）从小培养清淡不油腻的饮食习惯。

122. 教育部明确教育类研究生和公费师范生免试认定中小学教师资格范围

为完善教师资格准入办法，吸引优秀人才到中小学任教，9 月 8 日，教育部对外公布《教育类研究生和公费师范生免试认定中小学教师资格改革实施方案》，对免试认定范围、师范生教育教学能力考核制度等作出明确规定。

免试认定改革　　新华社发　勾建山　作

实施方案明确，招收教育类研究生、公费师范生的高等学校从2021年起，可参加免试认定改革。实施免试认定改革的高等学校应根据培养目标分类对本校教育类研究生、公费师范生开展教育教学能力考核，考核合格的2021届及以后年份毕业生可凭教育教学能力考核结果，免考国家中小学教师资格考试部分或全部科目。

方案要求，实施免试认定改革的高等学校，根据师范生教师职业能力标准，建立师范生教育教学能力考核制度，考核制度包含培养过程性考核和师范生教师职业能力测试。

方案提出，实施免试认定改革的高等学校要严把人才培养质量关，对教育教学能力考核合格的教育类研究生和公费师范生，由校长签发《师范生教师职业能力证书》，并加盖学校公章。《师范生教师职业能力证书》有效期3年，内容包含思想品德及师德情况、任教学段和任教科目、有效期起止时间等，由教育部统一制定样式。

123. 中国户籍人口城镇化率已达44.38%

“十三五”期间，中国户籍制度改革进展顺利、成效显著。10月7日，公安部数据显示，1亿人落户任务提前完成，1亿多农业转移人口自愿有序实现了市民化，户籍人口城镇化率由2013年的35.93%提高到2019年的44.38%。

各地取消了农业户口与非农业户口之分，统一登记为居民户口，延续半个多世纪的“农转非”彻底退出历史舞台。“十三五”期间，户口迁移政策全面放开放宽。31个省（区、市）及新疆生产建设兵团全部出台户籍制度改革实施意见，普遍放开放宽了农业转移人口和其他常住人口落户城镇的政策措施。

中西部地区除省会（首府）城市外，基本实现了落户零门槛。东部地区普遍降低了落户条件，部分大城市取消或降低了参加城镇社会保险年限的要求。南京、武汉、成都、郑州、西安等特大城市全面放开了高校和职业院校毕业生、技术工人、留学归国人员等群体落户政策。北京、上海、广州、深圳等超大城市建立了公开透明的积分落户制度。

目前，31 个省（区、市）全部出台居住证实施办法。截至 2019 年年底，全国已发放居住证超过 1 亿张，以居住证为载体的城镇基本公共服务提供机制基本建立。教育方面，“两免一补”资金和生均公用经费基准定额资金随学生流动可携带，惠及 1400 余万农民工随迁子女。就业方面，2014 年以来累计开展农民工职业技能培训超过 1 亿人次。

此外，在社会保障方面，全国范围内建立起统一的城乡居民基本养老保险制度。截至 2019 年年底，农民工参加职工基本养老保险 6301 万人、工伤保险 8616 万人、失业保险 4958 万人。在住房方面，各地加大对环卫、公交等农业转移人口较多的基本公共服务行业外来务工人员的保障力度，满足其基本居住需求，取得明显成效。

124. 婴幼儿用奶瓶奶嘴首次有了国家标准

10 月 21 日，市场监管总局发布《婴幼儿用奶瓶和奶嘴》强制性国家标准。该标准首次明确了使用安全技术要求，规定了产品或产品销售包装上应标注的购买信息、材质标识、使用说明、安全警示内容，填补了使用安全方面标准的空白。

与此标准一同发布的还有《生态纺织品技术要求》等 20 项国家标准，涉及婴幼儿用品、纺织产品、鞋类产品等民生领域。

纺织产品标准提出了更加严格的有毒有害物质限制要求，通过检测残留在产品上受控物质残留量，反向控制有毒有害化学物质的使用，对于引导绿色染料和助剂研发、绿色生产工艺升级和行业高质量发展具有积极作用。纺织品抗真菌性能测定等 3 项检测方法标准，有助于识别产品抗菌功能真实性，降低有毒有害物质影响。鞋类产品领域的 3 项标准等同采用国际标准，可满足人们“穿得舒适”的需求，有利于持续提升中国鞋类产品的国际竞争力。

125. 万元冠脉支架进入“千元时代”

11 月 5 日，从国家组织高值医用耗材联合采购办公室获悉，从冠脉支架入手的首批国家高值医用耗材集中带量采购，已在天津产生拟中选结果。本次集采产生 10 个拟中选产品，冠脉支架价格从均价 1.3 万元左右下降至 700 元左右。曾经高达万元的冠脉支架进入“千元时代”。

患者福音　　新华社发　徐骏　作

本次集中带量采购的冠脉支架材质为钴铬合金或铂铬合金，载药种类为雷帕霉素及其衍生物，采购周期为两年。医疗机构临床常用的主流产品基本中选，覆盖医疗机构意向采购量的 70% 以上。与 2019 年相比，相同企业的相同产品平均降价 93%，国内产品平均降价 92%，进口产品平均降价 95%。按意向采购量计算，预计节约相关费用 109 亿元。

相关企业积极参与本次集采，共有 11 家企业参与投标，涉及中国境内注册上市的 26 个冠脉支架产品。通过竞争，产生拟中选产品 10 个，分属于 8 家中外企业。医疗机构也积极参与本次集采，共有 2408 家医疗机构参与，其中年采购量大于 500 个的 851 家医疗机构全部参加。首年意向采购量达到 107 万个，接近 2019 年载药铬合金支架采购量（109 万个），占 2019 年全部材质采购量（165 万个）的 65%。

对于此次冠脉支架的国家集采拟中选结果，国家医疗保障局医药价格和招标采购司司长钟东波评价为：让老百姓得实惠、让医疗机构受鼓舞、促医药产业高质量发展。国家组织冠脉支架集中带量采购是治理高值医用耗材价格虚高、流通乱象的重要举措，是全面深化医药领域集中采购改革的关键一环。采购价格大幅降低，将显著减轻群众医药费用负担。全国患者将于 2021 年 1 月用上国家集采降价后的中选产品。

126.《关于切实解决老年人运用智能技术困难的实施方案》发布

11 月 24 日，国务院办公厅印发《关于切实解决老年人运用智能技术困难的实施方案》（以下简称《实施方案》），就进一步推动解决老年人在运用智能技术方面遇到的困难，坚持传统服务方式与智能化服务创新并行，为老年人提供更周全、更贴心、更直接的便利化服务作出部署。

《实施方案》指出，要以习近平新时代中国特色社会主义思想为指导，全面贯彻党的十九大和十九届二中、三中、四中、五中全会精神，坚持以人民为中心的发展思想，满足人民日益增长的美好生活需要，持续推动充分兼顾老年人需要的智慧社会建设，坚持传统服务方式与智能化服务创新并行，切实解决老年人在运用智能技术方面遇到的困难。适应统筹推进疫情防控和经济社会发展工作要求，聚焦老年人日常生活涉及的高频事项，坚持传统服务与智能创新相结合、普遍适用与分类推进相结合、线上服务与线下渠道相结合、解决突出问题与形成长效机制相结合，做实做细为老年人服务的各项工作，让老年人在信息化发展中有更多获得感、幸福感、安全感。

便利老年人通行　　新华社发 徐骏 作

《实施方案》提出，要在政策引导和全社会共同努力下，有效解决老年人在运用智能技术方面遇到的困难，让广大老年人更好地适应并融入智慧社会。到 2020 年年底前，集中力量推动各项传统服务兜底保障到位，抓紧出台实施一批解决老年人运用智能技术最迫切问题的有效措施，切实满足老年人基本生活需要。到 2021 年年底前，围绕老年人高频服务事项，推动老年人享受智能化服务更加普遍，传统服务方式更加完善。到 2022 年年底前，老年人享受智能化服务水平显著提升、便捷性不断提高，线上线下服务更加高效协同，解决老年人面临的“数字鸿沟”问题的长效机制基本建立。

《实施方案》聚焦老年人日常生活涉及的出行、就医、消费、文娱、办事等7类高频事项和服务场景，提出了20条具体举措要求：一是做好突发事件应急响应状态下对老年人的服务保障，包括完善“健康码”管理便利老年人通行、保障居家老年人基本服务需要、在突发事件处置中做好帮助老年人应对工作。二是便利老年人日常交通出行，包括优化老年人打车出行服务、便利老年人乘坐公共交通、提高客运场站人工服务质量。三是便利老年人日常就医，包括提供多渠道挂号等就诊服务、优化老年人网上办理就医服务、完善老年人日常健康管理服务。四是便利老年人日常消费，包括保留传统金融服务方式、提升网络消费便利化水平。五是便利老年人文体活动，包括提高文体场所服务适老化程度、丰富老年人参加文体活动的智能化渠道。六是便利老年人办事服务，包括依托全国一体化政务服务平台优化“互联网＋政务服务”应用、设置必要的线下办事渠道。七是便利老年人使用智能化产品和服务应用，包括扩大适老化智能终端产品供给、推进互联网应用适老化改造、为老年人提供更优质的电信服务、加强应用培训和开展老年人智能技术教育。

《实施方案》强调，各地区、各部门要加强工作协同和信息共享，形成统筹推进、分工负责、上下联动的工作格局，加快建立解决老年人面临“数字鸿沟”问题的长效机制。要完善法规规范，切实保障老年人使用智能技术过程中的各项合法权益，加快推进相关智能产品与服务标准规范制修订工作。要加强督促落实，明确时间表、路线图，建立工作台账，强化工作落实，定期组织开展第三方评估。要保障信息安全，规范智能化产品和服务中的个人信息收集、使用等活动，切实保障老年人安全使用智能化产品、享受智能化服务。要开展普及宣传，将促进老年人融入智慧社会作为人口老龄化国情教育重点，弘扬尊重和关爱老年人的社会风尚。

127. 中国肿瘤登记体系已覆盖5.98亿人口

12月12日，国家癌症中心学术年会召开，会上指出中国已建立全球覆盖人口最多的肿瘤登记体系，2020年肿瘤登记工作区县达到1152个，覆盖5.98亿人口，较上一年度增加了1.4亿覆盖人口。

国家癌症中心2020年度工作报告显示，中国总体癌症5年生存率已经从10年前的30.9%上升到目前的40.5%。男性癌症发病前十位为肺癌、肝癌、胃癌、结直肠癌、食管癌、前列腺癌、膀胱癌、胰腺癌、淋巴瘤、脑瘤；女性癌症发病前十位为乳腺癌、肺癌、结直肠癌、甲状腺癌、胃癌、子宫颈癌、肝癌、子宫体癌、食管癌、脑瘤。

专家解读　　新华社发　王鹏　作

"我国高度重视癌症防治工作，并对癌症等四类重大慢性病发起了攻坚战。"国家癌症中心主任赫捷说，目前癌症防控国家级中心平台已基本建成，并构建起全国癌症防控网络，建立了中国肿瘤登记年报制度。2020年中国肿瘤登记工作区县达到1152个，各级参与肿瘤登记的机构达到49102家，实现了各省肿瘤登记工作的全覆盖，覆盖人口达5.98亿人。这意味着，中国肿瘤防控政策制定有了更高质量、更精确的数据参考。

国家癌症中心党委书记张勇说，"十四五"规划实施期间，国家癌症中心将继续高质量地推进肿瘤登记工作，协调推动各省省级肿瘤登记年报发布，落实全国人群肿瘤登记扩点、扩面，探索和推进区域性癌症防控体系建设，加强肿瘤单病种质控工作，积极提升基层癌症早诊早治服务的可及性，统筹实现全国癌症防控质量和效率"双提升"。

以加入国际人用药品注册技术协调会（ICH）为起点，近十年间我国抗肿瘤药物临床研发领域取得了长足发展，并出台了一系列与国际接轨的药品审评、审批及监管制度。

国家癌症中心副主任石远凯介绍，国家肿瘤临床实验中心已开展各种临床研究2500余项，牵头注册临床试验数量位列全国第一，有126种抗肿瘤新药在中国成功上市，广泛惠及中国及全球肿瘤患者。

人物篇

128. 钟南山：中国呼吸疾病研究领域的领军人物

“什么是最大的人权？我们保住了这么多人的命，这是我们最大人权的表现。”新学期开学之际，中国呼吸疾病研究领域的领军人物钟南山通过电视动情地说。

这是全国中小学生特殊的“开学第一课”。2020 年，一场突如其来的新冠肺炎疫情席卷全国，84 岁的钟南山再次迎疫而上，以实际行动诠释了“人民至上、生命至上”的理念。在非典型肺炎和新冠肺炎疫情防控中，他敢医敢言，勇于担当，提出的防控策略和防治措施挽救了无数生命，作出了巨大贡献。

敢医敢言：科学只能实事求是，不能“明哲保身”

2020 年 1 月 19 日，两张照片在网上广泛流传。一张照片里，钟南山神情疲惫地靠坐在一列高铁餐车的座位上；另一张照片，显示了两张 1 月 18 日从广州前往武汉的高铁车票。

两张照片引发网民的强烈反响，因为就在几天前，钟南山还向全国民众发出呼吁，希望普通人如果没有迫切需要，不要前往武汉，但他自己却毅然“逆行”。

1 月 18 日，临危受命担任国家卫生健康委员会高级别专家组组长的钟南山登上从广州开往武汉的高铁，为的是查明在武汉报告的一种未知的“新型肺炎”。

在武汉实地调研后，国家卫生健康委员会高级别专家组确认，这种“新型肺炎”已经出现“人传人”现象。1 月 20 日，钟南山在北京接受媒体采访时，果断向社会公布新冠肺炎存在“人传人”的情况，拉响了全国新冠肺炎疫情防控的警报。

此后，他多次出席新闻发布会，接受境内外媒体采访，为公众答疑解惑，为一线战“疫”注入信心。

“全国帮忙，武汉是能够过关的！武汉本来就是一个英雄的城市。”1 月

28日，在武汉抗击新冠肺炎疫情最为焦灼的时候，钟南山接受新华社专访时动情地说。

这并不是钟南山第一次“敢医敢言”。早在2003年非典疫情期间，他就在“衣原体是病因”几乎已经成为定论的背景下，以客观事实和临床经验为依据，提出并证实非典病因是一种新型冠状病毒。他还面对极大的外部压力，坦言当时北京的疫情传播没有得到有效防控，为当时疫情防控工作走上正轨起到了关键性作用。

1月28日，钟南山在广州接受新华社记者专访。

刘大伟　摄（新华）

“科学只能实事求是，不能明哲保身，否则受害的将是患者。书本上没有的，只能在实践中摸索。”钟南山曾在接受采访时这样说。

2020年8月11日，国家主席习近平签署主席令，授予84岁的钟南山“共和国勋章”，以表彰他在抗击新冠肺炎疫情进程中作出的杰出贡献。“共和国勋章”建议人选的公示称，在新冠肺炎疫情发生后，钟南山敢医敢言，提出存在“人传人”现象，强调严格防控，领导撰写新冠肺炎诊疗方案，在疫情防控、重症救治、科研攻关等方面作出杰出贡献。

“人民至上、生命至上”

钟南山出生于医生之家。父亲钟世藩毕业于北京协和医学院，是著名的儿科专家；母亲廖月琴，同样毕业于北京协和医学院。

1955年，钟南山考入北京医学院，走上从医道路。“我非常佩服运动员的拼搏精神，其实我们搞医疗也一样，不到最后，不能放弃。”钟南山说。

从此，“不到最后不放弃”，厚植于钟南山医生心中。

在抗击非典中，钟南山“把最危重的病人送到我这里来”那句话，落地有声、铿锵有力；在抗击新冠疫情中，他再次作出“绝不放弃任何一个患者”的庄严承诺。

8月27日，一位使用体外膜肺氧合（ECMO）辅助支持长达111天的新冠肺炎患者从广州医科大学附属第一医院康复出院，创造了新的救治奇迹。

“做体外膜肺氧合有风险，很容易引起出血，也很容易引起凝血，还可能引起感染，这三个‘关’是很困难的。”钟南山介绍说，“在救治过程中，只要有一线希望，我们可以不惜一切代价。即便看起来必死无疑的患者，我们还是要像绣花一样抢救回来。”

传染病无国界，相互支持少走弯路

“传染病是没有国界的。只要有一个国家不做干预，全球新冠疫情就不会消失。”钟南山说。

在一线指导救治的同时，钟南山始终坚守在国际医学研究一线，第一时间分享中国的抗疫做法经验。截至 6 月，他与 10 余个国家和地区医学同行进行了 30 多场连线……

“通过交流，可让其他国家少走弯路。”钟南山说，“因为我们走过了艰难的路，所以要相互支持。”

他表示：“从抗击非典到抗击新冠肺炎，我国科研攻关能力在战‘疫’中历经锤炼。如果说抗击非典时我们更偏重救治患者，此次战‘疫’中我们把科研攻关提高到与临床救治同样重要的位置。这次，不单将论文写在祖国大地上，也写在了地球大地上。”

2020 年 1 月 21 日，科技部组织召开“新型冠状病毒联防联控工作机制科研攻关组第一次会议”。会议宣布成立以钟南山院士为组长、14 位专家组成的新型冠状病毒感染的肺炎疫情联防联控工作机制科研攻关专家组。

2 月 13 日，钟南山团队宣布从新冠肺炎患者的粪便样本中分离出新冠病毒；2 月 14 日，在钟南山指导下，呼吸疾病国家重点实验室联合中科院广州生物医药与健康研究院等研发出新冠病毒 IgM 抗体快速检测试剂盒；2 月 28 日，钟南山与全国 30 多位作者共同完成“中国 2019 年新型冠状病毒感染的临床特征”研究，并在国际医学期刊《新英格兰医学杂志》发表。该研究收集了来自全国 552 家医院的 1099 例确诊患者的临床信息，提出严格、及时地采取流行病学措施，对遏制疫情迅速蔓延至关重要。

如今，钟南山带领的广州医科大学呼吸疾病国家重点实验室科研团队已经在快速检测、老药新用、疫苗研发、院感防控、动物模型等方面取得了一系列成果，在疫情防控中发挥了重要作用。

9 月 4 日，外交部发言人华春莹在回应钟南山入选世卫组织专家组时表示，钟南山院士是中国传染病防控领域的权威专家，享有很高声望，相信钟南山院士的专业精神和经验将为世卫组织新冠肺炎疫情应对评估专家组的工作提供帮助并作出积极贡献。

129. 张伯礼：无“胆”英雄

古稀之年，出征武汉，身披“白甲”坚守中医药阵地；国医济世，德术并彰，无“胆”英雄宁负自己护人民。

他就是中国工程院院士、天津中医药大学校长张伯礼。9 月 8 日，在全国抗击新冠肺炎疫情表彰大会上，张伯礼被授予“人民英雄”国家荣誉称号。

“白甲十万，战‘疫’三月酣。武汉生死皆好汉，数英雄独颜汗。”得知自己将被授予“人民英雄”国家荣誉称号，张伯礼填了一首词——《人民才英雄》。

这位“人民英雄”指导中医药全过程介入新冠肺炎救治，主持研究制定的中西医结合疗法成为此次抗疫亮点，为推动中医药事业传承、创新、发展作出了重大贡献。

“无胆”英雄：与武汉市民肝胆相照

2020 年 1 月 27 日，农历大年初三，正在天津指导疫情防控工作的张伯礼受命飞赴武汉，作为中央疫情防控指导组专家组成员投身抗疫最前线。在飞机上，72 岁的老人写下“晓飞江城疾，疫茫伴心悌”的诗句。

分类管理、集中隔离、“中药漫灌”……初到武汉，张伯礼和专家组成员第一时间开出良方，有效控制了疫情蔓延。

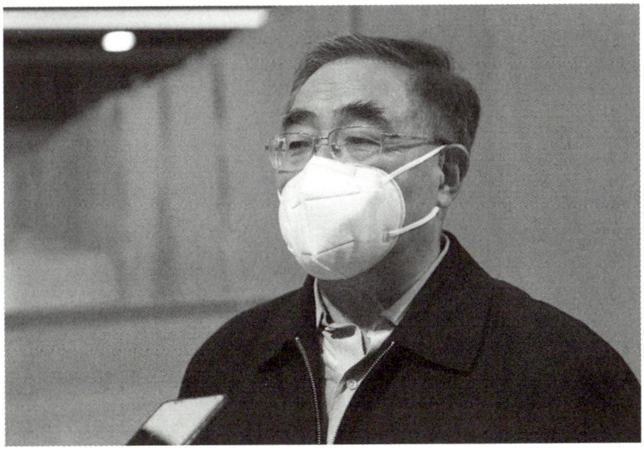

2 月 14 日，武汉首个以中医为主的方舱医院——江夏方舱医院开舱。图为张伯礼在江夏方舱医院介绍情况。
程敏　摄（新华）

“一定要有中医药阵地，有阵地，就能充分发挥中医药的独特优势。”张伯礼说。

张伯礼与同是中央指导组专家的刘清泉写下“请战书”，提出筹建一家以中医药综合治疗为主的方舱医院。2 月 12 日，张伯礼率来自天津、江苏、湖南、陕西、河南等地的 350 余名医护人员组成中医医疗团队，进驻武汉市江夏方舱医院。

穿上写有“老张加油”的防护服，张伯礼在特殊的“中医药的阵地”上开始了“战斗”。问诊患者，看舌象、摸脉相，对症拟方……他白天指导临床会诊巡查病区，晚上召集会议研究治疗方案，有时一天只睡两三个小时。

超负荷的工作，张伯礼胆囊炎发作，2 月 19 日接受了微创胆囊摘除手术。“这回我把胆留在了武汉，真的与武汉市民肝胆相照了。”他笑着调侃道。

手术后，医生要求他至少休息两个星期，张伯礼却说：“多给点药，住院一个星期就行。”

在 2020 年全国中小学生的“开学第一课”上，张伯礼动情地说：“中医把胆叫‘胆腑’。胆者，‘中正之官，决断出焉’。胆虽然没了，但做决断的勇气不能少。”

在这位无“胆”英雄推动下，中医药全过程介入新冠肺炎救治。武汉 16 家方舱医院累计收治患者超过 1.2 万人，每个方舱医院都配备了中医药专家，同步配送清肺排毒汤、宣肺败毒等方剂，中药使用率达 90%。

截至 3 月 10 日休舱，江夏方舱医院总共收治的 564 名患者中无一例转为重症，无一例复阳。

坚守“仁心”：“用最少的钱把病人治好”

在天津中医药大学 2020 级研究生开学典礼上，张伯礼表示，希望学生能够“贤以弘德、术以辅仁”。这是他从医的座右铭。

20 世纪 60 年代末，医学院校毕业的张伯礼来到渤海之滨的一家乡村卫生院工作。在那里，他亲眼看到老中医用普通的中草药配方治疗病痛，并取得了较好疗效。他对中医药产生了浓厚的兴趣。

上中医班、跟师门诊、就读天津中医学院首届研究生……在学习中医的道路上，张伯礼稳扎稳打。

乡村卫生院的经历，让他真切感受到农村缺医少药的状况。那段岁月，他整天脚踏自行车，背着大诊包，无论白天黑夜、刮风下雨，奔走在田间小路、海上渔船、建筑工地，积累了丰富的临床经验。

“用自己的医术救死扶伤，为患者解除病痛，我很有成就感；用最少的钱把病人治好，是我的职责和任务。”张伯礼说。

科技部中医药现代化研究专家组组长、中国工程院院士、天津中医药大学校长、中国中医科学院名誉院长、全国人大代表……职务越来越多，声名越来越高，张伯礼的医者仁心从未改变。

他先后捐出何梁何利奖、吴阶平医学奖、世界中医药贡献奖、岐黄贡献奖、树兰医学奖及各种科技进步奖奖金 400 余万元，在学校设立“勇搏”基金，奖励立志成才、品学兼优的学生，资助家庭经济困难的学生。

担任全国人大代表期间，他积极奔走，呼吁加快实施全科医生培养制度和在职人员培训，提高全科医生医疗水平和薪酬待遇。这正是缓解大医院就医压力、解决百姓看病难的关键所在。

他还十分关注基层医疗服务水平的提升，多年前就倡导和力推在基层卫生医疗机构建设“国医堂”，让群众在基层享受到中医药服务。

苦练“内功”：推动中医药造福人类

9 月 8 日，刚刚参加完全国抗击新冠肺炎疫情表彰大会的张伯礼在谈到中医药的发展时说：“中医药走出去还有很长的路。我们首先要做的是练好内功。”

发展大中药产业、推动设立《中医药法》、培育中医药人才……在推动中医药现代化、国际化的道路上，张伯礼步履不停。

“中医学虽然古老，但理念并不落后，落后的是技术。将中医药的理论优势与现代科技结合，就能发挥优势作用，取得原创性成果。”张伯礼认为。

2015 年，张伯礼领衔完成的“中成药二次开发核心技术体系创研及其产业化”项目获得国家科技进步一等奖，为古老的中医药赋予了现代科技内涵。

“二次开发可以回答像六味地黄丸一样的中药，其药效物质是什么，留哪些东西，扔哪些东西，控制哪些东西。这些都要靠扎实的临床和基础研究。”张伯礼说。

他感到欣慰的是，在技术的助力下，中医药获得越来越多的国际认可。此次疫情期间，国家中医药管理局先后与意大利、德国、日本等几十个国家和地区交流中国的中医药诊疗方案、有效方药和临床经验。截至目前，连花清瘟胶囊已在加拿大、印度尼西亚、巴西等 10 多个国家和地区获得上市许可。张伯礼也曾在几十场海外连线中，分享中国抗疫经验。

“病毒没有国界，疫情不分种族，2020 年人类有个共同的心愿，就是尽快战胜疫情。”张伯礼说。

130. 张定宇：渐冻斗士

“我从没想过做英雄。是所有人一起做出了牺牲与贡献，而我仅仅是他们

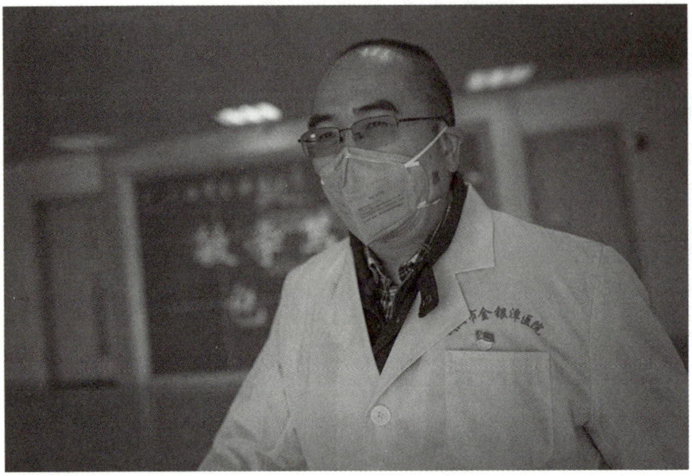

1月29日，在武汉金银潭医院，张定宇在去病房的路上。
肖艺九　摄（新华）

中的一分子。”面对“人民英雄”国家荣誉称号，张定宇这样说。

1963年出生的张定宇现任湖北省卫健委副主任、武汉市金银潭医院院长。2018年，他被确诊患上渐冻症，双腿日渐萎缩。

疫情暴发后，张定宇以“渐冻”之躯冲锋在前，拖着高低不平的脚步追赶时间，带领医院干部职工救治2800余名患者，其中不少为重症、危重症患者。

一快一慢的坚守，他与疫魔鏖战

位于武汉市三环边的金银潭医院是一家许多老武汉人都未必熟悉的传染病专科医院。2019年12月29日，随着首批不明原因肺炎患者转入金银潭医院，这里成为全民抗疫之战最早打响的地方。

“这个病毒和我们以前见到的都不一样，这是我一生中遇到的最大挑战。”时间拉回到岁末年初。“春节前后病人暴增，几乎每两天就要开一层楼。看着这个病区要收满了，另一个病区就要准备清理、消毒，工作量非常大，每个人都绷紧了弦。”张定宇说。由于此前已排查过各种常见病毒，首批病人转入后第二天，张定宇带领团队采集支气管肺泡灌洗液，并送往中科院武汉病毒研究所进行检测。

1月23日，武汉落实党中央决策部署，关闭了离汉通道。城市放慢了脚步，与挽救生命有关的一切却在加速。

金银潭医院，每日灯火通明，彻夜忙碌，无人退缩。医护人员对生命的责任感，超越了对未知的恐惧。在各方支援来前，张定宇和同事在一线撑了近一个月，除了诊疗，他们还要照顾病人生活起居，清理医疗垃圾。防疫物资紧张的时候，今天用了，明天有没有还不知道。

“搞快点！搞快点！”在医院楼道里、病房里，大家常常听到张定宇的大嗓门。可伴随嗓门越来越大，他的脚步却越来越迟缓，跛行越来越严重。面对追问，张定宇终于承认说：“我得了渐冻症。”这是一种罕见病症，慢慢会进展为全身肌肉萎缩和吞咽困难，直至呼吸衰竭。

张定宇的病情让不少同事感到惊讶。“他明明走得好快！”金银潭医院北7病区护士长贾春敏说。有一次，张定宇打电话让她5分钟内到达病区，“他从办公室到北7楼比我远，等我到的时候，他已经在那儿了。平时他老跟不上我们，但他拼的时候，我们跟不上他。”贾春敏说。

自己的身体，张定宇比谁都清楚，他在车后备厢里放了一根登山杖。最忙碌的那段时间，夜里回家的最后一段路，张定宇都要从后备厢取出登山杖，这个时候他不得不慢下来。

一远一近的取舍，他为生命守护

“我很幸运，自己病情发展不是那么快，所以我更加珍惜这份眷顾，尽可能多干一些工作，而我的工作就是救人。”回忆最难的日子，张定宇感慨道。但对家人，他觉得亏欠太多，就连妻子感染新冠肺炎住院，他也没能顾及。

“知道她确诊，我都懵了，心里很害怕。”张定宇说，那晚回家路上，他想到妻子可能会逐渐转化成重症、危重症，最后拉都拉不回来，眼泪就忍不住往下淌。

可即便有再多牵挂，张定宇还是选择在抗疫前线坚守。“我很内疚，我也许是个好医生，但不是个好丈夫。”

妻子入院3天后，晚上11点多，张定宇才赶紧跑去十多公里外的另一家医院探望，却陪了不到半小时。“看到他很疲惫，就催着他赶快回去休息。”张定宇妻子程琳回忆说，直到出院，那是丈夫唯一一次去医院陪她。

程琳很少给张定宇打电话，基本就是微信留言。“多是相互报个平安，他事情太多，一般都是两三个小时才回信息。”程琳说。

好在经过治疗后，程琳痊愈出院。出院后，多数时间是女儿在家照顾程琳，张定宇仍坚守一线。

张定宇一心扑在救治工作上。早上7点半，往往换班的医护人员还没到，张定宇就已经到了。“收病人、转病人、管病人，按道理有些事他可以不管，但他都会到现场亲自过问。”金银潭医院南三病区主任张丽说。

“特别是早期收治的病人，所有手段都上了，还是拉不回来。看到不停有病人去世，就感觉很无助，很沮丧，内心很煎熬。”张定宇说。

在张定宇奔走呼吁下，不少新冠肺炎康复患者捐献了血浆，其中包括他的妻子，共同来帮助还在与病魔抗争的病人。

在国家法律政策允许下，张定宇等专家组织动员遗体捐献。在征得患者家属同意后，2 月 16 日凌晨 3 时许，全国第一例新冠肺炎遗体解剖工作在金银潭医院完成，并成功拿到新冠肺炎病理，为开展新冠肺炎病理研究创造了条件。

一深一浅的脚步，他与时间赛跑

“能用我的时间，换回别人更多的时间，没有遗憾了。”与疫魔竞速，张定宇却没时间去“珍惜”自己的身体。

“他太累了，病情也加重了，原来左腿还能正常走路，现在也跛了。遇到天气降温，更是完全挪不开步子。”程琳说，有次降温，张定宇从停车场走到楼下电梯口，200 多米走了 15 分钟。

张定宇淡然地说，既然拦不住时间流逝，那就让它更有意义。

翻看张定宇的履历：在疫情面前，他做出的每一个选择都绝非偶然。

从医 30 余年，每一次在患者和自己之间做选择，他都选择了以患者为先。

他曾随中国医疗队出征，援助阿尔及利亚；2011 年除夕，作为湖北第一位“无国界医生”，出现在巴基斯坦西北的蒂默加拉医院；2008 年 5 月 14 日，四川汶川地震后，他带领湖北省第三医疗队出现在重灾区什邡市……

共产党员、院长、医生，“无论哪个身份，在这非常时期、危急时刻，都没理由退半步，必须坚决顶上去！”张定宇说。

“能够工作是很幸福的，能够帮助到他人也是很幸福的。”张定宇说。

“每个人都在做一些牺牲，牺牲自己小小的自由，牺牲自己小小的利益，来抗击这场疫情。这时候特别能感受到祖国的强大。”他说。

131. 陈薇：“硬核”抗疫女将军

“这是军人的使命，这份荣誉属于全国全军疫情防控科研攻关战线的所有同志！”9 月 8 日，在军事科学院召开的庆祝陈薇荣获“人民英雄”国家荣誉称号大会上，中国工程院院士、军事医学研究院生物工程研究所所长、研究员陈薇动情地说。

从研制出首个 SARS 预防生物新药“重组人干扰素 ω”，到全球首个获批新药证书的埃博拉疫苗，再到为新冠肺炎疫情防控作出重要贡献……从军 29 载，陈薇潜心于生物危害防控研究，矢志为人民构筑起一道生物安全防护的坚盾。

113 天毅然坚守："为武汉人民，我心甘情愿！"

1 月 26 日，农历大年初二，陈薇奉命率领军事医学专家组紧急飞赴武汉。

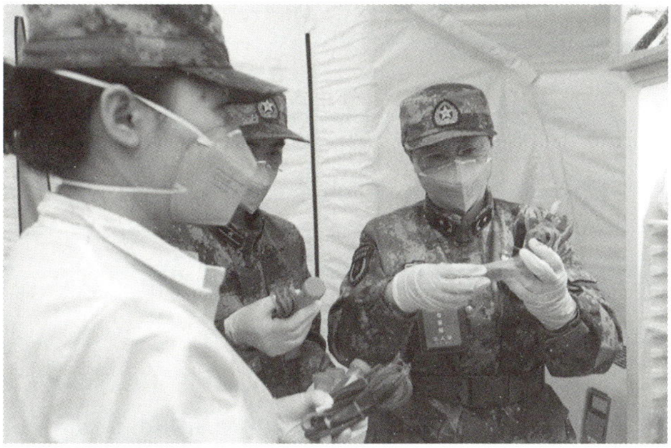

3 月 26 日，陈薇（右）在搭建的负压帐篷实验室检查血清分离。

张振威　摄（新华）

"做最坏打算、最充分方案，准备最长期奋战。"面对防控初期武汉对核酸检测能力的应急需求，陈薇带领专家组一天之内就搭建起帐篷式移动检测实验室，应用军事医学研究院自主研发的检测试剂盒，迅速形成了日检 1000 人份的核酸检测能力，有效缓解了一线检测压力。

面对临床精确诊断难题，她迅速组织专家组综合病原学、免疫学、遗传学、空气动力学等多学科优势，快速建立了"核酸检测—抗体筛查—多重病原检测"的"三步走"鉴定链条，为临床机构有效救治新冠病毒和多种病原体合并感染患者提供了科技支撑。

"除了胜利，别无选择！"在疫苗研发最吃紧的时刻，陈薇许下这份承诺。三天，五天……直到采集的血液样本出现免疫应答，整个团队悬着的心才放了下来。

3 月 16 日，重组新冠疫苗启动 Ⅰ 期临床试验，成为首个进入临床研究阶段的新冠疫苗。

4 月 12 日，疫苗启动Ⅱ期临床试验，再次领跑世界。临床结果证明，单针接种可使机体同时获得体液免疫和细胞免疫。

8 月 11 日，疫苗获得中国发明专利授权……团队全力推进新冠特异性治疗抗体药物和改善后遗症生物新药的临床应用。

面对"为什么能坚守武汉 113 天？"的提问，陈薇沉默数秒后哽咽着说："为武汉人民，我心甘情愿！"

29 载锲而不舍：国家生物安全防护的铸盾者

1991 年，陈薇从清华大学毕业，立志投身军事医学科研，专注于生物危害防控研究。

2003 年，非典疫情暴发。陈薇凭借多年的科研积累敏锐预判：正在研究

的 ω 干扰素对此次变种变异性强的 SARS 冠状病毒有抑制作用。

她率领课题组冒着生命危险，进入生物安全负压实验室，每天一干就是八九个小时……最终，1.4 万名预防性使用“重组人干扰素 ω”喷鼻剂的医护人员，无一例感染。

汶川地震，担任卫生防疫组组长的她，一直奔波在余震不断的灾区一线，为确保大灾之后无大疫艰苦“战斗”。北京奥运，她参与奥运安保军队指挥小组，同时负责鸟巢等 20 多个奥运场馆的现场生防安保任务，为“平安奥运”作出贡献。

在一次次大战、大考中，陈薇带领团队不仅拿出了领跑世界的“硬核”成果，更积累了核心关键能力。

她带出了国家“生物危害防控”重点领域创新团队，建立的关键设施和技术体系为应对今后可能出现的重大疫情奠定了基础。

“要成为为人民负重前行的人，为人民守护岁月静好的人。”这就是陈薇作为科学家的情怀。

无私赤诚的国际援助：向世界展示中国担当

“在病毒面前生命平等，与病毒的战争不分国界。”陈薇团队第一时间将研究成果向世界共享，为各国的疫苗研发助力。

这不是陈薇团队第一次以科研援助世界。

2006 年，在大多数人还不知“埃博拉”为何物时，陈薇就对这个烈性病原体展开了前瞻性研究。她坚信：“在生物危害防控的战场上，必须始终做有准备的人。”

2014 年，西非埃博拉疫情肆虐。立足多年既有研究，陈薇团队迅速攻关，不久就研制出重组埃博拉病毒病疫苗。

这不仅是对世界的支援，也展示了中国的国际担当。

陈薇多次带领团队赴塞拉利昂开展临床试验，让西非人民记住了中国的友谊和中国的科技力量。

2018 年，埃博拉病毒在刚果（金）再次暴发，陈薇团队再次为当地群众提供了来自中国的技术支持。

“为了世界人民的健康，我们愿意积极参与国际援助，共同抗疫。”如今，陈薇团队研制的新冠疫苗Ⅲ期临床试验正在境外有效开展，进行更大规模的疫苗有效性和安全性评价。

甘为人梯的师者情怀：为了科研精神的赓续传承

“对所有学生一视同仁，永远鼓励创新，把最前沿的理念和信息给大家共享……”这是陈薇的学生和同事们对她的评价。为了培养更多的专业人才，她总是尽可能为学生们搭建平台、拓展空间。

因抗疫表现突出荣获“最美新时代革命军人”的军事医学研究院副研究员张晓鹏，回忆起19年前刚进实验室时的情形，依然历历在目。

作为导师的陈薇手把手教他做蛋白纯化实验，实验用的纯净水都是她自己搬到楼上。那时实验仪器没有现在先进，陈薇就带着他们一直守在仪器旁收集样品。

“导师的言传身教，让我走好了人生科研生涯的第一课，从那时起，细致、认真就刻在了我的骨头里。”张晓鹏说。

“我们团队有很多非生物专业出身，我本科所学专业就是自动化。”军事医学研究院助理研究员迟象阳说，“陈薇老师要求我们发挥专业交叉优势，独立思考，大胆用自己的专业特长解决问题。”

在武汉抗疫中，迟象阳被陈薇“点将”，仅用两天时间就将免疫学检测精密设备调试成功。后来，在陈薇的指导下，她展开的新冠病毒抗体研究取得重大突破。

“要像爱护自己的眼睛一样爱护学生，这是我作为导师的使命和职责。”陈薇说，“我希望他们到各个领域发展，成为对国家有用的人才。”

132. 张桂梅：“燃灯校长”

张桂梅，女，满族，1957年出生，黑龙江省牡丹江市人，先后在大理喜洲一中、华坪县中心中学等地任教，现任云南省丽江市华坪女子高级中学党支部书记、校长，华坪县儿童福利院（华坪儿童之家）院长。她曾当选党的十七大代表，荣获“全国三八红旗手标兵”“全国优秀教师”“全国教书育人楷模”“全国五一劳动奖章”等荣誉称号。2020年12月7日，中央宣传部向全社会宣传发布张桂梅同志的先进事迹，授予她“时代楷模”称号。

1996年，张桂梅只身一人来到华坪，任教于当地一所民族中学。没多久，她发现，学校女生本就不多，还不时有人辍学。于是，她决定通过家访找出问题，随后因为一个辍学女孩，她有了创办女高的想法。

到华坪没一年，张桂梅身体出了问题，多次被送进医院，当地还给她组织捐款。张桂梅就想着，有生之年她要倾尽全力，让山里女孩接受教育、改变命运，阻断贫困的代际传递，回馈这一方水土。

2007年，张桂梅当选为党的十七大代表，关于她的报道在《新华每日电

12 月 1 日，张桂梅（中）在教室里检查学生上课情况。

陈欣波　摄（新华）

讯》头版发表。在各级党委政府和社会力量的支持下，华坪女高开始筹建，于次年 9 月迎来了第一批学生，很多贫困山区女孩都提前收到了那份写着“让梦想飞出大山”的录取通知书。

可不到半年，因教学条件差，教职工里有一半相继辞职。眼看着一手创办的女高陷入低谷，张桂梅跑到操场大哭了一场，回来整理档案时意外发现：留下的 8 名教师里，有 6 位是共产党员。“这就是学校办下去的希望！”张桂梅回忆，党支部成立的那天，党员教师对着党旗宣誓：“一定要把女高办好，把大山的女孩送入大学！”基于这种强大信念，女高的老师们交出了一份满意的答卷。

张桂梅说，她也曾有过放弃的念头，但想到那些山区孩子，就只能继续坚持。

2008 年建校以来，张桂梅已帮助 1800 多位女孩走出大山走进大学，用知识改变命运，用教育阻断贫困代际传递；张桂梅用爱心和智慧点亮万千乡村女孩的人生梦想，展现了当代人民教师的高尚师德和责任担当。

亲其师，信其道。张桂梅说，女高三年，学生们懂得了感恩和奉献。大学毕业后，有人拿出第一份工资捐助母校，还长期资助贫困山区的孩子；有人回到女高，继续扛起大山里的希望。

“何以一代又一代人接续奋斗？这就是信仰的力量。”张桂梅说。

133. 冯端：中国晶体物理研究奠基人

2020 年 12 月 15 日，中国著名物理学家、金属和晶体材料学家、教育家，第六、七、八届全国人大代表，中国科学院院士、第三世界科学院院士、第五届中国物理学会理事长，南京大学研究生院首任院长、物理学院教授冯端先生在南京去世，享年98岁。

作为凝聚态物理研究一代宗师，冯端是中国晶体缺陷研究的先驱者之一，在国际上领先开拓微结构调制的非线性光学晶体新领域。冯端推动了纳米材料科学在我国的发展，对促进我国物理学和材料学的发展作出了重要贡献，荣获多项国家自然科学奖。

2015年4月1日，冯端在“钻石婚”庆典上。屏幕上展示着他与夫人陈廉方年轻时的照片。

孙参　摄（新华）

冯端撰写了《金属物理》《材料科学导论——融贯的论述》《凝聚态物理学新论》等在科学界产生重大影响的专著，以及《熵》《漫谈凝聚态物质》等科普书籍。这些著作曾荣获国家科技进步奖等多项奖项。

冯端筚路蓝缕，历尽艰辛，领导了南京大学凝聚态物理学的发展，创建并领导了“固体微结构物理国家重点实验室”。他重视培养和引导后进，推动了一大批中青年学术人才脱颖而出。他主持的“凝聚态物理学高层次人才培养——研究与实践”荣获1997年国家级教学成果一等奖。

冯端因其科学研究的卓越成绩，荣获1996年何梁何利科技进步奖和1999年陈嘉庚数理科学奖，国际编号为187709的小行星也因此被命名为“冯端星”。

第六编　年度大事

1月

1日 为支持实体经济发展，降低社会融资实际成本，中国人民银行对外宣布，决定于1月6日下调金融机构存款准备金率0.5个百分点（不含财务公司、金融租赁公司和汽车金融公司）。

1日 国家卫生健康委成立疫情应对处置领导小组，此后每日召开领导小组会议。

2日 国家卫生健康委制定《不明原因的病毒性肺炎防控“三早”方案》。

3日 中共中央总书记、国家主席、中央军委主席、中央财经委员会主任习近平主持召开中央财经委员会第六次会议，研究黄河流域生态保护和高质量发展问题、推动成渝地区双城经济圈建设问题。

3日 即日起，中方定期与世界卫生组织、有关国家和地区组织以及中国港澳台地区及时、主动通报疫情信息。中方开始定期向美方通报疫情信息和防控举措。

7日 中共中央政治局常务委员会召开会议，听取全国人大常委会、国务院、全国政协、最高人民法院、最高人民检察院党组工作汇报，听取中央书记处工作报告。中共中央总书记习近平主持会议并发表重要讲话。习近平在主持召开中央政治局常委会会议时，对做好疫情防控工作提出要求。

7日 中国疾控中心成功分离首株新冠病毒毒株。

7日 新华社报道，国务院总理李克强签署国务院令，公布《保障农民工工资支付条例》，自2020年5月1日起施行。

7日 教育部印发《教材管理办法》和《学校选用境外教材管理办法》。其中明确规定，国家实行中小学教材审定制度，未经审定的教材不得出版选用；义务教育学校不得使用境外教材。

8日 “不忘初心、牢记使命”主题教育总结大会在北京召开。中共中央总书记、国家主席、中央军委主席习近平出席会议并发表重要讲话。

9日 中方向世界卫生组织通报疫情信息，将武汉不明原因的病毒性肺炎疫情病原学鉴定取得的初步进展分享给世界卫生组织。

10日 中国自主建设的首个卫星移动通信系统宣布正式商用，天上卫星、地上光纤、空中无线组成一张对中国领土、领空、领海全覆盖的网格。

10日 中共中央、国务院在北京隆重举行国家科学技术奖励大会。

12日 中国人民解放军海军055型驱逐舰首舰南昌舰归建入列仪式在青岛某军港码头举行。

13日 中共中央总书记、国家主席、中央军委主席习近平在中国共产党第十九届中央纪律检查委员会第四次全体会议上发表重要讲话。

15日 新华社报道，教育部将在部分高校开展基础学科招生改革试点（也称“强基计划”），这一计划主要选拔有志于服务国家重大战略需求且综合素质优秀或基础学科拔尖的学生。2020年起，原有高校自主招生方式不再使用。

15日 国家卫生健康委发布新型冠状病毒感染的肺炎第一版诊疗方案、防控方案。

15日 中美第一阶段经贸协议签署仪式在美国白宫东厅举行。中共中央政治局委员、国务院副总理、中美全面经济对话中方牵头人刘鹤与美国总统特朗普共同签署协议文本并致辞。

17日 中央宣传部向全社会发布甘肃省敦煌研究院文物保护利用群体的先进事迹，授予他们“时代楷模”称号。

17日 国家统计局发布数据显示，截至2019年年底，中国大陆总人口突破14亿人。

17日 国家统计局对外公布，经初步核算，2019年全年中国国内生产总值（GDP）为99.0865万亿元，比2018年增长6.1%；人均GDP首次站上1万美元的新台阶。

20日 新华社报道，习近平对新型冠状病毒感染的肺炎疫情作出重要指示，强调要把人民群众生命安全和身体健康放在第一位，坚决遏制疫情蔓延势头。

20日 国务院总理李克强主持召开国务院常务会议，进一步部署新型冠状病毒感染的肺炎疫情防控工作，要求有力有效遏制疫情；听取脱贫攻坚情况汇报，部署确保打赢脱贫攻坚战工作、保障困难群众基本生活。

23日 武汉市疫情防控指挥部发布第1号通告，暂时关闭离汉通道。

25日 中共中央政治局常务委员会召开会议，专门听取新型冠状病毒感染的肺炎疫情防控工作汇报，对疫情防控特别是患者治疗工作进行再研究、再部署、再动员。中共中央总书记习近平主持会议并发表重要讲话。

25日 国家卫生健康委员会发布疫情防控工作动态，派出重症医学专家加强对患者救治的临床指导，组建6支共1230人的医疗救治队驰援武汉，同时召集6支后备梯队随时待命。

27日 受习近平总书记委托，中共中央政治局常委、国务院总理、中央应对新型冠状病毒感染肺炎疫情工作领导小组组长李克强赴武汉考察指导疫情防控工作。

27日 教育部发布通知称，经研究决定，2020年春季学期延期开学。

28日 国家主席习近平在人民大会堂会见世界卫生组织总干事谭德塞。习近平强调，当前中国人民正在与新型冠状病毒感染肺炎疫情进行严肃的斗争。人民群众生命安全和身体健康始终是第一位的，疫情防控是当前最重要的工作。

30日 世卫组织发布新型冠状病毒感染肺炎疫情为国际关注的突发公共卫生事件，强调不建议实施旅行和贸易限制，并再次高度肯定中方的防控举措。

2月

1日 国务院关税税则委员会发布通知称，对按照防控新型冠状病毒感染的肺炎疫情进口物资免税政策进口且原产于美国的物资，不实施对美加征关税措施，即恢复我对美232措施所中止的关税减让义务、不加征我为反制美301措施所加征的关税。财政部、海关总署和税务总局当日发布关于防控新型冠状病毒感染的肺炎疫情进口物资免税政策的公告称，自2020年1月1日至3月31日，实行更优惠的进口税收政策。

2日 新华社报道，经中央军委主席习近平批准，军队抽组1400名医护人员于2月3日起承担武汉火神山新型冠状病毒感染肺炎专科医院医疗救治任务。该医院主要救治确诊患者，编设床位1000张，开设重症监护病区、重症病区、普通病区，设置感染控制、检验、特诊、放射诊断等辅助科室。

2日　按照中央军委命令，空军凌晨出动8架大型运输机，分别从沈阳、兰州、广州、南京起飞，向武汉紧急空运795名军队支援湖北医疗队队员和58吨物资，上午9时30分全部抵达武汉天河机场。这是继汶川、玉树抗震救灾之后，空军参与非战争军事行动同时出动大型运输机数量最多的一次。

3日　中共中央政治局常务委员会召开会议，听取中央应对新型冠状病毒感染肺炎疫情工作领导小组和有关部门关于疫情防控工作情况的汇报，研究下一步疫情防控工作。中共中央总书记习近平主持会议并发表重要讲话。

3日　新华社报道，中共中央办公厅印发了《纪检监察机关处理检举控告工作规则》，并发出通知，要求各地区各部门认真遵照执行。

4日　新华社报道，武汉火神山新型冠状病毒感染肺炎专科医院开始正式接诊新型冠状病毒感染的肺炎确诊患者。

4日　湖北省纪委监委就湖北省红十字会有关领导和干部失职失责问题进行公开通报。通报显示，经湖北省纪委监委研究并报湖北省委批准，免去张钦省红十字会党组成员、专职副会长职务；另有多人受到处分。

5日　中央一号文件公布。这份文件题为《中共中央　国务院关于抓好“三农”领域重点工作确保如期实现全面小康的意见》，全文共5个部分。

6日　新华社报道，湖北省特别是武汉市是全国疫情防控的重中之重。中共中央政治局委员、国务院副总理孙春兰率中央赴湖北指导组深入一线，督促武汉以战时状态抓好源头防控，全力以赴排查收治“四类人员”，实施全民拉网式排查，坚决落实应收尽收、应治尽治，切实保障人民群众生命安全和身体健康。

6日　国务院关税税则委员会发布公告决定，调整对原产于美国约750亿美元进口商品的加征关税措施。自2020年2月14日13时1分起，2019年9月1日起已加征10%关税的商品，加征税率调整为5%；已加征5%关税的商品，加征税率调整为2.5%。除上述措施外，其他对美加征关税措施继续按规定执行。对美加征关税商品排除工作继续开展。

6日　雷神山医院正式通过武汉市城建和卫健部门的验收，并开始逐步移交。

9日　新华社报道，国务院应对新型冠状病毒感染肺炎疫情联防联控机制印发《关于切实加强疫情科学防控　有序做好企业复工复产工作的通知》。

10日　联合国教科文组织在埃塞俄比亚首都亚的斯亚贝巴的非盟总部举行颁奖仪式，授予中国科学家屠呦呦等三人联合国教科文组织—赤道几内亚国际生命科学研究奖。

10日　新华社报道，财政部、教育部日前联合发布通知，要求各地研究制定经费保障政策措施，统筹安排教育经费预算，加快财政教育资金拨付使用，切实做好学校疫情防控经费保障工作。

11日　国务院办公厅转发国家卫生健康委、人力资源和社会保障部、财政部《关于改善一线医务人员工作条件切实关心医务人员身心健康若干措施》的通知，提出改善医务人员工作和休息条件等七方面措施。

12日 中共中央政治局常务委员会召开会议，听取中央应对新型冠状病毒感染肺炎疫情工作领导小组汇报，分析当前新冠肺炎疫情形势，研究加强疫情防控工作。

13日 经中央军委主席习近平批准，军队增派2600名医护人员支援武汉抗击新冠肺炎疫情，参照武汉火神山医院运行模式，承担武汉市泰康同济医院、湖北省妇幼保健院光谷院区确诊患者医疗救治任务。截至2月13日，军队共派出3批次4000余名医护人员支援武汉抗击新冠肺炎疫情。

13日 新华社报道，国务院扶贫开发领导小组印发通知，强调要做好新冠肺炎疫情防控期间脱贫攻坚工作，坚决打赢疫情防控阻击战和脱贫攻坚战。

14日 新华社报道，国务院国资委消息，在抓好疫情防控的前提下，全国多地国有企业分类分批有序推进复工复产，其中涉及民生保障的各地国企在春节假日期间保持了良好运转。

16日 2020年第4期《求是》杂志发表中共中央总书记、国家主席、中央军委主席习近平的重要文章《在中央政治局常委会会议研究应对新型冠状病毒肺炎疫情工作时的讲话》。

18日 国务院总理李克强主持召开国务院常务会议，部署不误农时切实抓好春季农业生产；决定阶段性减免企业社保费和实施企业缓缴住房公积金政策，多措并举稳企业稳就业。

19日 新华社报道，近日，中共中央办公厅、国务院办公厅印发了《关于深化新时代教育督导体制机制改革的意见》，并发出通知，要求各地区各部门结合实际认真贯彻落实。

19日 针对美国政府将5家中国媒体定义为"外国政府职能部门"一事，外交部发言人耿爽说，中方对美方错误做法表示强烈不满和坚决反对，敦促美方停止采取损害中美互信与合作的错误举措。

20日 国家卫健委新闻发言人米锋在国务院联防联控机制新闻发布会上说，截至19日，全国已有278支医疗队、32395名医务人员从各地驰援湖北。这是前所未有的出征，这是生命相托的使命。

20日 5时7分，中国在西昌卫星发射中心用长征二号丁运载火箭，采取"一箭四星"方式，成功将新技术试验卫星C星、D星、E星、F星发射升空。卫星顺利进入预定轨道，任务获得圆满成功。

20日 新华社报道，人力资源和社会保障部、财政部、税务总局印发《关于阶段性减免企业社会保险费的通知》，明确阶段性减免企业基本养老保险、失业保险、工伤保险单位缴费部分。同时，2020年企业职工基本养老保险基金中央调剂比例提高到4%，加大对困难地区的支持力度。

22日 中央应对新型冠状病毒感染肺炎疫情工作领导小组印发《关于全面落实进一步保护关心爱护医务人员若干措施的通知》，就进一步保护关心爱护医务人员提出十方面措施。

22日 新华社报道，2月21日，国务院联防联控机制就指导落实新冠肺炎疫情防控各项工作要求，推动企事业单位稳步有序复工复产，印发《企事业单位复工复产疫情防控措施指南》。

23日 新华社报道，在藏历新年来临之际，中共中央总书记、国家主席、中央军委主席习近平2月21日给正在北京大学首钢医院实习的西藏大学医学院学生回信，肯定他们献身西藏医疗卫生事业的志向，勉励他们练就过硬本领、服务基层人民，并向他们以及藏区各族群众致以节日的问候和美好的祝愿。

23日　新华社报道，教育部、科技部日前印发《关于规范高等学校SCI论文相关指标使用　树立正确评价导向的若干意见》，对破除论文“SCI至上”提出明确要求。

24日　十三届全国人大常委会第十六次会议表决通过了关于推迟召开十三届全国人大三次会议的决定。

24日　十三届全国人大常委会第十六次会议表决通过了关于全面禁止非法野生动物交易、革除滥食野生动物陋习、切实保障人民群众生命健康安全的决定。决定自公布之日起施行。

25日　新华社报道，中共中央总书记、国家主席、中央军委主席习近平近日对全国春季农业生产工作作出重要指示强调，越是面对风险挑战，越要稳住农业，越要确保粮食和重要副食品安全。各级党委要把“三农”工作摆到重中之重的位置，统筹抓好决胜全面建成小康社会、决战脱贫攻坚的重点任务，把农业基础打得更牢，把“三农”领域短板补得更实，为打赢疫情防控阻击战、实现全年经济社会发展目标任务提供有力支撑。

25日　国务院总理李克强主持召开国务院常务会议，推出鼓励吸纳高校毕业生和农民工就业的措施；确定鼓励金融机构对中小微企业贷款给予临时性延期还本付息安排，并新增优惠利率贷款；部署对个体工商户加大扶持，帮助缓解疫情影响纾困解难。

25日　新华社报道，人力资源和社会保障部、国务院扶贫办近日印发《关于应对新冠肺炎疫情进一步做好就业扶贫工作的通知》，提出一系列促进贫困劳动力就业增收的政策举措。

26日　中共中央政治局常务委员会召开会议，听取中央应对新型冠状病毒感染肺炎疫情工作领导小组汇报，分析当前疫情形势，研究部署近期防控重点工作。中共中央总书记习近平主持会议并发表重要讲话。

26日　新华社报道，国务院联防联控机制日前印发《关于依法科学精准做好新冠肺炎疫情防控工作的通知》，制定了中小学校新冠肺炎防控技术方案，开学后建议教师授课时佩戴医用口罩。

26日　新华社报道，近日，中央领导同志作出重要指示，在新冠肺炎疫情防控斗争中，对那些在抗疫一线事迹突出的入党积极分子，可根据其表现“火线”发展入党。

26日　新华社报道，当日一项发表在美国《科学进展》杂志上的新研究表示，中国“玉兔二号”月球车搭载的测月雷达首次揭示了月球背面着陆区域地下40米深度内的地质分层结构，发现这层结构主要由掺杂着不同大小石块的多孔颗粒物质组成。

3月

1日　2020年第5期《求是》杂志发表中共中央总书记、国家主席、中央军委主席习近平的重要文章《全面提高依法防控依法治理能力，健全国家公共卫生应急管理体系》。

1日　国家发改委宣布，自2020年3

月1日至2020年6月30日，免收企业应收账款质押登记、变更登记、异议登记费。免收10类金融机构征信查询服务费，包括查询企业信用报告和个人信用报告服务费。

3日 国务院总理李克强主持召开国务院常务会议，部署完善“六稳”工作协调机制，有效应对疫情影响促进经济社会平稳运行；确定支持交通运输、快递等物流业纾解困难加快恢复发展的措施；决定加大对地方财政支持，提高保基本民生保工资保运转能力。

3日 中央应对新冠肺炎疫情工作领导小组印发《关于全面落实疫情防控一线城乡社区工作者关心关爱措施的通知》。

4日 中共中央政治局常务委员会召开会议，研究当前新冠肺炎疫情防控和稳定经济社会运行重点工作。中共中央总书记习近平主持会议并发表重要讲话。

4日 新华社报道，中国科学技术大学潘建伟院士团队近期与清华大学、山东济南量子技术研究院等机构合作，实现了500公里级真实环境光纤的双场量子密钥分发和相位匹配量子密钥分发，传输距离达到509公里，创造了新的世界纪录。

4日 中国科研人员在美国《科学》杂志上发表论文说，在原子尺度上解析出新冠病毒感染人体细胞过程中受体“血管紧张素转化酶2（ACE2）”的全长结构，有助于开发相关药物。

5日 中共中央、国务院正式发布《关于深化医疗保障制度改革的意见》，明确到2030年，全面建成以基本医疗保险为主体，医疗救助为托底，补充医疗保险、商业健康保险、慈善捐赠、医疗互助共同发展的医疗保障制度体系。

6日 中共中央总书记、国家主席、中央军委主席习近平在北京出席决战决胜脱贫攻坚座谈会并发表重要讲话。

7日 19时5分许，福建省泉州市鲤城区欣佳酒店发生楼体坍塌事故，造成29人死亡、42人受伤。

8日 新华社报道，在“三八”国际劳动妇女节到来之际，中共中央总书记、国家主席、中央军委主席习近平代表党中央，向奋战在疫情防控第一线和各条战线的广大妇女同胞表示诚挚的慰问，向全国各族各界妇女同胞致以节日的问候！

8日 经过五回合激烈战斗，中国首位UFC（终极格斗冠军赛）冠军张伟丽在美国拉斯维加斯举行的UFC248站女子草量级卫冕战上，以点胜击败波兰选手乔安娜，成功卫冕金腰带。

9日 19时55分，中国在西昌卫星发射中心用长征三号乙运载火箭，成功发射北斗系统第54颗导航卫星。卫星顺利进入预定轨道，后续将进行变轨、在轨测试、试验评估，适时入网提供服务。

10日 在抗击新冠肺炎疫情的关键时刻，中共中央总书记、国家主席、中央军委主席习近平专门赴湖北省武汉市考察疫情防控工作。他强调，湖北和武汉是这次疫情防控斗争的重中之重和决胜之地。

10日 15时许，随着最后一批49名新冠肺炎患者出舱，武昌方舱医院在运行了35天后，宣告正式休舱。至此，武汉16家方舱医院全部休舱。

13日 国务院新闻办公室发表《2019年美国侵犯人权报告》，对美国侵犯人权的状况进行揭露。

13日 国家发展改革委印发《消费扶贫助力决战决胜脱贫攻坚2020年行动方案》，联合中央宣传部、农业农村部、商务部、文化旅游部、国务院扶贫办等27个部门和单位开展30项具体行动，整合资源形成合力，积极应对新冠肺炎疫情带来的不利影响，持续释放消费扶贫政策红利，助力决战决胜脱贫攻坚。

14日 国务院联防联控机制印发《因新冠肺炎疫情影响造成监护缺失儿童救助保护工作方案》，对进一步做好因新冠肺炎疫情影响造成监护缺失儿童救助保护工作作出部署安排，要求各地发现儿童监护缺失的，要及时报告；要分类施策，落实监护照料措施；要加强对困难儿童及家庭救助帮扶。

15日 中共中央总书记、国家主席、中央军委主席习近平给北京大学援鄂医疗队全体“90后”党员回信，向他们和奋斗在疫情防控各条战线上的广大青年致以诚挚的问候。

16日 2020年第6期《求是》杂志发表中共中央总书记、国家主席、中央军委主席习近平的重要文章《为打赢疫情防控阻击战提供强大科技支撑》。

16日 最高法、最高检、公安部、司法部、海关总署联合发布《关于进一步加强国境卫生检疫工作 依法惩治妨害国境卫生检疫违法犯罪的意见》。意见规定，检疫传染病染疫人或者染疫嫌疑人拒绝隔离、不如实填报健康申明卡等，可按妨害国境卫生检疫罪定罪处罚。

17日 国务院总理李克强主持召开国务院常务会议，部署深入推进“放管服”改革，培育壮大新动能，促进稳就业；要求加快重大投资项目开复工，有效补短板惠民生；通过《农作物病虫害防治条例(草案)》。

17日 针对美国总统特朗普在推特上称新冠病毒为“中国病毒”，外交部发言人表示，中方对此强烈愤慨、坚决反对，敦促美方立即纠正错误，立即停止对中国的无端指责。

19日 新华社报道，工信部实施《中小企业数字化赋能专项行动方案》，加大中小企业通过信息技术加强疫情防控、利用数字化工具尽快恢复生产运营、设备上云和业务系统向云端迁移等力度，通过数字化赋能中小企业。

19日 国家监委调查组发布《关于群众反映的涉及李文亮医生有关情况调查的通报》。同日，武汉市公安局发布情况通报，决定撤销李文亮医生的训诫书，并向李文亮家属郑重道歉。同时，对李文亮医生被训诫一案相关责任人进行处分。

19日 中国首次实现新增本土确诊病例和疑似病例零报告，已有18个省份和新疆生产建设兵团无本土现有确诊和疑似病例。

21日 新华社报道，为贯彻落实中央政治局常委会会议和中央应对新冠肺炎疫情工作领导小组会议重要部署，国务院办公厅会同各地区和国家卫生健康委等有关方面，推动建立了“健康码”跨省份互认机制，依托全国一体化政务服务平台实现了各省（区、市）防疫健康信息共享、“健康码”互通互认，全国绝大部分地区“健康码”已可实现“一码通行”。

21日 中国援助塞尔维亚抗疫医疗专家组抵达塞首都贝尔格莱德，由中国政府捐赠的一批医疗物资同机抵达。塞尔维亚总统武契奇到机场迎接，并与专家组成员“碰肘”致意。

23日 中国政府向柬埔寨派遣抗疫医疗专家组，专家组一行7人抵达金边国际机场，随机运抵的还有8.1吨中方援助的N95防护口罩、医用外科口罩、医用一次性防护服、红外线体温枪等医疗物资。

23 日 新华社报道，以中国中医科学院院长黄璐琦院士为领队的第一批国家援鄂抗疫中医医疗队（中国中医科学院）研制出化湿败毒颗粒，其临床试验申请已获得国家药监局批准。

24 日 新华社报道，工信部发布关于推动5G加快发展的通知，全力推进5G网络建设、应用推广、技术发展和安全保障，特别提出支持基础电信企业以5G独立组网为目标加快推进主要城市的网络建设，并向有条件的重点县镇逐步延伸覆盖。

24 日 11 时 43 分，中国在西昌卫星发射中心用长征二号丙运载火箭，成功将遥感三十号06组卫星发射升空。卫星顺利进入预定轨道，任务获得圆满成功。

24 日 湖北省新冠肺炎疫情防控指挥部发布通告说，从3月25日零时起，武汉市以外地区解除离鄂通道管控，有序恢复对外交通，离鄂人员凭湖北健康码“绿码”安全有序流动。

25 日 新华社报道，中央全面依法治国委员会近日印发了《关于加强法治乡村建设的意见》，意见明确中国到2035年要基本建成法治乡村。

26 日 国家主席习近平在北京出席二十国集团领导人应对新冠肺炎特别峰会并发表题为《携手抗疫　共克时艰》的重要讲话。

26 日 新华社报道，中共中央、国务院近日印发《关于全面加强新时代大中小学劳动教育的意见》。意见指出，实施劳动教育重点是在系统的文化知识学习之外，有目的、有计划地组织学生参加日常生活劳动、生产劳动和服务性劳动，培养学生正确劳动价值观和良好劳动品质。

26 日 新华社报道，在水深1225米的海域，中国一举攻克深海浅软地层水平井钻采核心技术，成为全球首个采用水平井钻采技术试采海域天然气水合物的国家。

31 日 新华社报道，经党中央、国务院同意，2020年全国普通高等学校招生统一考试延期一个月举行，考试时间为7月7日至8日。

4 月

1 日 新华社报道，中共中央总书记、国家主席、中央军委主席习近平近日在浙江考察时强调，要全面贯彻党中央各项决策部署，做好统筹推进新冠肺炎疫情防控和经济社会发展工作，坚持稳中求进工作总基调，坚持新发展理念，坚持以“八八战略”为统领，干在实处、走在前列、勇立潮头，精准落实疫情防控和复工复产各项举措，奋力实现2020年经济社会发展目标任务，努力成为新时代全面展示中国特色社会主义制度优越性的重要窗口。

1 日 国家主席习近平同印度总统科温德互致贺电，热烈庆祝两国建交70周年。同日，国务院总理李克强同印度总理莫迪也互致贺电。

2 日 李克强主持召开中央应对新冠肺炎疫情工作领导小组会议，部署加强无症状感染者管理并开展流行病学调查，做好陆地边境防范疫情跨境输入工作，优化防控措施，有力有序积极推进复工复产。

2 日 新华社报道，近日湖北省人民政府根据《烈士褒扬条例》和《退役军人事务部　中央军委政治工作部关于妥善做好新冠肺炎疫情防控牺牲人员烈士褒扬工作的通知》精神，评定王兵、冯效林、江学庆、刘智明、李文亮、张抗美、肖俊、吴涌、柳帆、夏思思、黄文军、梅仲明、彭银华、廖建军等14名（按姓氏笔画排序）牺牲在新冠肺炎疫情防控一线人员为首批烈士。

2日 新华社报道，商务部、海关总署、国家药监局近日发布《关于有序开展医疗物资出口的公告》，要求出口的检测试剂、医用口罩、医用防护服、呼吸机、红外体温计等5类产品必须取得国家药品监管部门相关资质，符合进口国（地区）质量标准要求。

3日 为表达全国各族人民对抗击新冠肺炎疫情斗争牺牲烈士和逝世同胞的深切哀悼，国务院发布公告，决定2020年4月4日举行全国性哀悼活动。在此期间，全国和驻外使领馆下半旗志哀，全国停止公共娱乐活动。4月4日10时起，全国人民默哀3分钟，汽车、火车、舰船鸣笛，防空警报鸣响。

4日 庚子年清明节，全国各地各族人民深切悼念抗击新冠肺炎疫情斗争牺牲烈士和逝世同胞。习近平、李克强、栗战书、汪洋、王沪宁、赵乐际、韩正、王岐山等党和国家领导人在首都北京参加悼念。

4日 交通运输部表示，目前全国31个省（区、市）和新疆生产建设兵团所有地级以上城市、县级市全部恢复了地面公交服务。此前，已开通城市轨道交通的41个城市也已全部恢复运营。

6日 中共中央政治局常委、国务院总理、中央应对新冠肺炎疫情工作领导小组组长李克强主持召开领导小组会议，要求持续抓好疫情常态化防控，进一步防范陆地边境疫情跨境输入，动态优化企事业单位防控措施，有力有序推进复工复产。

6日 中国发布新冠肺炎疫情信息、推进疫情防控国际合作纪事，对中国在同世界携手抗疫过程中，在及时发布疫情信息、分享防控经验、推进疫情防控国际交流合作方面的主要事实，以时间顺序进行梳理。

6日 新华社报道，按照中央统一部署，各地统筹推进疫情防控和脱贫攻坚，目前贫困地区劳动力外出务工、扶贫龙头企业及项目开复工进一步提速。截至4月6日，25个省份已外出务工贫困劳动力2085.94万人，相当于2019年外出务工总数的76.43%，较3月6日提高24.4个百分点。

6日 国务院发布《国务院关于同意设立江西内陆开放型经济试验区的批复》，同意设立江西内陆开放型经济试验区，试验区建设总体方案由国家发展改革委印发。这是继宁夏、贵州之后，全国第三个获批的内陆开放型试验区。

7日 国务院总理李克强主持召开国务院常务会议，推出增设跨境电子商务综合试验区、支持加工贸易、广交会网上举办等系列举措，积极应对疫情影响努力稳住外贸外资基本盘；决定延续实施普惠金融和小额贷款公司部分税收支持政策。

7日 中央指导组再次召开会议，研究部署4月8日解除离汉通道管控后各项工作，督促疫情防控各项举措落实，并前往车站、商场、超市、饭店等，考察疫情防控情况。中央指导组组长孙春兰当日在考察时强调，要有序安排好人员流动规模，将离汉人员情况及时通知输入地，严格从出发到抵达的健康监测管理，绝不能出现任何漏洞。

7日 中国民用航空局、中华人民共和国海关总署发布关于中国籍旅客乘坐航班回国前填报防疫健康信息的公告。公告指出，为减少疫情跨境传播，从意美德法等国已购买回国机票的中国籍旅客需要提前填报防疫健康信息。

8日　中共中央政治局常务委员会召开会议，听取新冠肺炎疫情防控工作和全国复工复产情况调研汇报，分析国内外疫情防控和经济运行形势，研究部署落实常态化疫情防控举措、全面推进复工复产工作。中共中央总书记习近平主持会议并发表重要讲话。

8日　中共中央总书记、国家主席、中央军委主席习近平给武汉市东湖新城社区全体社区工作者回信，再次肯定城乡广大社区工作者在疫情防控斗争中发挥的重要作用，向他们致以诚挚的慰问，并勉励他们为彻底打赢疫情防控人民战争、总体战、阻击战再立新功。

8日　即日零时起，武汉解除离汉离鄂通道管制措施。按照“外防输入、内防反弹”的要求，湖北本着“疫情防控不松、‘绿码’健康出行、交通保障给力”的原则，坚持扫码入场、体温检测、实名购票、定时通风、全面消杀，做好防控。

8日　湖北省新冠肺炎疫情防控指挥部最新通报的市县疫情风险等级评估结果显示：湖北省维持无高风险市县；武汉市城区整体仍为中风险，但13个城区中低风险区已增至12个。

8日　新华社报道，中国将阶段性加大社会救助和保障标准与物价上涨挂钩联动机制的价格临时补贴力度。各地以现行联动机制测算的补贴标准为基础，阶段性提高每月价格临时补贴标准1倍。执行期限为2020年3月至6月。

9日　《中共中央　国务院关于构建更加完善的要素市场化配置体制机制的意见》公布，对推进土地要素市场化配置、引导劳动力要素合理畅通有序流动、推进资本要素市场化配置、加快发展技术要素市场、加快培育数据要素市场、加快要素价格市场化改革、健全要素市场运行机制、组织保障等提出了具体要求。

9日　新华社报道，国务院联防联控机制日前印发《新冠病毒无症状感染者管理规范》，加强对新冠病毒无症状感染者的发现、报告和管理，对解除集中医学观察的无症状感染者，应当继续进行14天的医学观察、随访。

9日　国家发展改革委印发《2020年新型城镇化建设和城乡融合发展重点任务》的通知，指出为打破阻碍劳动力自由流动的不合理壁垒，促进人力资源优化配置，要督促城区常住人口300万以下城市全面取消落户限制。

9日　国家邮政局召开新闻发布会对日前印发的《快递进村三年行动方案(2020—2022年)》进行解读。为进一步推进“快递进村”工程，方案明确到2022年年底，中国农村快递服务深度显著增强，县、乡、村快递物流体系逐步建立，城乡之间流通渠道基本畅通，农村综合物流服务供给力度明显加大，符合条件的建制村基本实现“村村通快递”。

10日　新华社报道，中共中央总书记、国家主席、中央军委主席习近平近日就安全生产作出重要指示强调，当前，全国正在复工复产，要加强安全生产监管，分区分类加强安全监管执法，强化企业主体责任落实，牢牢守住安全生产底线，切实维护人民群众生命财产安全。

14日　国务院总理李克强主持召开国务院常务会议，要求落实落细2020年以来出台的支持企业政策措施，助力企业渡难关；部署采取有力有效举措促进高校毕业生就业；确定加大城镇老旧小区改造力度，推动惠民生扩内需；决定延续西部大开发企业所得税优惠政策。

14日 国务院总理李克强在北京出席东盟与中日韩（10+3）抗击新冠肺炎疫情领导人特别会议。东盟十国领导人、韩国总统文在寅、日本首相安倍晋三以及世界卫生组织总干事谭德塞、东盟秘书长林玉辉出席。越南总理阮春福主持会议。此次会议以视频方式举行。

14日 新华社报道，由军事科学院军事医学研究院生物工程研究所陈薇院士团队研发的腺病毒载体重组新冠病毒疫苗，于4月12日开展二期临床试验。世界卫生组织官网公布，这是全球目前唯一进入二期临床试验的新冠病毒疫苗。

14日 新华社报道，中国两款新冠病毒灭活疫苗获得国家药品监督管理局一二期合并的临床试验许可，成为首批获得临床研究批件的新冠病毒灭活疫苗。这两款灭活疫苗分别由国药集团中国生物武汉生物制品研究所、北京科兴中维生物技术有限公司联合有关科研机构开发而成。

16日 新华社报道，经中央军委主席习近平批准，军队支援湖北医疗队在圆满完成承担的武汉火神山医院、武汉市泰康同济医院、湖北省妇幼保健院光谷院区确诊患者医疗救治任务后，采取民航包机和铁路运输投送方式，陆续离开武汉完成回撤。

16日 李克强主持召开中央应对新冠肺炎疫情工作领导小组会议，部署提高检测能力，做好对重点地区重点人群应检尽检工作，抓好各地常态化防控，推进生产生活秩序全面恢复。

18日 新华社报道，为促进离汉人员安全有序流动，统筹推进疫情防控和复工复产复学，国务院联防联控机制日前印发《关于做好离汉人员新冠肺炎检测和健康管理服务工作的通知》，重点人群离汉前按照“应检尽检”原则进行新冠病毒核酸检测，离汉人员到达目的地后满足相应条件即可正常复工复产复学。

18日 民政部发布公告，国务院于近日批准，海南省三沙市设立西沙区、南沙区。

19日 新华社报道，内蒙古自治区鄂伦春自治旗等20个贫困旗县退出贫困县序列——中国第一个成立的少数民族自治区宣告全面脱贫“摘帽”。

20日 最高人民法院印发《关于依法妥善审理涉新冠肺炎疫情民事案件若干问题的指导意见（一）》，其中明确，用人单位仅以劳动者来自疫情相对严重的地区等为由主张解除劳动关系的，人民法院不予支持。

21日 国务院总理李克强主持召开国务院常务会议，部署加大对贫困人口、低保人员和失业人员的帮扶保障力度；决定提高普惠金融考核权重和降低中小银行拨备覆盖率，促进加强对小微企业的金融服务；明确帮助服务业小微企业和个体工商户缓解房租压力的措施。

21日 新华社报道，从应急管理部获悉，国务院安委会日前印发《全国安全生产专项整治三年行动计划》，在全国部署开展安全生产专项整治三年行动。专项整治三年行动从2020年4月启动至2022年12月结束，分为动员部署、排查整治、集中攻坚和巩固提升四个阶段。

21日 青海省政府发布公告，经专项评估检查，民和回族土族自治县等17个贫困县（区）达到脱贫退出标准。至此，青海全省42个贫困县（市、区、行委）全部退出贫困县序列。

22日 李克强主持召开中央应对新冠肺炎疫情工作领导小组会议，部署调整完善重点地区防控举措，着力提升检测能力尽力扩大检测范围，在常态化防控条件下推动经济社会秩序加快恢复。

23日 新华社报道，中共中央总书记、国家主席、中央军委主席习近平近日在陕西考察时强调，要全面落实党中央决策部署，坚持稳中求进工作总基调，坚持新发展理念，扎实做好稳就业、稳金融、稳外贸、稳外资、稳投资、稳预期工作，全面落实保居民就业、保基本民生、保市场主体、保粮食能源安全、保产业链供应链稳定、保基层运转任务，努力克服新冠肺炎疫情带来的不利影响，确保完成决战决胜脱贫攻坚目标任务，全面建成小康社会，奋力谱写陕西新时代追赶超越新篇章。

23日 新华社报道，人力资源和社会保障部、教育部、司法部、农业农村部、文化和旅游部、国家卫生健康委、国家知识产权局等7部门近日印发《关于应对新冠肺炎疫情影响实施部分职业资格"先上岗、再考证"阶段性措施的通知》，进一步强化稳就业举措，促进高校毕业生就业。

24日 新华社报道，中国行星探测任务命名为"天问（Tianwen）系列"，首次火星探测任务命名为"天问一号"，后续行星任务依次编号。当日，中国首次火星探测任务名称、任务标识在2020年中国航天日线上启动仪式上正式公布。

27日 中共中央总书记、国家主席、中央军委主席、中央全面深化改革委员会主任习近平主持召开中央全面深化改革委员会第十三次会议并发表重要讲话。他强调，中国疫情防控和复工复产之所以能够有力推进，根本原因是党的领导和中国社会主义制度的优势发挥了无可比拟的重要作用。发展环境越是严峻复杂，越要坚定不移深化改革，健全各方面制度，完善治理体系，促进制度建设和治理效能更好转化融合，善于运用制度优势应对风险挑战冲击。

27日 新华社报道，湖北省、武汉市疫情防控已由应急性超常规防控向常态化防控转变。经习近平总书记和党中央批准，中共中央政治局委员、国务院副总理孙春兰率中央指导组于4月27日离鄂返京。

27日 国家互联网信息办公室等12个部门联合公布《网络安全审查办法》，要求关键信息基础设施运营者采购网络产品和服务，影响或可能影响国家安全的，应当进行网络安全审查。

27日 新华社报道，根据民政部等六部门近日联合出台的指导意见，20项证明被明确不应由社区居民委员会、村民委员会等基层群众性自治组织出具。

30日 中共中央政治局常委、国务院总理、中央应对新冠肺炎疫情工作领导小组组长李克强主持召开领导小组会议，部署突出重点落实常态化防控措施，周密做好"五一"假期防控工作，有力保障经济社会秩序有序恢复。

30日 中国正式启动2020珠峰高程测量。

5月

1日 《保障农民工工资支付条例》即日起施行。条例规定用人单位实行农民工劳动用工实名制管理，农民工工资应以货币形式按时足额支付。

2日 在海拔5357米的西藏日喀则拉孜县与定日县交界处的嘉措拉山上，世界最高500千伏输电铁塔的成功组立，标志着此举刷新了中国在世界超高压电网建设领域的新纪录。

3日 新华社报道，日前从国家发展改革委了解到，到2025年，长江三角洲地区一体化交通基础设施网络总体形成，基本建成“轨道上的长三角”，铁路密度达到507公里/万平方公里，省际公路通达能力进一步提升，高速公路密度达到500公里/万平方公里，世界级机场群和港口群全球竞争能力显著增强。

5日 为中国载人空间站工程研制的长征五号B运载火箭在海南文昌首飞成功，正式拉开中国载人航天工程“第三步”任务的序幕。

6日 国务院同意在雄安新区、大同市、满洲里市等46个城市和地区设立跨境电子商务综合试验区。国务院指出综合试验区建设要按照鼓励创新、包容审慎的原则，坚持问题导向，加强协调配合，着力在跨境电子商务企业对企业（B2B）方式相关环节探索创新，研究出台更多支持举措，为综合试验区发展营造良好的环境，更好地促进和规范跨境电子商务产业发展壮大。

7日 浙江省已通过生态环境部组织的国家生态省建设试点验收，建成中国首个生态省。生态省评估报告显示，浙江的生态环境治理和保护处于国际先进水平，其中绿色发展综合得分、城乡均衡发展水平均为中国第一。

8日 中共中央在中南海召开党外人士座谈会，就新冠肺炎疫情防控工作听取各民主党派中央、全国工商联和无党派人士代表的意见和建议。中共中央总书记习近平主持座谈会并发表重要讲话。习近平强调，经过艰苦卓绝的努力，武汉保卫战、湖北保卫战取得决定性成果，疫情防控阻击战取得重大战略成果，统筹推进疫情防控和经济社会发展工作取得积极成效。我们要继续抓紧做好各项工作，时刻绷紧疫情防控这根弦，扎实推进复工复产复学，确保完成决战决胜脱贫攻坚目标任务，全面建成小康社会。

8日 新华社报道，日前，经中央应对疫情工作领导小组同意，国务院联防联控机制印发《关于做好新冠肺炎疫情常态化防控工作的指导意见》。

8日 中国新一代载人飞船试验船返回舱13时49分在东风着陆场预定区域成功着陆，试验取得圆满成功。

10日 云上2020年中国品牌日活动拉开帷幕。中共中央政治局常委、国务院总理李克强对活动作出重要批示。批示指出：加强品牌建设，不断提升中国产品和服务的质量与影响力，是坚定实施扩大内需战略、推动高质量发展的重要方面。各地区、各有关部门要坚持以习近平新时代中国特色社会主义思想为指导，贯彻党中央、国务院决策部署，实施创新驱动发展战略，深入推动大众创业、万众创新，坚持质量第一效益优先，在全社会进一步增强品牌意识，引导企业弘扬专业精神工匠精神，打造更多名优品牌，以更强的竞争力拓展市场空间，更好满足群众消费升级和国家发展的需要。

11日 新华社报道，《科学通报》近日以封面文章刊发中国科学院海洋研究所和中国科学院海洋大科学研究中心的一项科研成果：中国科学家在西太平洋一处深海热液区发现超临界二氧化碳，这是全球首次在自然界发现超临界二氧化碳，并为研究生命起源提供了新启示。

12日 新华社报道，中共中央总书记、国家主席、中央军委主席习近平近日在山西考察时强调，要全面贯彻党的十九大和十九届二中、三中、四中全会精神，坚持稳中求进工作总基调，坚持新发展理念，坚持以供给侧结构性改革为主线，扎实做好“六稳”工作，全面落实“六保”任务，努力克服新冠肺炎疫情带来的不利影响，在高质量转型发展上迈出更大步伐，确保完成决战决胜脱贫攻坚目标任务，全面建成小康社会，乘势而上书写山西践行新时代中国特色社会主义的新篇章。

15 日　国家发展改革委、国务院台办、工业和信息化部、财政部、人力资源和社会保障部、自然资源部、商务部、人民银行、银保监会、证监会十部门联合印发《关于应对疫情统筹做好支持台资企业发展和推进台资项目有关工作的通知》。

15 日　李克强主持召开中央应对新冠肺炎疫情工作领导小组会议，要求加强指导协调动态抓好重点地区防控，适应形势变化有针对性完善常态化防控措施。

16 日　新华社报道，近期，人力资源和社会保障部分别与公安部、农业农村部、国家体育总局等部门联合颁布保卫管理员、家畜繁殖员、农业技术员、农业经理人、农作物植保员、动物疫病防治员、动物检疫检验员、水生物病害防治员、农机修理工、社会体育指导员、游泳救生员、水泥生产工、石膏制品生产工、乳品评鉴师等 14 个国家职业技能标准。

17 日　工业和信息化部副部长陈肇雄在网上举行的 2020 年世界电信和信息社会日大会上表示，中国 5G 商用加快推进，目前已开通 5G 基站超过 20 万个。

18 日　国家主席习近平在第 73 届世界卫生大会视频会议开幕式上发表题为《团结合作战胜疫情　共同构建人类卫生健康共同体》的致辞。

21 日　当天是联合国确定的首个“国际茶日”。国家主席习近平向“国际茶日”系列活动致信表示热烈祝贺。

21 日　15 时，全国政协十三届三次会议在北京开幕。习近平、李克强、栗战书、王沪宁、赵乐际、韩正、王岐山到会祝贺。汪洋作政协常委会工作报告。张庆黎主持。郑建邦作提案工作情况报告。

中国人民政治协商会议第十三届全国委员会第三次会议圆满完成各项议程，5 月 27 日下午在人民大会堂闭幕。

22 日　上午 9 时，十三届全国人大三次会议在北京开幕。习近平、汪洋、王沪宁、赵乐际、韩正、王岐山等在主席台就座，李克强作政府工作报告，栗战书主持大会，听取关于民法典草案的说明、关于全国人民代表大会关于建立健全香港特别行政区维护国家安全的法律制度和执行机制的决定草案的说明。

第十三届全国人民代表大会第三次会议在圆满完成各项议程后，5 月 28 日下午在人民大会堂闭幕。大会批准政府工作报告、全国人大常委会工作报告等。大会通过《中华人民共和国民法典》，国家主席习近平签署第 45 号主席令公布这部法律。大会通过全国人民代表大会关于建立健全香港特别行政区维护国家安全的法律制度和执行机制的决定。

27 日　11 时整，中国 2020 珠峰高程测量登山队 8 名队员登顶“地球之巅”珠穆朗玛峰，为珠峰“量身高”。

30 日　4 时 13 分，中国在西昌卫星发射中心用长征十一号运载火箭，采取“一箭双星”方式，成功将新技术试验卫星 G 星、H 星发射升空，卫星顺利进入预定轨道，任务获得圆满成功。

31 日　16 时 53 分，中国在酒泉卫星发射中心用长征二号丁运载火箭，成功将高分九号02星、和德四号卫星送入预定轨道，发射获得圆满成功。

6月

1日 中共中央政治局常委、国务院总理李克强在山东考察期间，在青岛通过视频主持召开新增财政资金直接惠企利民工作视频座谈会强调，建立资金精准直达、有效使用、严格监管机制，充分发挥纾困和激发市场活力规模性政策效应。

1日 新华社报道，中共中央、国务院印发了《海南自由贸易港建设总体方案》，并发出通知，要求各地区各部门结合实际认真贯彻落实。

1日 《中华人民共和国基本医疗卫生与健康促进法》开始施行。该法是中国卫生与健康领域第一部基础性、综合性的法律。首次用法律的形式将医疗机构定义为公共场所，规定任何组织或者个人不得扰乱其秩序。同时规定医疗卫生人员的人身安全、人格尊严不受侵犯，其合法权益受法律保护。

1日 公安部交通管理局部署全国开展"一盔一带"安全守护行动。即日起，执法处罚的范围限定为骑乘摩托车不佩戴安全头盔、驾乘汽车不使用安全带的交通违法行为。对骑乘电动自行车不佩戴安全头盔的行为，继续开展宣传引导工作。

4日 住房和城乡建设部、国务院扶贫办召开决胜脱贫攻坚住房安全有保障工作推进会。会议指出，要建立贫困人口住房安全动态监测机制，探索建立解决相对贫困人口住房安全的长效机制，促进脱贫攻坚和乡村振兴有机衔接。

5日 当天是世界环境日。生态环境部正式发布了"中国生态环境保护吉祥物"。吉祥物为一对名为"小山"和"小水"的卡通形象，以"青山绿水"为设计原型，有机结合"绿叶、花朵、云纹、水纹"等设计元素，表达出"绿水青山就是金山银山"的理念。

6日 在山东日照举行的陆上赛艇极限挑战赛中，中国赛艇领军人物张亮挑战有滑轨陆上赛艇30—39岁年龄组男子马拉松世界纪录，以2小时19分20秒8大幅度刷新世界纪录。同时，这一成绩超过了目前所有陆上赛艇男子马拉松的世界纪录，张亮成为全世界陆上赛艇马拉松划得最快的人。

7日 国务院新闻办公室发布《抗击新冠肺炎疫情的中国行动》白皮书。这一白皮书是真实记录中国抗疫艰辛历程的重要文献，约3.7万字。

8日 新华社报道，国务院办公厅日前印发《关于开展第一次全国自然灾害综合风险普查的通知》。按照党中央、国务院决策部署，为全面掌握全国自然灾害风险隐患情况，提升全社会抵御自然灾害的综合防范能力，经国务院同意，定于2020年至2022年开展第一次全国自然灾害综合风险普查。

8日 新华社报道，国务院应对新冠肺炎疫情联防联控机制综合组近日印发《关于加快推进新冠病毒核酸检测的实施意见》，指导各地在常态化防控工作中做好核酸检测工作。其中提到推动重点人群"应检尽检"，其他人群"愿检尽检"。

8日 由中国科学院沈阳自动化研究所主持研制的"海斗一号"全海深自主遥控潜水器，搭乘"探索一号"科考船载誉归来。"海斗一号"此次在马里亚纳海沟成功完成了首次万米海试与试验性应用任务，最大下潜深度10907米，刷新中国潜水器最大下潜深度纪录，同时填补了中国万米作业型无人潜水器的空白。

10日 新华社报道，中共中央总书记、国家主席、中央军委主席习近平近日在宁夏考察时强调，要全面落实党中央决策部署，坚持稳中求进工作总基调，坚持新发展理念，落实全国两会工作部署，坚决打好三大攻坚战，扎实做好“六稳”工作，全面落实“六保”任务，努力克服新冠肺炎疫情带来的不利影响，优先稳就业保民生，决胜全面建成小康社会，决战脱贫攻坚，继续建设经济繁荣、民族团结、环境优美、人民富裕的美丽新宁夏。

11日 香港特区行政长官林郑月娥根据基本法第四十八条第三款签署经特区立法会通过的《国歌条例》。该条例于6月12日正式刊宪实施。

11日 2时31分，中国在太原卫星发射中心用长征二号丙运载火箭，成功将海洋一号D卫星送入预定轨道，发射获得圆满成功。

11日 由中国宇航学会推荐，经过国际宇航联合会两轮投票表决，嫦娥四号任务团队优秀代表中国探月工程总设计师吴伟仁，中国探月工程副总设计师于登云，嫦娥四号任务探测器系统总设计师孙泽洲，获得国际宇航联合会2020年度最高奖——“世界航天奖”。这也是该国际组织成立70年来首次把这一奖项授予中国航天科学家。

12日 新华社报道，国务院办公厅日前印发《生态环境领域中央与地方财政事权和支出责任划分改革方案》。《方案》明确，从生态环境规划制度制定、生态环境监测执法、生态环境管理事务与能力建设、环境污染防治等方面划分生态环境领域中央与地方财政事权和支出责任。

15日 中共中央政治局常委、国务院总理李克强在北京出席第127届广交会“云开幕”仪式，并巡视企业网上展厅。

受新冠肺炎疫情影响，本届广交会创新方式，改在网上举办，海内外近2.6万家企业参展。

17日 国家主席习近平在北京主持中非团结抗疫特别峰会并发表题为《团结抗疫　共克时艰》的主旨讲话。会议发表《中非团结抗疫特别峰会联合声明》，向国际社会发出中非团结合作的时代强音。

17日 新华社报道，“十三五”以来，中国累计完成防沙治沙任务880万公顷，占“十三五”规划治理任务的88%。经过多年治理，毛乌素、浑善达克、科尔沁和呼伦贝尔四大沙地生态状况整体改善。

19日 由军事科学院军事医学研究院与地方企业共同研发形成的新型冠状病毒mRNA疫苗（ARCoV），正式通过国家药品监督管理局临床试验批准。这是国内首个获批开展临床试验的新冠mRNA疫苗。

20日 新华社报道，国家医疗保障局日前下发通知明确，各地要在综合考虑新冠肺炎防控工作需要、本地区医保基金支付能力等因素的基础上，按程序将针对新冠病毒开展的核酸、抗体检测项目和相关耗材纳入省级医保诊疗项目目录，并同步确定支付条件。

20日 川藏铁路拉林段藏木雅鲁藏布江双线特大桥现浇主梁成功合龙，标志着拉林铁路全线120座桥梁主体工程全部完工。同时创造了世界同类型铁路桥梁海拔最高、钢管拱跨度最大（主拱跨径430米）、主拱钢管直径最大（钢管直径1.8米）、钢管拱单根管内混凝土顶升方量最多（单根管内混凝土顶升方量1022方）4个“世界第一”。

21日 由中车青岛四方机车车辆股份有限公司研制的时速600公里高速磁浮试验样车在磁浮试验线上成功试跑，标志着中国高速磁浮交通系统研发取得重要突破。

23日 新华社报道，国务院办公厅日前印发《公共文化领域中央与地方财政事权和支出责任划分改革方案》。《方案》明确，从基本公共文化服务、文化艺术创作扶持、文化遗产保护传承、文化交流、能力建设等方面划分公共文化领域中央与地方财政事权和支出责任。

23日 上午9点43分，在西昌卫星发射中心，长征三号乙运载火箭搭载着北斗三号最后一颗全球组网卫星点火升空，并于约30分钟后进入预定轨道，发射任务取得圆满成功。至此，北斗三号全球卫星导航系统的30颗组网卫星全部到位，中国提前半年全面完成北斗全球卫星导航系统星座部署。

24日 国家发展改革委、商务部对外公布《外商投资准入特别管理措施（负面清单）（2020年版）》，清单条目由2019年版的40条减至33条，中国更多领域允许外资控股或独资经营。

24日 新华社报道，人力资源和社会保障部、财政部、国家税务总局日前印发《关于延长阶段性减免企业社会保险费政策实施期限等问题的通知》，明确延长阶段性减免企业基本养老保险、失业保险、工伤保险单位缴费政策实施期限。

24日 新华社报道，中国又一个新冠病毒疫苗进入临床试验阶段。近日，中国科学院微生物研究所和安徽智飞龙科马生物制药有限公司共同研发的新冠重组蛋白疫苗已获批开展一期临床试验。重组蛋白疫苗有别于此前获批进入临床试验的腺病毒载体疫苗和灭活疫苗，这是一种新技术路线研制的新冠病毒疫苗。

28日 新华社报道，近日，中共中央印发了《关于调整预备役部队领导体制的决定》。决定明确，自2020年7月1日零时起，预备役部队全面纳入军队领导指挥体系，由现行军地双重领导调整为党中央、中央军委集中统一领导。

28日 全国劳动模范、全国优秀共产党员、“共和国勋章”获得者、山西省平顺县西沟村党总支副书记申纪兰同志，因病在山西省长治市逝世，享年91岁。

30日 十三届全国人大常委会第二十次会议在北京人民大会堂举行第二次全体会议、第三次全体会议和闭幕会。会议表决通过了《中华人民共和国香港特别行政区维护国家安全法》，国家主席习近平签署第49号主席令予以公布；表决通过了全国人民代表大会常务委员会关于增加香港特别行政区基本法附件三所列全国性法律的决定。

30日 新华社报道，中央组织部最新党内统计数据显示，截至2019年年底，中国共产党党员总数为9191.4万名，比上年净增132.0万名。党的基层组织468.1万个，比上年净增7.1万个。中国共产党的凝聚力和战斗力不断增强，党的组织体系更加健全，党的执政根基进一步夯实。

7月

1日 第13期《求是》杂志发表中共中央总书记、国家主席、中央军委主席习近平的重要文章《在“不忘初心、牢记使命”主题教育总结大会上的讲话》。

3日 香港特区政府发言人宣布，根据《中华人民共和国香港特别行政区维护国家安全法》第十二条，香港特别行政区设立维护国家安全委员会。

5日 7时44分，中国在酒泉卫星发射中心用长征二号丁运载火箭，成功将试验六号02星送入预定轨道，发射获得圆满成功。

6日 新华社报道，人力资源和社会保障部联合市场监管总局、国家统计局近日正式向社会发布“区块链工程技术人员”“城市管理网格员”“互联网营销师”“信息安全测试员”“区块链应用操作员”“在线学习服务师”“社群健康助理员”“老年人能力评估师”“增材制造设备操作员”等9个新职业。

8日 中央人民政府驻香港特别行政区维护国家安全公署揭牌仪式在香港举行，宣告驻香港国家安全公署正式成立并运行。

8日 新华社报道，国务院办公厅日前印发《关于切实做好长江流域禁捕有关工作的通知》。

9日 20时11分，中国在西昌卫星发射中心用长征三号乙运载火箭，成功将亚太6D卫星送入预定轨道，发射获得圆满成功。

10日 新华社报道，日前，国务院办公厅印发《关于进一步规范行业协会商会收费的通知》。

13日 中共中央政治局常委、国务院总理李克强主持召开经济形势专家和企业家座谈会，分析研究当前经济运行情况，听取对下一步经济工作的意见建议。

14日 新华社报道，国务院总理李克强日前签署国务院令，公布《保障中小企业款项支付条例》，自2020年9月1日起施行。

16日 第14期《求是》杂志发表中共中央总书记、国家主席、中央军委主席习近平的重要文章《中国共产党领导是中国特色社会主义最本质的特征》。

17日 新华社报道，经李克强总理签批，国务院日前印发《关于促进国家高新技术产业开发区高质量发展的若干意见》。

18日 新华社报道，中央网信办、农业农村部、国家发展改革委等七部门近日联合印发关于开展国家数字乡村试点工作的通知，要求积极探索数字乡村发展新模式，加快推进农业农村现代化建设，促进农业全面升级、农村全面进步、农民全面发展。

20日 新华社报道，国务院办公厅日前印发《关于全面推进城镇老旧小区改造工作的指导意见》，要求按照党中央、国务院决策部署，全面推进城镇老旧小区改造工作，满足人民群众美好生活需要，推动惠民生扩内需，推进城市更新和开发建设方式转型，促进经济高质量发展。

21日 中共中央总书记、国家主席、中央军委主席习近平在北京主持召开企业家座谈会并发表重要讲话。

21日 新华社报道，经党中央批准、国务院批复，自2021年起，将每年1月10日设立为“中国人民警察节”。

21日 新华社报道，日前，国务院办公厅印发《关于进一步优化营商环境更好服务市场主体的实施意见》。

23日 八一建军节到来之际，中共中央总书记、国家主席、中央军委主席习近平到空军航空大学视察，代表党中央和中央军委，向学校师生员工致以诚挚问候，向全体人民解放军指战员、武警部队官兵、民兵预备役人员致以节日祝贺。

23日 新华社报道，习近平致信祝贺中国少年先锋队第八次全国代表大会召开强调，传承红色基因，培育时代新人，团结、教育、引领广大少先队员做共产主义事业接班人。

23日 12时41分，中国在海南岛东北海岸中国文昌航天发射场，用长征五号遥四运载火箭将中国首次火星探测任务“天问一号”探测器发射升空，飞行2000多秒后，成功将探测器送入预定轨道，开启火星探测之旅，迈出了中国自主开展行星探测的第一步。

25日 11时13分，中国在太原卫星发射中心用长征四号乙运载火箭，成功将资源三号03星送入预定轨道，发射获得圆满成功。任务搭载发射了龙虾眼X射线探测卫星、天启星座一零星。

26日 10时许，国产大型水陆两栖飞机“鲲龙”AG600在山东青岛团岛附近海域成功实现海上首飞。

27日 北京航天飞行控制中心飞控团队与中国空间技术研究院试验队密切配合，控制“天问一号”探测器在飞离地球约120万公里处回望地球，利用光学导航敏感器对地球、月球成像，获取了地月合影。

29日 中央军委晋升上将军衔仪式在北京八一大楼隆重举行。中央军委主席习近平向晋升上将军衔的火箭军政治委员徐忠波颁发命令状。

30日 中共中央政治局召开会议，决定10月在北京召开中国共产党第十九届中央委员会第五次全体会议，主要议程是，中共中央政治局向中央委员会报告工作，研究关于制定国民经济和社会发展第十四个五年规划和二〇三五年远景目标的建议。会议分析研究当前经济形势，部署下半年经济工作。中共中央总书记习近平主持会议。

30日 新华社报道，国务院办公厅日前印发《关于提升大众创业万众创新示范基地带动作用 进一步促改革稳就业强动能的实施意见》。

31日 北斗三号全球卫星导航系统建成暨开通仪式在北京举行。中共中央总书记、国家主席、中央军委主席习近平出席仪式，宣布北斗三号全球卫星导航系统正式开通并参观北斗系统建设发展成果展览展示，代表党中央向参与系统研制建设的全体人员表示衷心的感谢、致以诚挚的问候。

31日 新华社报道，国务院办公厅日前印发《关于支持多渠道灵活就业的意见》，提出拓宽灵活就业发展渠道、优化自主创业环境、加大对灵活就业保障支持三个方面政策措施。

8月

2日 7时整，中国首次火星探测任务“天问一号”探测器3000牛发动机开机工作20秒，顺利完成第一次轨道中途修正，继续飞向火星。

2日 在第3号台风“森拉克”影响海南期间，一架由中国自主研发的高空大型气象探测无人机从海南博鳌机场起飞，圆满完成对台风“森拉克”外围云系的综合气象观测任务，这标志着中国在这一领域取得了重大突破，对台风探测及预报预警具有重大意义。

6日 12时1分，中国在酒泉卫星发射中心用长征二号丁运载火箭，成功将高分九号04星送入预定轨道，发射获得圆满成功。

7日 新华社报道，日前，经国务院同意，人力资源和社会保障部、国家发展改革委等15部门印发《关于做好当前农民工就业创业工作的意见》。

11日 新华社报道，习近平作出重要指示强调，坚决制止餐饮浪费行为，切实培养节约习惯，在全社会营造浪费可耻、节约为荣的氛围。

11日 国家主席习近平签署主席令，根据十三届全国人大常委会第二十一次会议表决通过的全国人大常委会关于授予在抗击新冠肺炎疫情斗争中作出杰出贡献的人士国家勋章和国家荣誉称号的决定，授予钟南山“共和国勋章”，授予张伯礼、张定宇、陈薇（女）“人民英雄”国家荣誉称号。

12日 新华社报道，国务院办公厅日前印发《关于进一步做好稳外贸稳外资工作的意见》。

13日 中国国家铁路集团有限公司发布《新时代交通强国铁路先行规划纲要》。

15日 新华社报道，在第二十二届中国科协年会闭幕式上，中国科协发布了10个对科学发展具有导向作用的科学问题、10个对技术和产业具有关键作用的工程难题。

16日 第16期《求是》杂志发表中共中央总书记、国家主席、中央军委主席习近平2015年11月23日在十八届中央政治局第二十八次集体学习时的重要讲话《不断开拓当代中国马克思主义政治经济学新境界》。

16日 新华社报道，中国政府网日前上线试运行“国务院政策答问平台”。该平台目前已联通47个国务院有关部门，汇集了就业创业、社会保障、疫情防控和复工复产等多方面政策答问资源。

20日 中国高分辨率对地观测系统高分七号卫星正式投入使用。

20日 新华社报道，国务院总理李克强日前签署国务院令，公布修订后的《中华人民共和国预算法实施条例》（以下简称《条例》），自2020年10月1日起施行。

23日 10时27分，中国在酒泉卫星发射中心用长征二号丁运载火箭，成功将高分九号05星送入预定轨道，发射获得圆满成功。这次任务还搭载发射了多功能试验卫星、天拓五号卫星。

24日 中共中央总书记、国家主席、中央军委主席习近平在中南海主持召开经济社会领域专家座谈会并发表重要讲话。

25日 新华社报道，近日，中共中央办公厅、国务院办公厅印发了《关于改革完善社会救助制度的意见》。

26日 中国人民警察警旗授旗仪式在人民大会堂举行。中共中央总书记、国家主席、中央军委主席习近平向中国人民警察队伍授旗并致训词，代表党中央向全体人民警察致以热烈的祝贺。

26日 新华社报道，为营造良好安全的未成年人网络环境，教育部、国家新闻出版署、中央网信办等六部门联合下发通知，启动未成年人网络环境专项治理行动。

26日 由中国航空工业集团有限公司自主研制的AG系列通用飞机家族喜添新成员——“领雁”AG50轻型运动飞机在湖北荆门漳河机场成功首飞。

29日 国家林业和草原局公布了内蒙古自治区敕勒川等39处全国首批国家草原自然公园试点建设名单，这标志着中国国家草原自然公园建设正式开启。

30日 《首都功能核心区控制性详细规划（街区层面）（2018年—2035年）》发布，首都规划体系的“四梁八柱”已初步形成，首都规划建设从此进入新的历史阶段。

9月

1日 第17期《求是》杂志发表中共中央总书记、国家主席、中央军委主席习近平的重要文章《思政课是落实立德树人根本任务的关键课程》。

3日 纪念中国人民抗日战争暨世界反法西斯战争胜利75周年向抗战烈士敬献花篮仪式在中国人民抗日战争纪念馆举行。

4日 国家主席习近平在2020年中国国际服务贸易交易会全球服务贸易峰会上致辞。

4日 新华社报道，中国在酒泉卫星发射中心，利用长征二号F运载火箭，成功发射一型可重复使用的试验航天器。

6日 新华社报道，在国际残奥委会（IPC）2019年10月对其标志进行更新之后，北京2022年冬残奥会会徽、冬奥会和冬残奥会双会徽组合图形进行对照更新，并在2008年北京残奥会开幕12周年之际（9月6日），正式向社会公布。

7日 13时57分，中国在太原卫星发射中心用长征四号乙运载火箭，成功将高分十一号02星送入预定轨道，发射获得圆满成功。

8日 全国抗击新冠肺炎疫情表彰大会在北京人民大会堂隆重举行。中共中央总书记、国家主席、中央军委主席习近平向国家勋章和国家荣誉称号获得者颁授勋章奖章并发表重要讲话。

9日 新华社报道，为进一步维护婚姻家庭和谐稳定，民政部、全国妇联近日联合印发《关于加强新时代婚姻家庭辅导教育工作的指导意见》。

9日 新华社报道，经党中央、中央军委批准，《中国共产党军队党的建设条例》日前颁布施行。

10日 新华社报道，国务院办公厅日前印发《关于深化商事制度改革进一步为企业松绑减负激发企业活力的通知》。

10日 随着雄安动车所最后一架断路器闭合，京雄城际大兴机场至雄安段接触网送电成功，京雄城际全线接触网贯通。

11日 中共中央总书记、国家主席、中央军委主席习近平在北京主持召开科学家座谈会并发表重要讲话，就“十四五”时期中国科技事业发展听取意见。

13日 新华社报道，经李克强总理签批，国务院日前印发《关于实施金融控股公司准入管理的决定》。

15日 国务院总理李克强在人民大会堂出席世界经济论坛全球企业家特别对话会，发表致辞并同企业家代表互动交流。

15日 9时23分，中国在黄海海域用长征十一号海射运载火箭，采取“一箭九星”方式将“吉林一号”高分03－1组卫星送入预定轨道，发射获得圆满成功。

16日 第18期《求是》杂志发表中共中央总书记、国家主席、中央军委主席习近平的重要文章《构建起强大的公共卫生体系，为维护人民健康提供有力保障》。

17日 教育部网站公布消息，为简化留学回国人员办事程序，方便广大留学回国人员工作和生活，教育部决定自2020年11月1日起，取消《留学回国人员证明》。

19日 在纪念中国人民志愿军抗美援朝出国作战70周年之际，位于辽宁省丹东市的抗美援朝纪念馆重新开放。

20日 中国海洋石油集团有限公司宣布，中国首个自营深水油田群——流花16－2油田群顺利投产。

21日 国家主席习近平在联合国成立75周年纪念峰会上发表重要讲话，强调后疫情时代联合国应主持公道、厉行法治、促进合作、聚焦行动。

21日 新华社报道，日前，国务院印发《中国（北京）、（湖南）、（安徽）自由贸易试验区总体方案》和《中国（浙江）自由贸易试验区扩展区域方案》。

21日 13时40分，长征四号乙运载火箭从酒泉卫星发射中心点火升空，成功将海洋二号C星送入预定轨道。

23日 新华社报道，国务院办公厅日前印发《关于加快医学教育创新发展的指导意见》。

26日 新华社报道，近日，中共中央办公厅、国务院办公厅印发了《关于加快推进媒体深度融合发展的意见》。

27日 最大开挖直径达16.07米的超大直径盾构机在中国铁建重工集团长沙第一产业园下线，这是中国迄今研制的最大直径盾构机。

27日 11时23分，中国在太原卫星发射中心用长征四号乙运载火箭，以“一箭双星”方式将环境减灾二号01组卫星送入预定轨道，发射任务获得成功。

28日 中共中央政治局召开会议，研究制定国民经济和社会发展第十四个五年规划和二〇三五年远景目标重大问题，审议《中国共产党中央委员会工作条例》。中共中央总书记习近平主持会议。

10月

1日 新华社报道，中国载人航天工程第三批预备航天员选拔工作日前结束，共有18名预备航天员（含1名女性）最终入选。他们将成为中国航天员队伍的新成员，踏上建设航天强国、接续飞天梦想的新征程。

2日 新华社报道，文化和旅游部、国家发展改革委等部门近日印发《大运河文化和旅游融合发展规划》，将从多方面推进大运河文旅产业融合发展，带动大运河沿线经济社会高质量发展。

9日 新华社报道，中共中央党史和文献研究院编辑的《习近平关于统筹疫情防控和经济社会发展重要论述选编》一书，近日由中央文献出版社出版，在全国发行。

11日 第七次全国人口普查开始入户工作。此次全国人口普查入户工作时间是2020年10月11日至12月10日。

11日 新华社报道，近日，中共中央办公厅、国务院办公厅印发了《深圳建设中国特色社会主义先行示范区综合改革试点实施方案（2020—2025年）》。

12日 零时57分，中国在西昌卫星发射中心用长征三号乙运载火箭，成功将高分十三号卫星发射升空，卫星顺利进入预定轨道。

13日 国际货币基金组织发布《世界经济展望报告》，预计2020年中国经济将增长1.9%，是全球唯一实现正增长的主要经济体。该报告还预计，2020年全球经济将萎缩4.4%。

14日 深圳经济特区建立40周年庆祝大会在广东省深圳市举行。

15日 中共中央政治局常委、国务院总理李克强在北京人民大会堂出席2020年全国大众创业万众创新活动周，发表重要讲话，并宣布活动周正式启动。

15日 新华社报道，近日，中共中央办公厅、国务院办公厅印发了《关于全面加强和改进新时代学校体育工作的意见》和《关于全面加强和改进新时代学校美育工作的意见》。

16 日 商务部发布数据显示，2020 年前三季度，全国实际使用外资 7188.1 亿元人民币，同比增长 5.2%（折合 1032.6 亿美元，同比增长 2.5%）。这是中国 2020 年以来实际使用外资首次实现人民币、美元累计指标“双转正”。

16 日 第 20 期《求是》杂志发表中共中央总书记、国家主席、中央军委主席习近平的重要文章《在全国抗击新冠肺炎疫情表彰大会上的讲话》。

18 日 第十六届中国青年科技奖颁奖仪式在浙江温州召开的 2020 世界青年科学家峰会上举行，100 名青年科技工作者获中国青年科技奖，其中 10 名获得中国青年科技奖特别奖。

20 日 全国双拥模范城（县）命名暨双拥模范单位和个人表彰大会在北京举行。中共中央总书记、国家主席、中央军委主席习近平亲切会见与会代表，向他们表示诚挚问候，向受到命名表彰的全国双拥模范城（县）、双拥模范单位和个人表示热烈祝贺。

22 日 新华社报道，2020 年是中国人民志愿军抗美援朝出国作战 70 周年，中共中央、国务院、中央军委向参加抗美援朝出国作战的、健在的志愿军老战士老同志等颁发“中国人民志愿军抗美援朝出国作战 70 周年”纪念章。

24 日 新华社报道，在纪念中国人民志愿军抗美援朝出国作战 70 周年之际，中央宣传部以云发布的方式，向全社会宣传发布中国人民志愿军老战士孙景坤、徐振明的先进事迹，授予他们“时代楷模”称号。

26 日 23 时 19 分，中国在西昌卫星发射中心用长征二号丙运载火箭，成功将遥感三十号 07 组卫星送入预定轨道，发射获得圆满成功。此次任务还搭载发射了天启星座 06 星。

26—29 日 中国共产党第十九届中央委员会第五次全体会议在北京举行。全会由中央政治局主持。中央委员会总书记习近平作了重要讲话。

11 月

1 日 水利部、国家发展改革委公布，三峡工程日前完成整体竣工验收全部程序。根据验收结论，三峡工程建设任务全面完成，工程质量满足规程规范和设计要求、总体优良，运行持续保持良好状态，防洪、发电、航运、水资源利用等综合效益全面发挥。

2 日 湖南省衡阳市衡南县清竹村，由“杂交水稻之父”袁隆平团队研发的杂交水稻双季亩产突破 1500 公斤大关，其中晚稻品种为第三代杂交水稻。

4 日 第三届中国国际进口博览会开幕式在上海举行，国家主席习近平以视频方式发表主旨演讲。

4 日 新华社报道，在第三届进博会开幕之际，商务部、国家发展改革委、财政部等 9 部门和单位宣布，中国决定设立 10 个进口贸易促进创新示范区。

8 日 新华社报道，从中国科学技术大学获悉，该校教授陈秀雄、王兵在微分几何学领域取得重大突破，成功证明了“哈密尔顿—田”和“偏零阶估计”这两个国际数学界 20 多年悬而未决的核心猜想。国际顶级数学期刊《微分几何学杂志》发表了这一成果。

10 日 第三届中国国际进口博览会闭幕。中国国际进口博览局副局长孙成海说，全球新冠肺炎疫情仍在持续蔓延，但第三届进博会各方合作意向热度不减，按一年计，累计意向成交726.2亿美元，比上届增长2.1%。

10日 8时12分，中国全海深载人潜水器“奋斗者”号在马里亚纳海沟成功坐底，深度10909米。

14日 新疆维吾尔自治区人民政府发布公告，莎车县等最后10个未脱贫县经评估核查符合贫困县退出标准和条件，退出贫困县序列。至此，新疆32个贫困县全部摘帽，绝对贫困问题得到历史性解决。

14日 云南省扶贫办介绍，怒族、傈僳族近日实现整族脱贫，至此，云南11个直过民族和人口较少民族历史性告别绝对贫困，实现整族脱贫。

14日 新华社报道，中国科学技术大学俞书宏院士团队使用“定向变形组装”方法，研制出具有仿生结构的高性能材料，具有比石油基塑料更好的机械与热性能，有望成为其替代品。

20日 全国精神文明建设表彰大会在北京举行。中共中央总书记、国家主席、中央军委主席习近平亲切会见参加大会的新一届全国文明城市、文明村镇、文明单位、文明家庭、文明校园以及未成年人思想道德建设工作先进代表，向他们表示诚挚问候和热烈祝贺。

20日 湖北省商务厅举办蒙古国捐赠羊接车分发仪式，正式宣布：由蒙古国捐赠的首批11267只羊已运抵武汉，湖北人民收下这份温暖的礼物，衷心感谢蒙古国政府和人民的深情厚谊。

23日 贵州省宣布剩余的9个贫困县退出贫困县序列。至此，全国832个贫困县全部脱贫。

24日 全国劳动模范和先进工作者表彰大会在北京人民大会堂举行。中共中央总书记、国家主席、中央军委主席习近平出席大会并发表重要讲话，代表党中央、国务院，向受到表彰的全国劳动模范和先进工作者表示热烈的祝贺，向为改革开放和社会主义现代化建设作出突出贡献的中国工人阶级和广大劳动群众致以诚挚的问候。

24日 新华社报道，国务院办公厅印发《关于切实解决老年人运用智能技术困难的实施方案》，就进一步推动解决老年人在运用智能技术方面遇到的困难，坚持传统服务方式与智能化服务创新并行，为老年人提供更周全、更贴心、更直接的便利化服务作出部署。

28日 8时30分许，随着一阵汽笛声响，在“地球第四极”结束科考任务的“探索一号”科考船在三亚靠泊下锚，成功实现10909米坐底纪录的“奋斗者”号全海深载人潜水器也随船胜利返航。

28日 新华社报道，在重庆举行的第十八届中国国际农产品交易会发布了《2020全国县域数字农业农村发展水平评价报告》，报告显示，2019年中国县域数字农业农村发展总体水平达到36%，较上年提升了3个百分点。

30日 第17届东博会在广西南宁落下帷幕。此次盛会充分展示中国和东盟携手抗击新冠肺炎疫情成果，全方位深化各领域交流合作，取得丰硕成果。本次盛会签约仪式共组织签订国际、国内投资合作项目86个，总投资额2638.7亿元，同比增长43.6%，是2004年首届东博会举办以来签约项目总投资额增幅最高的一届。

12月

1日 160年前下落不明的马首铜像回

归故园。国家文物局当天正式将圆明园马首铜像划拨北京市海淀区圆明园管理处收藏，宣告这匹“骏马”成为第一件回归圆明园的流失海外重要文物。

2日 新华社报道，已解散的“港独”组织“香港众志”头目黄之锋、林朗彦及前成员周庭所涉包围香港警察总部案在西九龙裁判法院宣判。3人分别被判入狱13个半月、7个月和10个月，即时入狱。

3日 新华社报道，在“不忘初心、牢记使命”主题教育中，各地涌现出一大批秉持理想信念、保持崇高境界、坚守初心使命、敢于担当作为的党内先进典型。为巩固深化主题教育成果，表彰先进、弘扬正气，充分发挥先进典型示范引领作用，激励和引导广大党员、干部忠实践行习近平新时代中国特色社会主义思想，不忘初心、牢记使命，勇于担当、砥砺奋进，党中央决定，授予周永开、张桂梅和追授于海俊、李夏、卢永根、张小娟、加思来提·麻合苏提“全国优秀共产党员”称号。

3日 新华社报道，国家发改委秘书长赵辰昕说，“十三五”易地扶贫搬迁任务已全面完成，960多万建档立卡贫困群众全部乔迁新居。

4日 国家航天局公布了嫦娥五号传回地面的国旗展示影像，一面鲜艳的五星红旗闪耀月球，这是继嫦娥三号着陆器与玉兔号月球车互拍实现国旗首次亮相月球，和嫦娥四号探测器将国旗带向月球背面后，中国国旗第三次在月面的成功展示。

4日 中国科学家宣布构建了76个光子（量子比特）的量子计算原型机“九章”。以速度来看，求解数学算法高斯玻色取样的速度只需200秒，而目前的超级计算机要用6亿年。通常认为，50个量子比特是证明量子计算机有望超越传统计算机的关键门槛。“九章”得名于中国古代一部知名的数学专著。

4日 中国新一代可控核聚变研究装置“中国环流器二号M”（HL—2M）正式建成放电，标志中国正式跨入全球可控核聚变研究前列，HL—2M将进一步加快人类探索未来能源的步伐。

6日 新华社报道，2015年至2019年，中国扶贫保险扶贫保障水平大幅提升，扶贫覆盖面不断扩大。扶贫类农业保险保额从18.63亿元增加到1.13万亿元，增长了约606倍；参保贫困户从2015年的40.57万户次，增加到2019年的443.28万户次，增长了约9.93倍。

6日 5时42分，嫦娥五号上升器成功与轨道器返回器组合体交会对接，并于6时12分将月球样品容器安全转移至返回器中。这是中国航天器首次实现月球轨道交会对接。

6日 11时58分，中国在西昌卫星发射中心用长征三号乙运载火箭，成功将高分十四号卫星送入预定轨道，发射获得圆满成功。

8日 国家主席习近平同尼泊尔总统班达里互致信函，共同宣布珠穆朗玛峰高程为8848.86米。

10日 中华人民共和国第一届职业技能大赛在广东省广州市开幕。习近平致信祝贺首届全国职业技能大赛举办强调，大力弘扬劳模精神、劳动精神、工匠精神，培养更多高技能人才和大国工匠。

10日 新华社报道，中国粮食生产实现“十七连丰”。当日，国家统计局发布数据，2020年全国粮食总产量为13390亿斤，比上年增加113亿斤，增长0.9%，连续6年保持在1.3万亿斤以上。

11 日 新华社报道，在如期完成新时代脱贫攻坚目标任务、决战脱贫攻坚取得重大胜利之际，中央宣传部向全社会宣传发布张桂梅同志的先进事迹，授予她“时代楷模”称号。

12 日 中国第一代中微子实验装置，大亚湾反应堆中微子实验装置完成科学使命，正式退役。

13 日 中共中央、国务院在南京隆重举行2020 年南京大屠杀死难者国家公祭仪式。中共中央政治局委员、中组部部长陈希出席并讲话。

16 日 香港特区政府在政府总部举行副局长和政治助理宣誓仪式，全体 12 位副局长和 14 位政治助理在行政长官林郑月娥见证下，宣誓拥护中华人民共和国香港特别行政区基本法，效忠中华人民共和国香港特别行政区。

16—18 日 中央经济工作会议在北京举行。中共中央总书记、国家主席、中央军委主席习近平，中共中央政治局常委、国务院总理李克强，中共中央政治局常委栗战书、汪洋、王沪宁、赵乐际、韩正出席会议。习近平在会上发表重要讲话，总结 2020 年经济工作，分析当前经济形势，部署 2021 年经济工作。李克强在讲话中对 2021 年经济工作作出具体部署，并作了总结讲话。

17 日 中国单独申报的“太极拳”经联合国教科文组织保护非物质文化遗产政府间委员会评审通过，列入联合国教科文组织人类非物质文化遗产代表作名录。

17 日 1 时 59 分，嫦娥五号返回器携带月球样品在内蒙古四子王旗预定区域安全着陆，探月工程嫦娥五号任务取得圆满成功。中共中央总书记、国家主席、中央军委主席习近平发来贺电，代表党中央、国务院和中央军委，向探月工程任务指挥部并参加嫦娥五号任务的全体同志致以热烈的祝贺和诚挚的问候。

18 日 中央军委晋升上将军衔警衔仪式在北京八一大楼隆重举行。中央军委主席习近平向晋升上将军衔警衔的军官警官颁发命令状。

18 日 新型地球物理综合科学考察船“实验 6”号在广州举行交船暨入列仪式。“实验 6”号的投入使用，填补了目前国内中型地球物理综合科学考察船的空白。

22 日 12 时 37 分，长征八号运载火箭首次飞行试验成功，填补了中国太阳同步轨道 3 吨至 4. 5 吨运载能力空白。

25 日 国家速滑馆“冰丝带”顺利通过五方联合验收，标志其场馆工程建设任务圆满完成。

27 日 23 时 44 分，中国在酒泉卫星发射中心用长征四号丙运载火箭，成功将遥感三十三号卫星送入预定轨道，发射获得圆满成功。这次任务也是 2020 年中国航天的收官之战。

28 日 近日，中央宣传部、中国科协、科技部、中国科学院、中国工程院、国防科工局等 6 部门在北京向全社会发布 2020 年“最美科技工作者”先进事迹。

28—29 日 中央农村工作会议在北京举行。国家主席习近平出席会议并发表重要讲话强调，坚持把解决好“三农”问题作为全党工作重中之重，促进农业高质高效、乡村宜居宜业、农民富裕富足；脱贫攻坚取得胜利后，要全面推进乡村振兴，这是“三农”工作重心的历史性转移。